藤澤秀明
著

ニラの安定多収栽培

露地から無加温、加温まで

農文協

はじめに

ニラは古来より食されていた。当初は薬草として、江戸時代以降は食材として、徐々に利用が拡大したようだ。営利栽培は戦前から行なわれ、食生活が多様化し流通が広域化した昭和30年代からスタミナ野菜として消費が増加、減反政策が本格化した昭和40年代後半から産地化が進展し、現在に至っている。ニラはメジャー品目ではないが定番野菜の一つ。葉物野菜だが複数回収穫できて栽培期間が長い特徴がある。独特の風味を持つ、存在感のある個性派野菜で、全国で栽培されており、出荷規格はほぼ全国一律だ。しかし、栽培技術は産地ごと、生産者ごとの試行錯誤によって成立してきたためか、栽培方法や経営内での位置づけは産地ごとに大きく異なり、同じ産地内でも変化に富んでいる。

現在、多くの品目で、生産者や生産量の減少が著しく、産地を維持することが課題となっており、新規栽培者の確保と、安定生産の核となる基幹的生産者の育成が急務だ。そのためには、反収向上と、省力化による規模拡大を進める必要がある。近年の施設園芸の高度化はめざましいものがあり、トマトやイチゴでは環境制御という考え方が浸透し、反収が飛躍的に高まっている。一方のニラは「金をかけずに栽培する」という旧態依然の考え方が主流の産地が多い。ニラ栽培をもう一度見直し、栽培の高度化を推進することで、ニラの収量はもっと増やせるし、栽培管理はもっとラクになると考えられる。

本書は、ニラの生理生態と、それを踏まえた栽培管理の意義、実際の作業手順等を解説している。これからニラ栽培を始めようとする方だけでなく、ニラ栽培経験が長い方にも技術の再点検に活用していただければ幸甚である。

本書の執筆にあたり、栃木県農業試験場の研究データを多数使用させていただいた。また、筆者とともに栃木県で野菜の生産振興にあたっている複数の方から写真の提供をいただいた。そして、農山漁村文化協会編集局の西尾祐一氏には、叱咤激励と巧みな編集によって本書を完成まで導いていただいた。この場を借りてお礼を申し上げる。

２０１９年10月

藤澤秀明

第1章

ニラ栽培の魅力

1 よいところその1 基本的に軽作業が中心

●大型機械は不要

ニラ栽培を始めるのに、大型の農業機械は必要ない。農業機械は「大は小を兼ねる」ことが多いから、ついつい大きな機械を用意したくなるが、できるだけ経費は抑えたいものだ。

ニラ栽培ではトラクタとロータリが一番の大物。どちらも水稲との兼用でOKだ。トラクタは25〜30psのもので十分で、大きすぎるとパイプハウスに入れないから、ニラ栽培では「大は小を兼ねない」のだ。

他にはマニアスプレッダーやブロードキャスターがあると堆肥や肥料散布がラクになる。この他に、手押し式の管理機と動力噴霧器が必要だ。ニラ専用の農機では、全（半）自動移植機があると省力化になり規模拡大しやすい。小面積の栽培なら、簡易移植機という選択肢や、今では少数派だが手植えも可能で、手植えなら移植機も不要だ。

●軽装備でも栽培可能

関東ではパイプハウスや露地栽培、東北では露地栽培が中心である。産地によっては品質維持のため雨よけ栽培を必須としているので、その場合は雨よけハウスが必要になる。また、周年出荷するためには低温期に多層（二重もしくは三重）被覆が必要だが、加温をしている事例は少ない。パイプハウスで栽培できるということは、初期投資額が低く抑えられるため、新規にニラを始める時には強みとなる。

西南暖地では連棟ハウスによる加温栽培が主流で、こちらは経費がかかる分、反収を高める努力が重要となる。

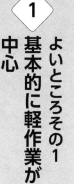

●老若男女、誰でも取り組める

播種から収穫までで力仕事は、堆肥や肥料の散布と、12月の保温開始時のビニール被覆くらいだろう。栽培管理や収穫作業は軽作業が大部分だ。そして、ニラを生産する中で最も時間がかかるのは調製作業で、ニラの作業全体の70％程度を占めている（図1−1）。

この調製作業は座って行なう手作業だから女性や年配者でも従事できる。近所の高齢者を募って、楽しくおしゃべりしながらというのもよい。その代わり、調製作業には専用の器具が必要となる。特に、袴《はかま》（ニラの白い葉鞘部分）をキレイにする袴取り機、テープ結束器等が必須。大規模にニラを栽培したいという向きには、自動結束機や洗浄式調製機等の機械もラインナップされている。

2 よいところその2 自由がきく野菜

●一度植えたら何度でも収穫可能

ニラは多年草で、厳寒期は地上部が枯れた状態で越冬し、翌春に萌芽して再生する宿根草である。実際の栽培では、定植されたニラは収穫のために刈り取られても再生し、繰り返し収穫できる。ホウレンソウ等の葉物野菜では播種後、収穫は一度で終わりとし、再度播種することになる。ニラは定植後、1作2年間で合計12回収穫したり、3年にわたって同一株から収穫を続けたりすることもある。どちらかというと果菜類のような長期戦タイプだ。

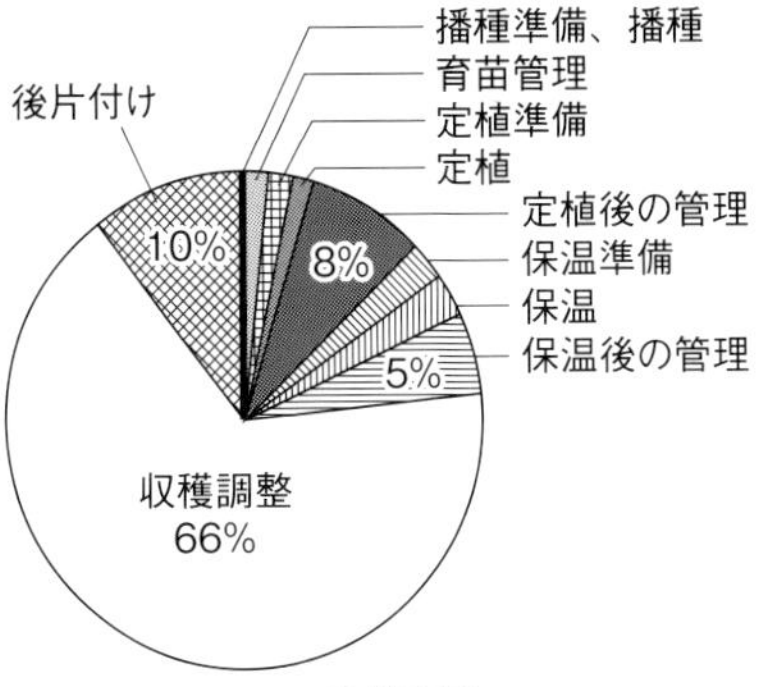

図1－1　ニラの労働配分
（平成29年栃木県経営診断指標）
ニラ周年、80 a、冬ニラ＋夏ニラ

ただし、何度も収穫し、分けつして茎数が増えると、徐々に葉や茎が細くなってくるので、その株は廃棄して新たに植え直す必要がある。

●生育中の失敗も、やり直しがきく

ニラの生育が早すぎたり、田植えや稲刈りが忙しくて収穫が遅れたりすると、規格を超える長さになって出荷ができなくなる。また、ハウス全体に病害虫が発生して出荷できないことも起こる。このような時は、ニラを刈り取って出荷せずに廃棄し（捨て刈り）、その後に再生したニラを収穫することができる。いわば、リセットが可能だ。

リセットというと、他の葉菜類や根菜類では播種からやり直す事態になり、果菜類にいたっては播種からのやり直しは致命的であまり考えられない。頻繁にリセットしていると所得は下がる一方だからあまりやりたくないが、緊急避難的にリセットができるニラの特性は、他の品目には見られない利点だ。

●栽培方法はバラエティに富んでいる

「基本的な生理生態から逸脱しなければ」という前提で、ニラの栽培方法や作型は多種多様である。

主産地は北海道から九州まであり、気候条件は大きく異なり、経営内での

位置づけも地域差がある一方で、同じ品種が栽培され、同じ荷姿のニラが周年流通している。これは、各地でさまざまな栽培方法や作型が開発され、それぞれ進化し、定着してきたことによるものだ。しかし、意外なことに、ニラの品種バリエーションはあまり多くはなく、同一の品種で多様な作型に適合させている。たとえば、播種時期は秋まきと春まきがあったり、定植時期も早いもので4月から、遅いものでは7月頃に定植されたり、育苗方法や保温方法もさまざまだ。ニラの「鈍感さ」を逆手に取って「適応力の高さ」にすり替えたとでもいうべき特徴である。

● 栽培規模も自由自在

栃木県ではニラは水稲との複合経営として導入されている事例がほとんどで、ニラの栽培規模は5a程度から5ha以上までと幅広く、栽培規模は自由自在である。冬場の現金収入確保を目的とした水稲を補完する小規模栽培から、経営の柱として高収益をねらう大規模栽培まである。当然、小規模栽培だと反収向上をめざすことになるし、大規模栽培では効率的な圃場利用と、調製作業の人員確保が課題となる。

ニラ栽培では、調製労力に見合った栽培規模とすることが鉄則だ。調製労力に見合わない規模拡大を進めると、収穫遅れや管理不十分でロスが増える一方だし、小面積栽培でも反収が向上するにしたがい調製労力補充が必要になってくる。

3 よいところその3 需要が安定している

● 全国で栽培できる

ニラは北海道から沖縄まで、日本全国で栽培されている。農林水産省「野菜生産出荷統計」によると、ニラ主産県は図1－2のとおりで、2017（平成29）年の作付面積は2060ha、前年比99％の微減となっている。

栽培面積のベスト5は

- ●栃木　368ha（前年比93％）
- ●高知　249ha（〃97％）
- ●茨城　210ha（〃100％）
- ●山形　204ha（〃99％）
- ●群馬　183ha（〃98％）

となっている。

2017年の全国の出荷量合計は、5万3900tで、前年比96％の微減となっている。

出荷量のベスト5は

- ●高知　1万4900t（前年比94％）
- ●栃木　8820t（〃93％）
- ●茨城　7050t（〃101％）
- ●宮崎　3500t（〃101％）

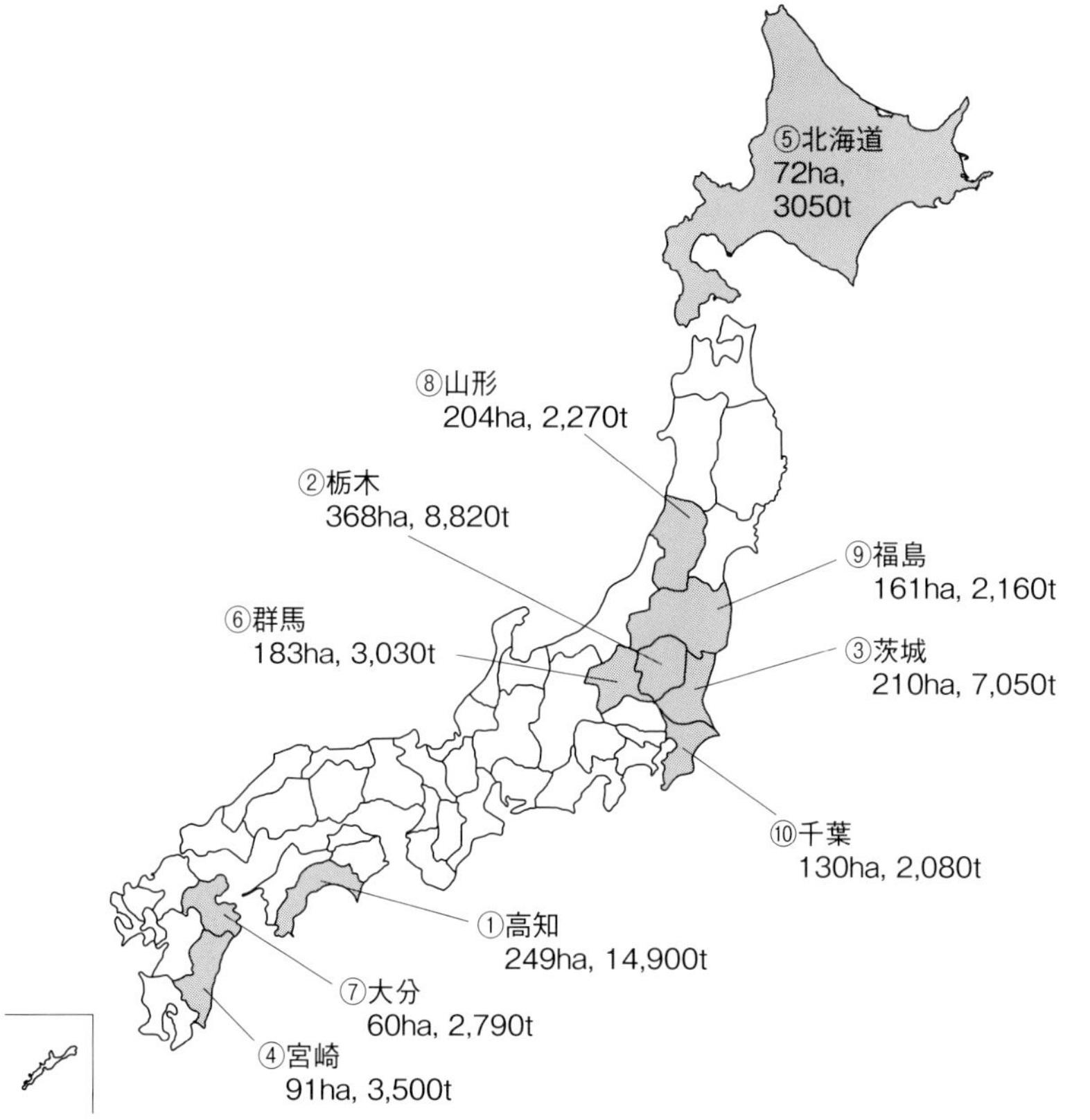

図1－2　ニラの主産県（平成29年度野菜生産出荷統計、農林水産省）
道県名の数字は出荷量の多い順

●北海道　３０５０ｔ（〃１０１％）

となっている。

地方品種が存在して西と東で嗜好が異なるネギ等の野菜と違って、ニラは荷姿が全国共通で、どの産地でも基本的に変わらない点が特徴だ。流通技術の進化に伴って全国で生産が行なわれ、出荷先も広範囲になっている。産地間の競争も激しくなっているが、安定した需要があるためであろう。

●安定した周年需要がある

図１－３は、東京都中央卸売市場と大阪中央卸売市場の２０１８年の月別県別入荷実績である。東京都中央卸売市場には27道県から入荷があり、年間８０００ｔを超えるニラが流通している。年間を通じて栃木と茨城の２県で過半数を占めている。夏期は山形が加わり、盛夏期を除き高知の入荷もある。毎月、この４県の合計が入荷量全体の

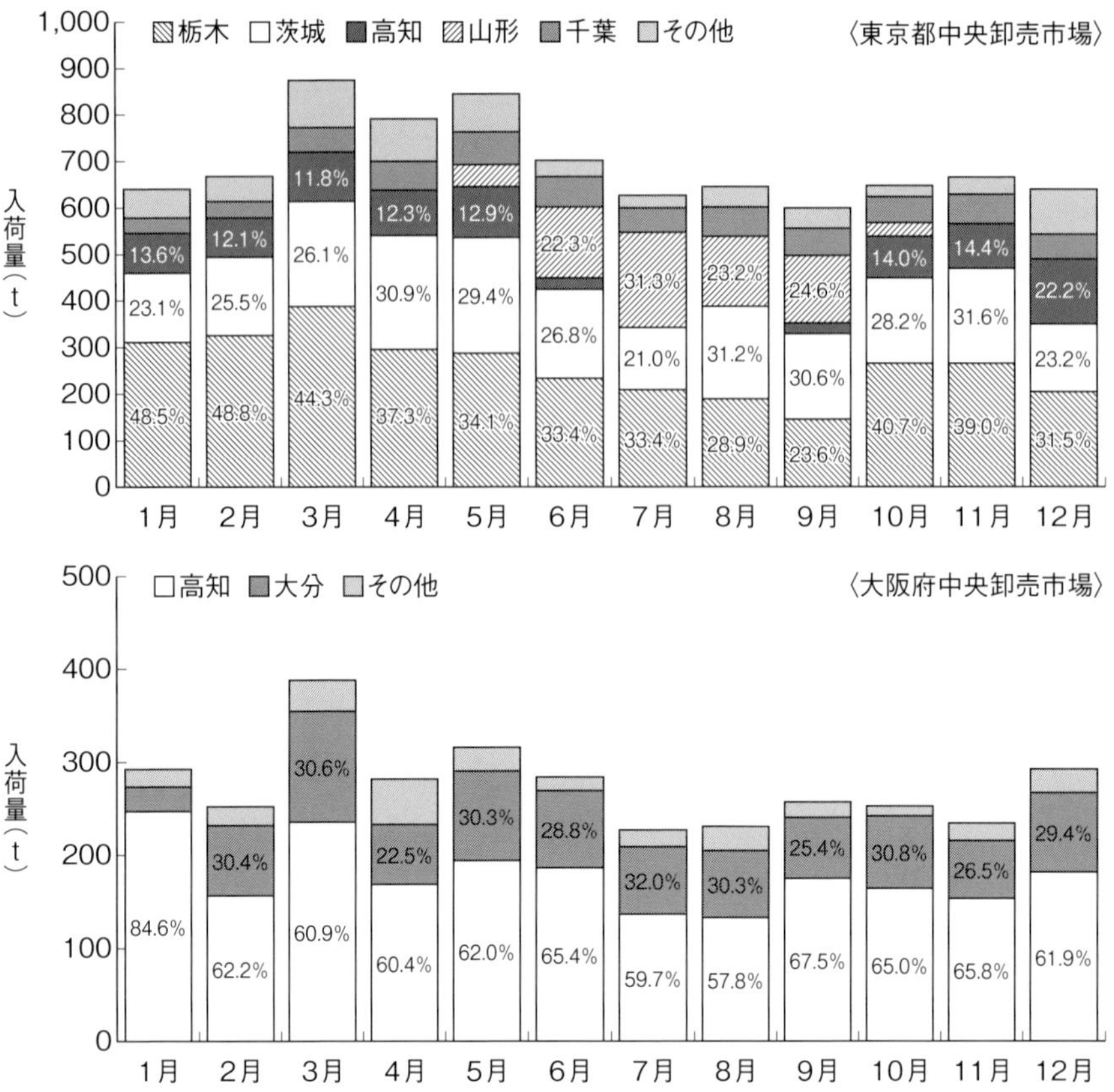

図1−3　東京・大阪市場への入荷動向（2018年）

出典：ベジ探（野菜情報総合把握システム）

80%以上を占めている。

大阪中央卸売市場では年間3000t以上のニラが流通しており、高知が全体の60%前後を占め、2位は大分、この2県で全体の約90%を占めている。

東京、大阪とも、栽培がしやすい3〜5月に入荷量が増えるが、他の野菜よりも価格変動は少なく、安定した需要があるためだと考えられる。

また、東京へは関東を中心に全国から入荷があるが、大阪・名古屋への入荷は高知県が中心で、福岡市場へは九州各県からの入荷が大部分となっている。

●価格が安定している

図1−4は、東京都中央卸売市場における過去5年間の月別のニラの価格推移である。鍋等の需要期である11〜翌年2月が高単価で推移している。一方で、出荷量が増える4〜7月は価格

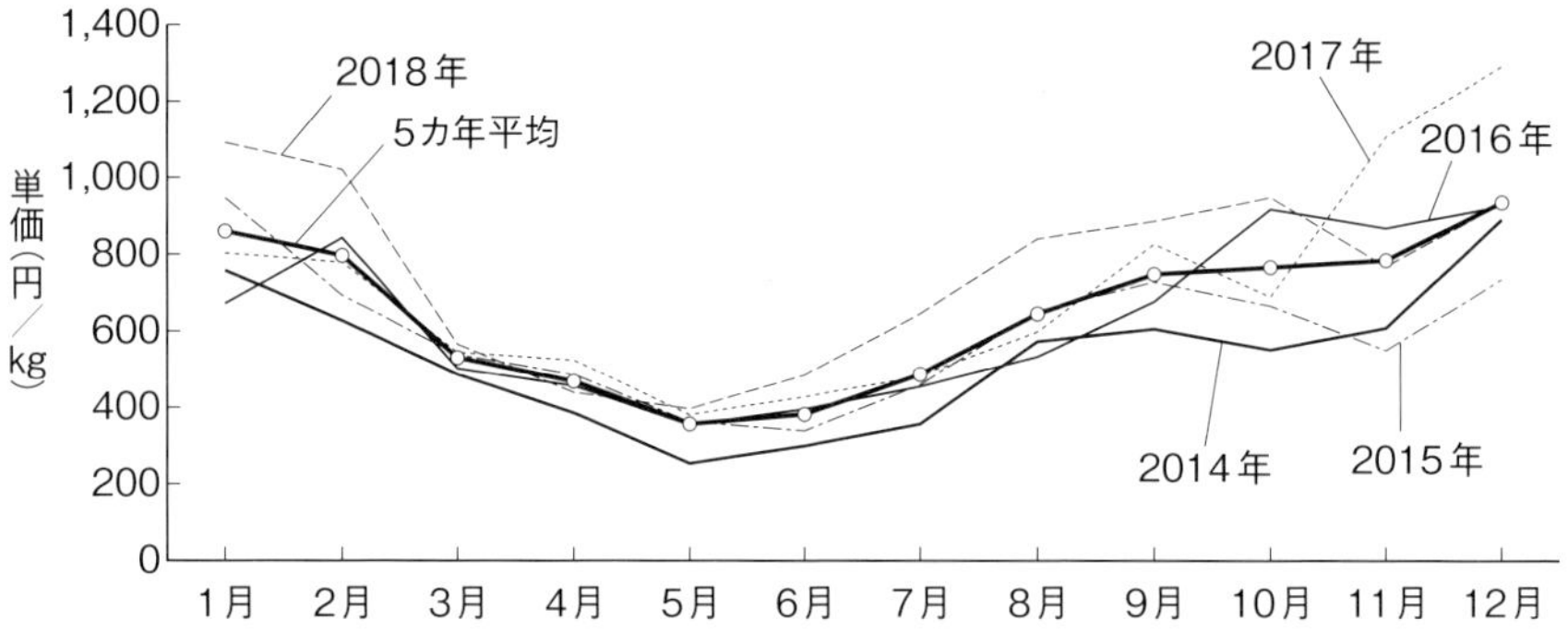

図1－4　東京都中央卸売市場の単価（2018年）

出典：ベジ探（野菜情報総合把握システム）

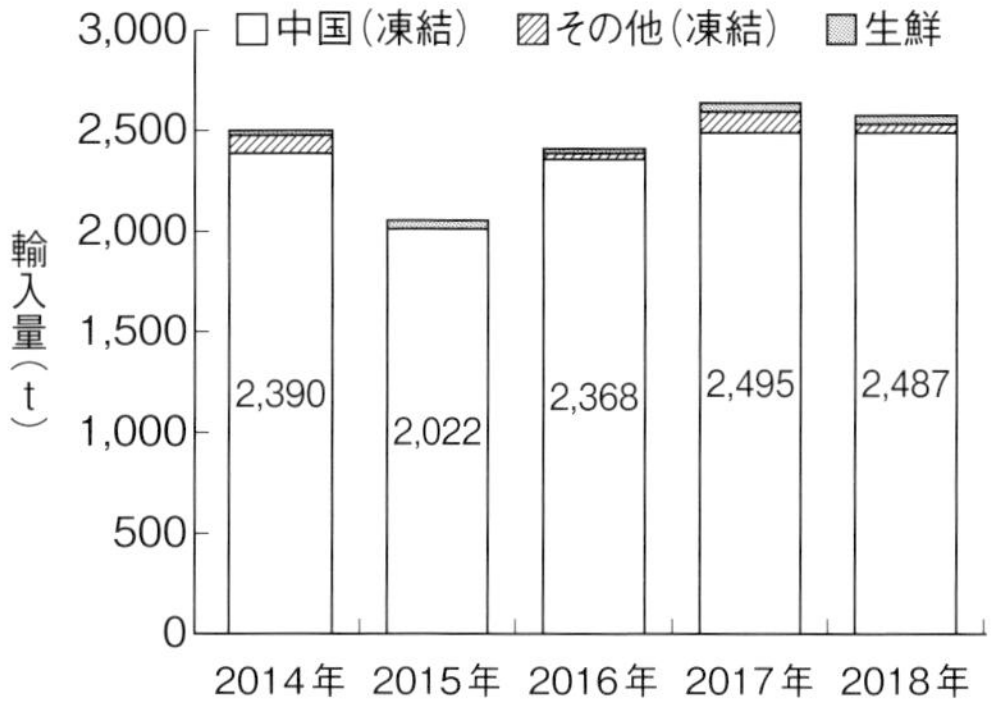

図1－5　ニラの輸入量

出典：植物防疫統計（数量は検査量）

が低迷する時期となっている。

ニラの価格は、ニラの需給動向だけではなく、他の葉物野菜の価格動向にも左右される。特に、天候の影響を受けやすい露地物のコマツナ、ホウレンソウの入荷動向で大きく影響を受ける。施設栽培が中心のニラは入荷量が安定しているため、需要も安定し、価格の安定につながっているようだ。

ニラは長期間にわたり何度も収穫できる作物だ。高単価をねらった一発勝負は長い目で見ると儲からないものだ。一時的な高単価に惑わされず、長期間安定的に出荷することを目標にするとよい。そうすれば、高単価に当たる確率も高くなる。

●輸入量が少ない

意外に思われるかもしれないが、ニラは輸入されている。ほぼ全量がカット・冷凍された状態で輸入されており、おもに食品加工会社で冷凍食品の原料に使われているようだ。近年の輸入量は2000～2500t程度で推移しており（図1－5）、中国からの冷凍ニラが95％以上を占めている。一方で、生鮮ニラの輸入量は5年間で2tから3tへと微増傾向となっているが、国内の出荷量と比較すると極少ない。

国内の出荷量に輸入量を加えたものを需要量とすると、2017年の輸入量は2630tで、その割合は4・9%程度となる。他の野菜に比べて輸入品の比率は低いと考えられる。

食の安全がいろいろと話題になる昨今、加工食品の原料としてのニラも、国産回帰の動きが顕著である。また、中華料理店等の業務用には国産の生鮮ニラが供されているため、加工・業務用の分野でも国産ニラの需要は安定しているといえよう。

4 ちょっと厄介なところ

●何といっても、ニオイが…

ニラを調理すると、独特の風味が増し、食欲が大いにそそられる。ニラ特有の臭気は「アリシン」という成分だ。同じネギ属のニンニクやネギ等とは少し異なるニラ独特のニオイ。好きな人にはたまらない。しかし、このニオイが苦手という人も多く、口臭の元となることもある。また、手や冷蔵庫にニラのニオイが移ると、簡単に取り除くことが難しい。

ニラ栽培では、収穫時や調製時等にニラを切る工程でニラ臭が強まり、体に染みつくほどだ。ニラ生産者の会合の後にスナックに行くと、ママに「あなた、ニラ作っている人でしょ?」とすぐに見破られてしまう。気がつかないのは本人だけなのだ。若い生産者は、デートの前には入念にシャワーを浴びる。ちょっとした悩みの種になっているという話も耳にする。

●鮮度保持が必須

ニラの乾物率は7%程度、他の葉物野菜と同様の軟弱野菜である。収穫から販売に至るまで、低温で流通させないと店持ちが悪化し、しおれや黄化が発生して商品価値が著しく低下する。生産現場では、収穫調製作業は気温が上昇しないように手早く行なう必要があり、予冷施設は必需品である。生業としてニラを選んだ場合は必ず予冷庫を導入しよう。ニラ生産者の予冷庫をのぞいてみると、ニラの予冷はもちろん、玄米やジュース、ビールを冷やすのにも活躍しており導入して損はない。

●病害虫や雑草防除に使える農薬が少ない

ニラは指定野菜に次ぐ特定野菜に位置づけられているが、やはり世間ではマイナー品目扱いである。そのため、登録農薬がとても少ない。殺虫剤、殺菌剤は、農薬メーカーの努力で徐々に増加してきているが、トマトやナス等のメジャー品目と比べると、まだまだ少ない。さらに、除草剤の登録数がきわめて少なく、大規模栽培者が多い東日本のニラ生産者は雑草対策に苦慮している。少ない農薬を効率よく使用して病害虫や雑草を低減するため、適期防除と栽培改善が必須だ。

●直売所では意外と苦戦?

意外なことに、ニラは直売所では思ったほど売れ行きがよくないといわれる。果菜類や根菜類は日持ちがよく、それそのもので食材として成立するので直売所の花形商品だが、ニラは日持ちがよくないし、ニラ単品では食材になりにくい。同じ軟弱葉物野菜のホウレンソウに比べても売り上げは芳しくないという話をよく耳にする。レバーや卵等の他の食材と1カ所で揃えられるスーパーマーケットで存在価値が高まる野菜なのかもしれない。

ニラのニオイの原因物質はアリシン

ニラの独特のニオイの元はアリシンという成分だ。アリシンは硫化アリルという硫黄化合物の一種で、ネギ類に共通して含まれている。

アリシンには強力な抗菌・殺菌作用があり、古来より風邪の予防・改善に効果があるといわれてきた。他にも、消化液の分泌を促進し、内臓の動きを活発にする働きや、血栓の生成予防、コレステロール値の抑制、血中脂肪の燃焼や発汗促進、免疫機能の向上、発がん抑制等の効果が期待できるとされている。また、ビタミンB_1の吸収を高める効果があり、ビタミンB_1を多く含むレバー等と一緒に摂取すると疲労回復に効果があるとされる。

生のニラを細かく刻んだり、つぶしたりすることでアリシンによるニオイは強くなる。一方で、加熱によってアリシンの臭気は低減されるので、ニオイが気になるなら細かく刻まずに調理したり、電子レンジで加熱した後にカットするといった工夫をするとよいだろう。

ニラには他にも多くの有効な成分が含まれている。βカロテンは同じ緑黄色野菜のホウレンソウよりもかなり多く含まれているし、ビタミンCやビタミンEをはじめとするビタミン類やカリウム、カルシウム、マグネシウム等の無機質、食物繊維も豊富に含んでいる。ニラは機能性に富んだ野菜なのだ。

本書によく出てくる ニラ用語解説

＊＊＊ニラの部位の名称＊＊＊

葉《は》幅《はば》　ニラの葉は横幅が広いものが好まれ、等級（A品B品）も葉幅で決まる。品種特性にもよるが、栽培管理でも変わる。葉幅は収穫回数を重ねるごとに狭く減少していくが、播種粒数や1株当たり植え付け本数等によって減少を抑えることもできるため、生産者の腕の見せどころといえる。

葉鞘部《ようしょうぶ》　いわゆるニラの根元の白い部分（緑の部分は葉身部）。ここが短いニラは収穫時に地面の中から深く刈り取らないと葉がバラバラになる。収穫調製時の作業もしにくいため、葉鞘部の長い品種が好まれる。

袴《はかま》　葉鞘部のことで、生産現場では袴と呼ぶ。特に出荷調製時に、葉鞘部を覆う古葉や薄皮を取り除く作業を袴取りと呼ぶ。

＊＊＊ニラの性質＊＊＊

分《ぶん》けつ（茎数）　ニラは種子1粒から20〜40本に分けつする。分けつが多いほうが初期収量は高いが、多すぎると一本一本の葉幅が狭くなり、トータルの収量が減ることもある。密集部の茎が枯れることもあり、出荷調製時に細いニラを取り除く手間が増える。この傾向は収穫回数が増えるほど大きくなるため、葉幅減少の抑制と同様に、生産者の最大の腕の見せどころである。なお、分けつした茎の数は茎数と呼ぶ。

休眠　ニラは本来、秋から冬に（低温短日になると）枯れて休眠する。休眠とは、多年生植物が冬越しする際に低温や積雪といった悪条件を乗り切るために自ら生育を停止する現象である。一定の期間、低温に遭遇すると打破され、再び萌芽する。現在栽培されているニラの多くの品種はこの休眠が極浅いか、ないとされ、保温して温度をかければ生育を続ける。

抽苔《ちゅうだい》　ニラは春になると（長日で）花芽分化し、その後の高温で生育が促進し、出蕾、開花する。開花には養分を大量に使うため、株が消耗する。このためニラ栽培では、この花蕾を刈り取る作業が重要な管理となる（左ページ上の花蕾除去の項も参照）。

＊＊＊栽培技術＊＊＊

土入れ　ニラの過剰分けつを防ぐために、定植して20日ほどたち、活着した頃に植え溝に土を入れ、平らに埋め戻す作業のこと。土戻しともいう。ニラは深く植えたほうが分けつが抑えられて連続収穫に適した茎数になるが、最初から深く植えると生育が停滞してしまうので、深い植え溝を掘り、溝の底に定植し、土入れを段階的に行なうことで、生育停滞を防ぎつつ深植えになるようにする。

花蕾《からい》除去　株の消耗を最小限に抑えるために夏期に行なわれる作業。生産現場では刈り払い機で行なうことが多い。

株養成　関東地方のニラ栽培では最も重要な栽培管理の一つ。本来休眠期である冬にニラを収穫し続けるために、冬までに光合成を十分にさせて根株を充実させるのがねらい。8月下旬から12月頃にかけて追肥や病害虫防除を行ない、健全な葉を保つのがコツ。

保温開始　ニラは春に定植してから収穫を始める冬までは露地栽培し、根株の充実を図る。このままではニラが休眠してしまうため、ビニールを被覆して保温することでニラを伸長させる。早く保温開始して温度をかければ早く収穫できるが、株の充実が足りないため、その後の収穫が続かない。保温開始をわざと遅らせて株の充実を図ると、連続収穫ができる。いつ保温開始するかは、収穫したい時期や、株の充実や次項の低温遭遇時間とも関連する重要な技術の一つである。

低温遭遇時間　ニラが休眠から明けるために必要な低温に遭遇する時間。栃木県では、5℃以下の低温に500時間遭遇する必要があるといわれており、生産者は指導機関が毎年発表する低温遭遇達成時期（休眠明け時期）を参考に保温を開始する。

捨て刈り　保温開始時に株養成のすんだニラを刈り取ること。繁茂して病害虫がついていたり、枯れ込んでいたりするため、出荷しないで捨ててしまう。

1番刈り　捨て刈り後に伸びたニラの最初の収穫のこと。この後、株を休ませながら収穫を続けることが可能で、2番刈り、3番刈りと呼んでいく。多いと1作2年で12回収穫することもある。

新植株（1年株）　栃木県ではニラは定植から収穫終了まで20カ月圃場での生育期間があり、春に植えたその年はほぼ株養成に費やし、収穫は2年目が主体となる。2年目の収穫中の5～6月には別なハウスに新たに定植をしていくので、これを便宜的に新植株（1年株）と呼ぶ。

収穫株（2年株）　新植株（1年株）に対して収穫中のものを収穫株（2年株）と呼ぶ。

多層被覆　ビニールを二重もしくは三重に被覆して保温すること。関東地方のニラ栽培は暖房を使わない無加温栽培なので、多層被覆は必須である。

連続収穫　ニラを休まず連続して収穫すること。ニラは何度も収穫ができるが、特に厳寒期の収穫では株の充実が足りなかったり、低温管理してしまったりすると伸長が悪くなり、収穫を続けることが難しくなる。いったんこうなると株を休ませるしかない。

第2章

ニラ経営の規模別目安

どのくらいの所得をめざすか

1 夫婦2人なら10aから始める

栃木県では、ニラの適正な栽培規模として、労働力1名につき収穫面積5〜10aが目安とされている。初めてニラを栽培する時は、夫婦2人なら新植株10a、本人夫婦と両親の4名なら20aくらいから栽培を始めてみるとよい。そして、技術の向上、雇用や省力機械の導入に応じて徐々に規模拡大を図っていこう。毎日決まった量を地道に出荷し続けると、知らず知らずのうちに所得が上がっている。地味だけど意外と儲かる品目なのだ。

栃木県の栽培方法は、「2年1作」といって、定植から収穫終了まで約20カ月の在圃期間を要する（図2−1）。新植株（1年株）と収穫株（2年株）の二つの区画をローテーションさせるので、2年目でニラ栽培の基本形が完成する。栽培1年目は株養成期間で出荷量はほとんどなく、2年目から所得が増えてくる。

2 調製労力による制約が大きい

栽培面積が夫婦2人で10aでは少なすぎると思うかもしれない。しかし、これには理由があり、ニラは調製作業に要する労力が栽培面積を制限している。調製作業は機械化が進みつつあるものの、ほとんどの工程は手作業によるものだ。長年ニラの調製作業に従事している熟達者であっても、1日に1人で調整できるニラは10箱（40kg）が限界といわれており、調製できる量はあまり多くない。細もの・病害葉・枯れ葉・抽苔時期の花蕾等が多いと、それらを除去する調製の手間が増え、できあがる箱数はさらに少なくなる。1人で1日に平均7箱の製品を作るとして、1人当たり栽培面積の目安が5〜10aとなるのだ。

調製作業はニラ栽培の総労働の7割近くを占め、調製労力の適正範囲を超えて栽培すると、徹夜仕事を強いられ

写真2−1　ニラの収穫作業

栃木県のニラの作型

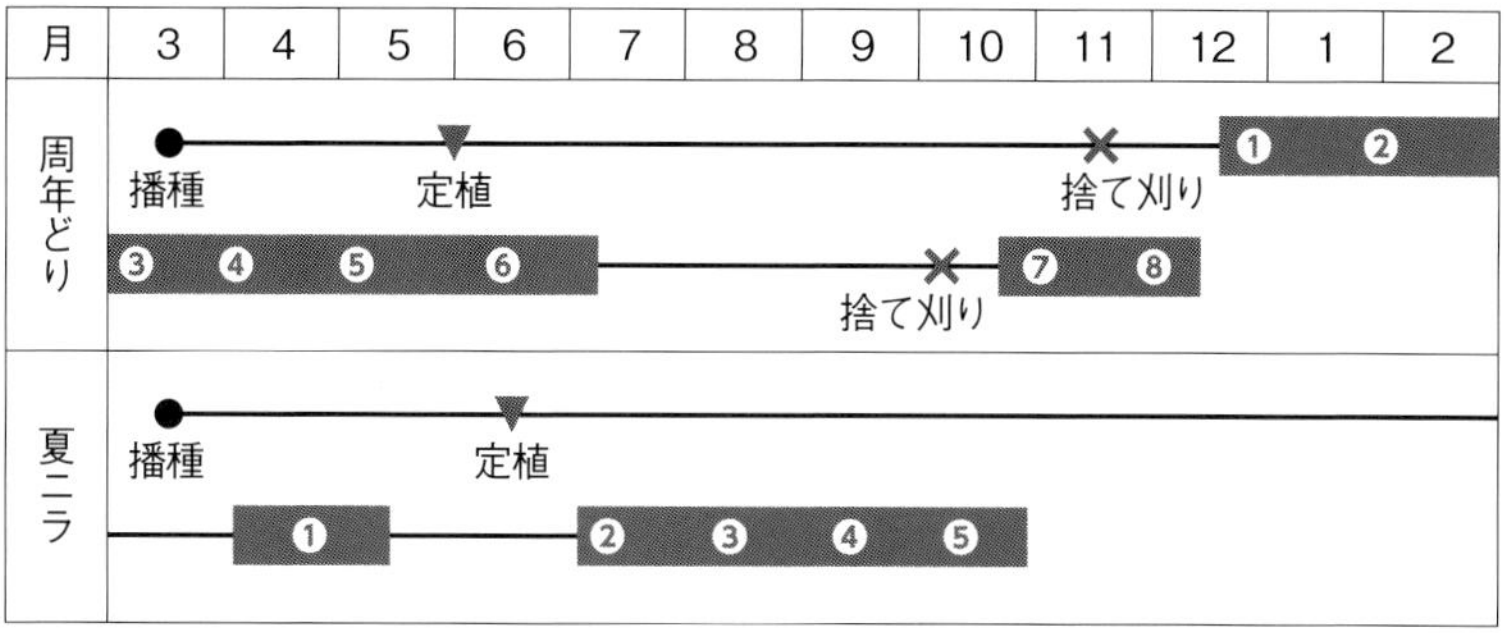

丸囲み数字は収穫回数。ニラは毎日収穫するのだが、同一の株で見ると、途中途中で株を休ませながら多くて8回ほど収穫する

ニラ栽培ハウスのローテーション

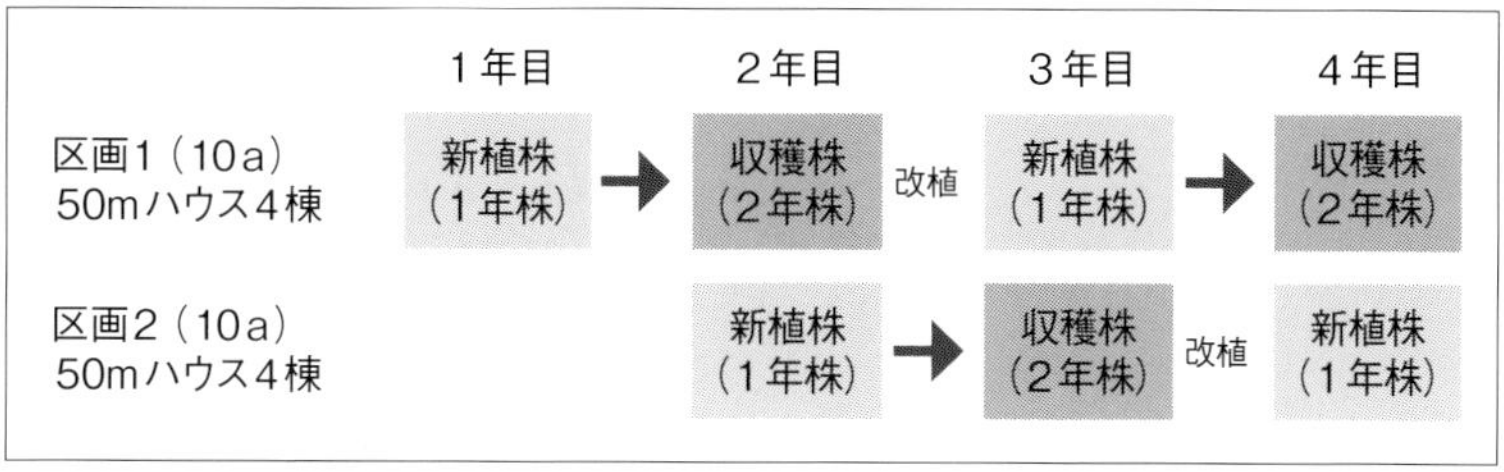

図2－1　栃木県のニラ栽培

栃木県では、ニラは定植から収穫終了まで20カ月の在圃期間があり、春に植えたその年はほぼ株養成に費やし、収穫は2年目が主体となる。2年目の収穫中の5～6月には別なハウスに新たに定植をしていくので、これを便宜的に新植株（1年株）と呼び、収穫中のものを収穫株（2年株）と呼んでいる

たり、収穫遅れで一部の圃場を廃棄したりする事態も起こり、結果的に所得が下がることにつながる。栽培面積の決定は、調製労力の人数から決定することがきわめて重要である。1日に調製できる範疇のニラを年間通じて地道に出荷することが、安定した所得を得るためにはじつは近道なのだ。

3　闇雲な規模拡大は危険

所得が短期間で増えるように机上の空論で試算することはたやすいが、ニラ栽培を始めてから短期間で闇雲に規模拡大を行なうことは危険である。何年かニラ栽培を続けて栽培技術が高まると、反収向上だけでなく調製が容易な品質のよいニラが生産できるようになり、ニラ栽培の勘どころを押さえた、要領のよい管理作業ができるようになる。こうなって初めて規模拡大を検討する好機となる。規模拡大や反収向上による収穫量の増大と、調製労力確保や省力機械導入といった処理能力の向上、双方のバランスを見極めて規模拡大を検討しよう。

また、雇用の導入は思った以上にハードルが高い。特に、被雇用者は年間安定した労働と収入を求める人が多いので、規模拡大のためには周年出荷体制を整えることがきわめて重要になる。

4 15aから始める新規参入の経営モデル

前述したとおり、ニラ栽培の適正面積は、1人当たり5～10aが目安となる。しかし、経営の柱としてニラで所得を得るためには少し物足りないことも事実である。このため、少し背伸びをして、無理のない範囲で規模拡大を続け、5年をかけて安定したニラ経営を確立するための経営発展モデルを設定している。15aからニラ栽培を始め、経営の柱として5年後に500万円の所得を得る経営モデルである。

●必要になる施設や資材

ニラ栽培を始める時に必要な施設や資材は表2－1のとおりで、設備投資にはそれなりの金額が必要だ。特にパイプハウスは最も重要な投資である。定植後は2年にまたがって栽培することになるので、水稲の育苗ハウスとの兼用はできない。初めからニラ栽培に必要な保温資材とパイプハウスをセットで導入する必要がある。調製室や管理機、動力噴霧機等は既存の設備・機械があればそれを利用してよい。

ニラ専用の機材としては、袴取り機やコンプレッサー、シーラーといった調製作業に使うものがあり、これらは収穫が始まる前までに準備しなければならない。種子代、肥料代（元肥）は、栽培を始める時にすぐに必要となる。出荷資材や収穫用の小農具は収穫時期までに準備すればよい。

●5年目で所得500万円までの経営発展イメージ

栽培を始めてから5年目に500万円の所得を確保するまでの経営発展のイメージは、表2－2のとおりである。

栽培面積は、1年目の15aから徐々に拡大していき、5年目に70aまで規模拡大を行ない、5年目で設備投資を完了する。

1年目は株の養成期間となるため収入はほぼなく、所得としてはマイナスとなってしまう点に注意が必要だ。2年目から収入が得られるようになり、

表2－1　15aのニラ栽培開始時の初期投資（栃木県の無加温パイプハウス栽培の一例）

1年目の設備投資費用（減価償却費対象物）

品名	面積・規格	取得金額（円）	耐用年数	償却費（円）	備考
調製室	30m²	600,000	15	40,000	プレハブ
パイプハウス（育苗ハウス）	250m²	350,000	10	35,000	
パイプハウス（本圃、遮光資材等含む）	15a	3,200,000	10	320,000	4.5m×5m×6棟
管理機		200,000	7	28,571	中古でも可
動力噴霧機	3ps	400,000	7	57,143	
プレハブ予冷庫	1.5坪	488,000	7	69,714	
ニラ袴取り機、コンプレッサー	5ps	500,000	7	71,429	中古でも可
シーラー		98,000	7	14,000	中古でも可
軽トラック		500,000	5	100,000	中古
合計		6,336,000		735,857	

1年目の資材等の経費（消耗品等）

品名	金額（円）	備考
種苗費	13,600	生種子6dℓ
肥料費	60,000	元肥、追肥
農薬費	40,000	殺虫剤、殺菌剤、除草剤
小農具費	12,000	収穫鎌、収穫コンテナ
諸材料費	40,000	被覆資材等
光熱動力費	95,000	ガソリン代、電気代
出荷資材費	9,750	段ボール、結束テープ、出荷袋
合計	270,350	

上記の金額は目安

所得は徐々に増え、年間安定して出荷できれば、経営も安定してくる。なお、販売額は1作（2年間）で5～5・2t、7～8回収穫する試算によるもので、周年収穫する作型としては初心者の平均的な収量となっている。

労働時間は1人2000時間（年間）を目安に、導入3年目までは家族労力（2名）で対応し、収穫量が増える4年目以降は雇用労働力を導入する。

栽培面積を拡大していくイメージは図2－2のとおりで、1年目の15aから2年目に20a増設し、5年目に70aの栽培面積まで規模拡大を進める。

4年目と5年目に、周年出荷体制を強化するために夏ニラ専用ハウスを導入する。夏ニラ専用ハウスは周年栽培用のハウスと違って保温資材のいらない雨よけのみのハウスでよく、導入コストは比較的安価である。

表2－2 「5年目で所得500万円」までの経営発展イメージ

労働時間……1人2,000時間/年間を目安に、1～3年目は家族労力で対応
　　　　　　4年目以降は雇用労力を導入（1名）
経営収支……1年目は株の養成期間となり、出荷はほとんどないため所得も少ない。
　　　　　　2年目以降は反収5,000kg～5,200kg/10a（年間7～8回収穫）で試算

①栽培面積の拡大

年次	新たな栽培面積(a)	合計	栽培面積（a）					設備投資費用（減価償却費対象物）（円）
			周年どりニラ		夏ニラ		ハウス棟数	
			1年株	2年株	1年株	2年株		
1年目	15a	15a	15a	0	0	0	6棟	6,336,000
2年目	20a	35a	20a	15a	0	0	14棟	5,500,000
3年目	10a	45a	25a	20a	0	0	18棟	4,730,000
4年目	15a	60a	30a	25a	5a	0	24棟	2,700,000
5年目	10a	70a	30a	30a	5a	5a	28棟	1,700,000

②経営収支の試算

年次	販売額（A）	資材費等の経費（B）	減価償却費（C）	所得（A－B－C）（円）
1年目	210,000	270,350	735,857	－796,207
2年目	4,245,000	621,950	1,341,571	2,281,479
3年目	5,720,000	783,250	2,017,286	2,919,464
4年目	7,250,000	1,809,000	2,287,286	3,153,714
5年目	9,715,000	2,181,850	2,457,286	5,075,864

③労働時間の目安

年次	労働時間（時間）	
	家族労力	雇用労力
1年目	1,500	0
2年目	4,000	0
3年目	4,200	0
4年目	4,000	1,000
5年目	4,200	1,200

※夫婦2人の場合
※設備投資は5年目で終了
※ハウスは1棟2.5a（間口4.5m×長さ50m）
※2年間の収穫回数7～8回を目安
※4年目以降の雇用労賃は資材等の経費に含んでいる
※販売額のニラの単価は、400～700円/kgで算出（年間の相場変動を勘案して算出）

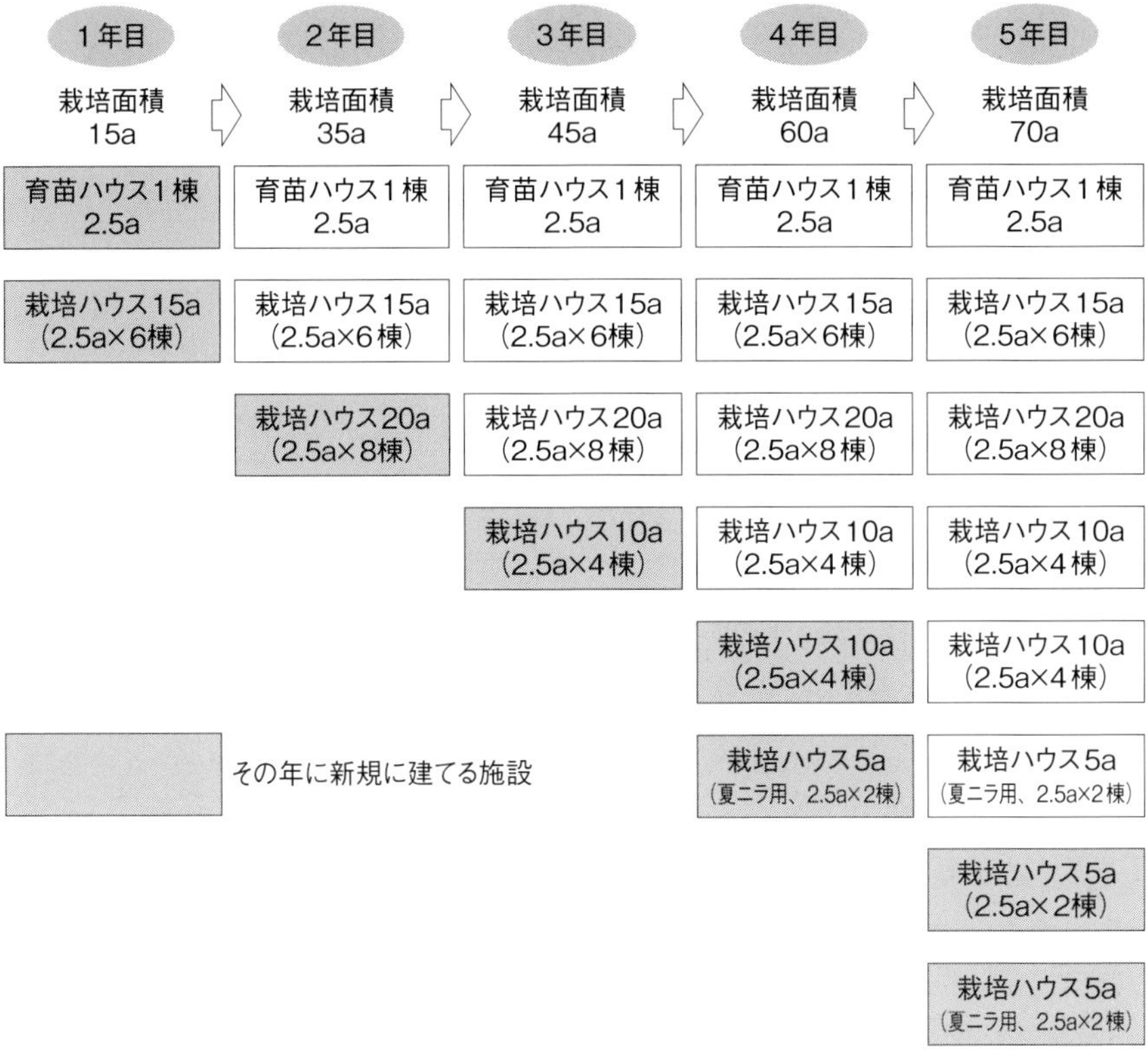

図2−2　ニラ栽培面積の拡大イメージ

5　実際の規模拡大事例

栽培開始から何年か経過した後に規模拡大を進めたモデル事例を二つ紹介する（図2−3）。

一つは、栽培面積は中規模ながら、反収と品質を重視した集約的なニラ栽培の事例である。周年どり品種を作付けし、年間出荷量は5000ケース、家族労力4名に加え、雇用労力1名を導入している。1作（2年間）の反収は地域の平均6tより高い8tを目標にしている。

もう一つは、家族労力4名に雇用労力6名を導入し、大規模にニラ栽培を行なっている事例である。年間出荷量は1万5000ケース、反収は地域の平均よりやや低い5tだが、夏ニラ専用品種の導入により年間安定した収穫

反収と品質を重視した中規模、集約的なニラ栽培事例

家族

雇用

- **栽培面積**：新植株25a＋収穫株25a
- **年間出荷量**：20t
- **労働力**：家族4名、臨時雇用1名
- **省力機械導入状況**：移植機、自動結束機
- 1日20～25ケース、年間5,000ケースの出荷を目標にしており、ニラの販売額目標は1,000万円、所得目標は500万円
- 収穫回数は2年間で平均8回、反収は2年間で8t（地域の平均6t前後より多い）を目標

雇用労力を活用した大規模ニラ栽培事例

家族

雇用

- **栽培面積**：新植株1.2ha＋収穫株1.2ha
- **年間出荷量**：60t
- **労働力**：家族4名、パート（周年）4名、臨時雇用2名
- **省力機械導入状況**：移植機、自動結束機
- 1日70ケース、年間1万5,000ケースの出荷を目標にしており、ニラの販売額目標は3,000万円、所得目標は1,000万円
- 収穫回数は2年間で平均5回、反収は2年間で5t（地域の平均よりやや低い）を目標。夏ニラ専用品種を導入して年間安定出荷を行なう

図2－3　規模拡大のモデル事例2つ

を行なっている。

ともに、収穫量に応じて発生する調製労力に相応の人員を確保することと、年間を通じて雇用労力の作業を用意するため、平準化した調製作業を創出していることがポイントで、このことが年間を通じた出荷につながっている。なお、大規模栽培では、栽培規模の拡大に合わせて雇用の人数も徐々に増やしていくことが望ましい。

第3章

ニラ栽培のおさえどころ

ニラとはどういう作物か

1 作業の適期を逃さない

ニラの定植作業は5～6月に行なわれるが、定植が極端に遅れるとその分、株を充実させる期間も短くなるため、初期収量が低下したり、保温開始が遅れたりすることになる。また、ニラは定植が終了した後で入梅し、降雨を利用してかん水管理の手間を省略することが理想である。このためには、梅雨前の短期間に定植を終了させなければならない。

また、東日本型の栽培では、初秋は、ニラが最も旺盛に肥料を吸収して株を充実させる大事な株養成期である。追肥のタイミングを逸すると、よい株に育成できないが、稲刈り作業と重なる上に台風の襲来も多いのでタイミングを合わせるのが難しい。

ニラは水稲との複合経営で栽培されることがほとんどだ。このためニラの定植や株養成といった重要な管理作業と、田植えや稲刈り作業が競合することが多い。

どんな作物でも適期作業が重要なのは当たり前だが、ニラの作業適期は他の品目よりも短いと感じられる。天候やニラの生理生態に応じ、時期を逸しない栽培管理が求められ、作業適期を逸すると収量や品質低下を招いてしまう。水稲の作業との優先順位を考えて時期を逃さず、要領よく作業するようにしたい。

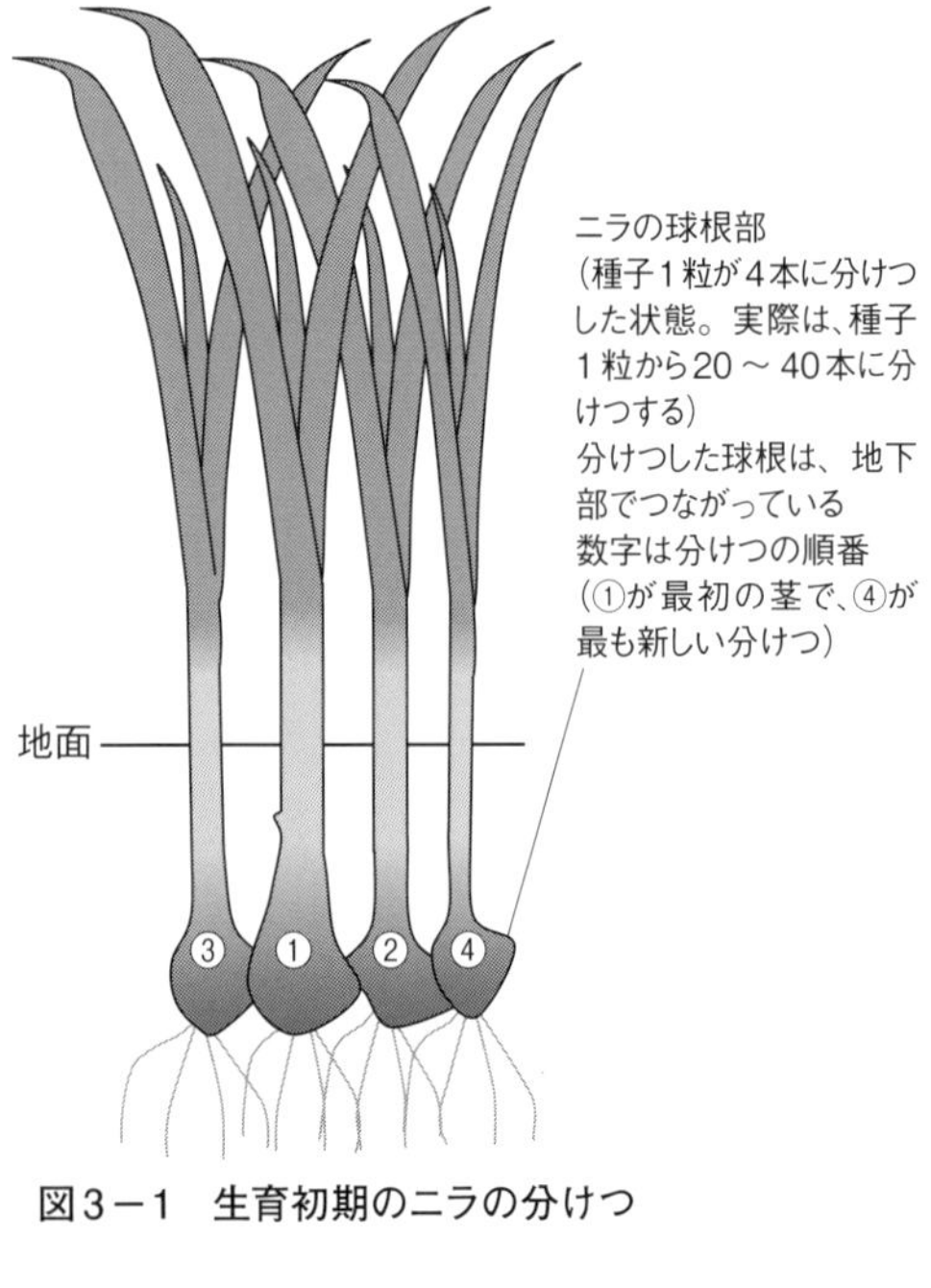

図3－1　生育初期のニラの分けつ

2 過剰な分けつを抑える

●ニラは分けつする

ニラは、ネギ類の中では最も旺盛に分けつする特徴がある（図3－1、3

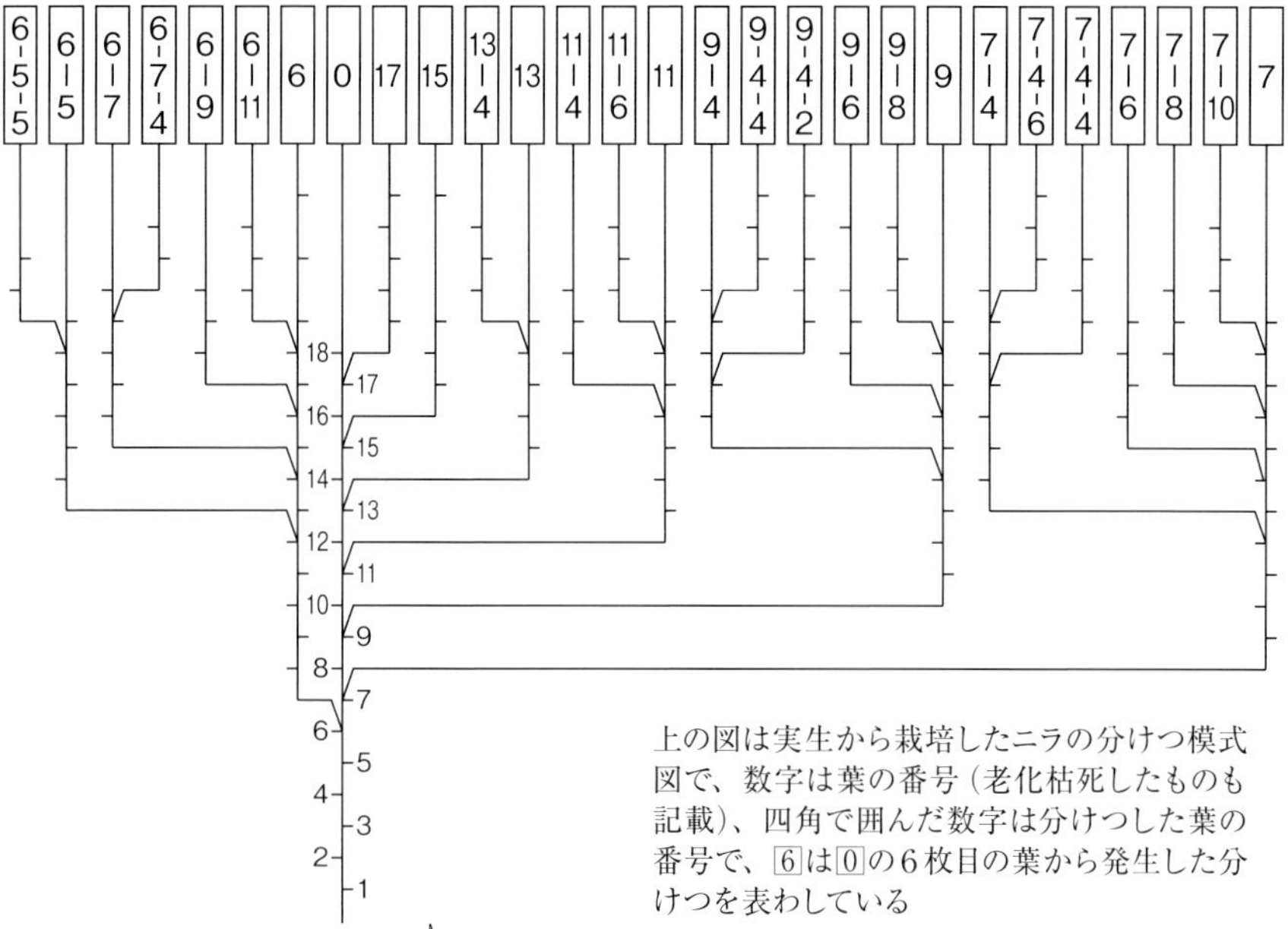

上の図は実生から栽培したニラの分けつ模式図で、数字は葉の番号（老化枯死したものも記載）、四角で囲んだ数字は分けつした葉の番号で、6は0の6枚目の葉から発生した分けつを表わしている

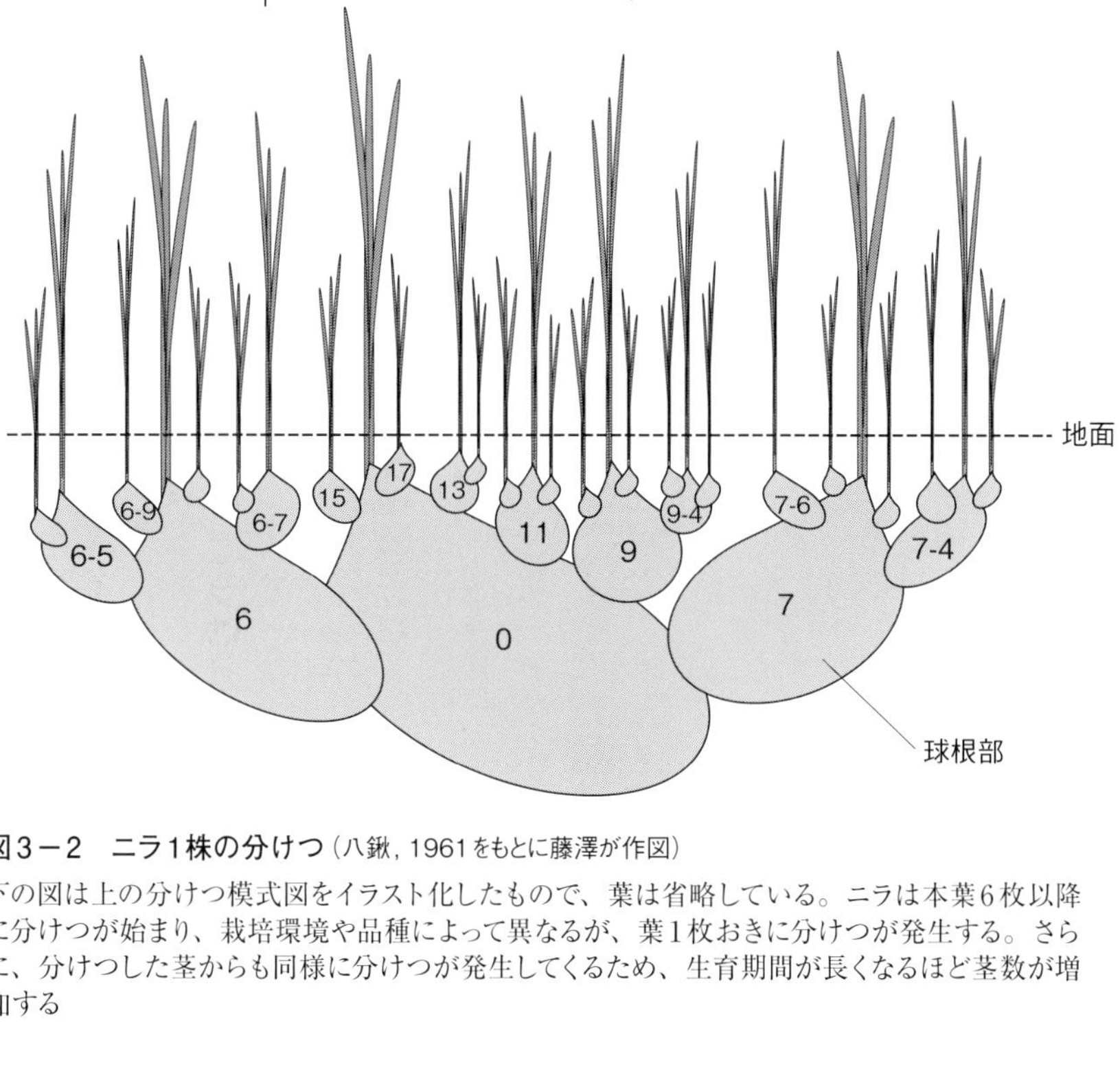

図3－2　ニラ1株の分けつ（八鍬，1961をもとに藤澤が作図）

下の図は上の分けつ模式図をイラスト化したもので、葉は省略している。ニラは本葉6枚以降に分けつが始まり、栽培環境や品種によって異なるが、葉1枚おきに分けつが発生する。さらに、分けつした茎からも同様に分けつが発生してくるため、生育期間が長くなるほど茎数が増加する

−2)。この旺盛な分けつ性は、収量と品質に多大な影響を及ぼす。分けつが多いと、当然のことではあるが、初期収量は高い。しかし、分けつが多すぎると収穫時にニラの一本一本が細くなり、商品価値が低下する。規格外のニラが多くなると、それを取り除く手間がかかり、調製作業に時間がかかる。分けつ数は、定植後の生育期間が長いほど多くなるので、収穫が進むほどニラが細くなるのはこのためである。逆に、分けつが少なすぎると収量が低くなる。

ニラ生産者にとっては、定植から収穫終了までの期間中に収穫回数をより多くし、なおかつ収穫を続けても葉幅が落ちないことが最大の目標となる。ニラの分けつ性を理解し、上手に利用することがニラの栽培上、非常に大きなポイントで、そのために、後述する品種選定や栽培技術の工夫を行なう。

●分けつが多いほど収量・品質低下

ニラは生育しながら分けつし、最初1本だった茎数は徐々に増加する。生育期間中は分けつが継続するが、最も旺盛に分けつするのは春と秋で、定植された1年目の秋、さらに2年目の春と秋に茎数は急激に増加する。そして、最終的に1株で60本以上にまで増加することもある。

図3−2はニラの分けつを模式化したもので、一つの種子から発生したニラが28本に分けつした時点のものである。ニラの分けつは不規則に広がっていき、株の外側だけでなく内側に向かっても茎数は増加していく。茎の過密状態が進行すると根域の密集や葉の過繁茂で養水分吸収や日光の受光に競合が起き、結果的に一本一本の茎が細くなる。特に集中して過密になる株の内側では、茎が細くなる他に、生育が緩慢になり、最終的には枯死する茎も見られ、茎数が減少することもある。

このような状態になると、収穫量そのものが減少するばかりでなく、品質が極端に低下して調製作業が煩雑になり、出荷量が不安定になってしまう。

●適正な茎数は？

茎数が多くなりすぎると葉幅のあるニラが収穫できないが、反面、ある程度の茎数が確保できないと収量は上がらない。しかも分けつは生育が進むにつれて図3−3のように増加していく。

収量を確保しつつ、連続収穫を続けるためのバランスのとれた茎数として、定植から5〜6カ月経過した保温開始時の茎数で、25〜30本が一つの目安となる。これより少ないと初期収量は物足りないし、これより多くなると連続収穫するにつれて品質が低下しやすい。

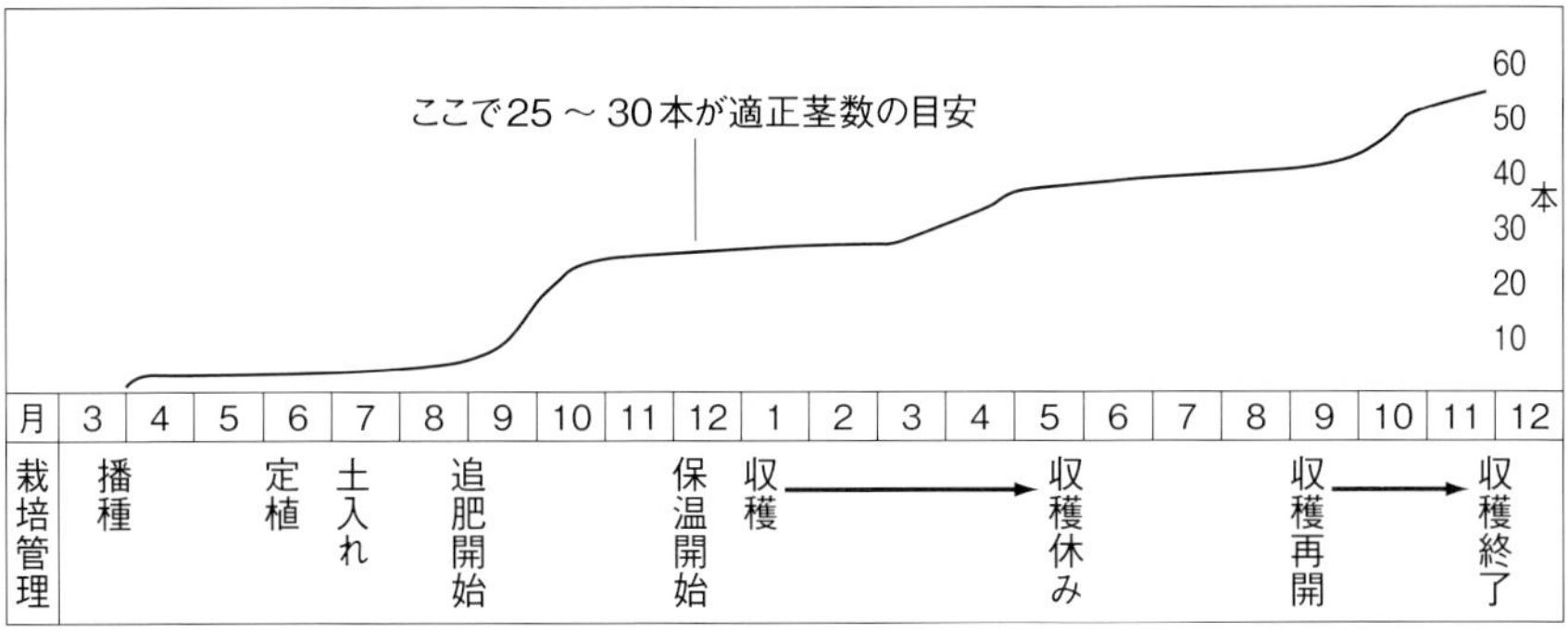

図3－3　ニラの生育ごとの分けつ数（概念図）

地床苗、種子数2粒の4本植えの事例。春と秋に旺盛に分けつする

ニラは1回で収穫を終了するのではなく、1作2年間で7～8回収穫する。できることなら10回以上収穫したいので、ある程度の初期収量を確保できる茎数に仕上げ、さらにその茎数をできるだけ維持することが重要だ。

●茎数はどうコントロールするのか？

茎数を人為的にコントロールする方法としては、それぞれ後述するが、①品種の選定（品種特性による分けつ性の強弱）、②定植時の1株当たり植え付け本数、③定植時の植え付け深さ、④定植後の土入れ（土戻し）や土寄せがある。

一方で、茎数を適正にコントロールし、収量と品質を両立させることは、長期間収穫するニラでは非常に困難である。完全に制御し続けることは名人と呼ばれる生産者であっても至難の業だ。分けつの進行によって茎数は増えていき、抑制することは難しい。このため生産者は、品種や作型、栽培方法を組み合わせて、常に葉幅の広いニラを収穫できるようにしている。また、収穫する回数を制限し、収穫圃場と収穫を休ませる株養成圃場とをローテーションしている。

さらに、茎数が増えすぎてしまった株は収穫を終了し、2年ごと、産地によっては毎年、改植が行なわれる。つまり、改植を行なう最大の理由は、分けつしすぎて細いニラしか収穫できなくなった株を新しくするためなのだ。

関東の基本的な作型である「2年1作」に対して、西南暖地の基本的な作型となっている「1年1作」は、分けつが旺盛になる2年目の収穫を行なわずに改植するため、過剰分けつに伴う葉幅の極端な低下は起こりにくい。この点は「2年1作」にはない、作型としてのメリットであろう。

3 栽植様式で収量と品質が決まる

●3つの栽植様式

ニラの栽植様式は、①栽植密度（株間×条間×植え付け条数）、②1株当たり植え付け本数（播種粒数）、③植え付け深さの3つの重要な要素から構成される。これら3つの栽植様式は、ニラの品種特性の中で最も重要な「分けつ性」を助長、あるいは抑制するため、ニラの収量と品質を決定する「収穫時の茎数」を考える上で重要だ。

ニラは一度定植すると最長で20カ月の在圃期間となるので、改植できるのは1作終了後である。栽植様式の決定は、ニラ栽培の中で最も頭を使うポイントの一つである。いつ頃どんなパターンで収穫したいのか。連続して品質の高いニラを収穫するためにはどうしたらよいのか。収穫時のニラの姿を想定し、品種による分けつ性の違いを加味しながら栽植様式を決定する。

●植え付け本数（播種粒数）が最重要

定植されたニラは旺盛に分けつすることは前述したが、定植時の1株当たり植え付け本数を多くすると、相対的に1本当たりの分けつ数は少なくなる（60ページ）。

たとえば、1株当たり2本と、1株当たり4本を、それぞれ同時に定植した場合、前者が20本程度に茎数が増えた時、後者は倍の40本にはならず、それよりも少ない30本程度にしかならないことが普通である。

また、1株当たりの種子数の違いでも、この傾向が変わってくる。たとえば、種子1粒が3本に分けつした苗（1粒3本）を定植した株と、種子3粒の未分けつ苗（3粒3本）を定植した株で比較すると、前者が20本程度に茎数が増加した時、後者は30本以上に分けつしていることがある。さらに、株当たり植え付け本数が同じでも種子粒数が少ないほうが、長期的に見ても茎数は少なくなる。

つまり、ニラは、1株当たりの植え付け本数や種子数が多いと、抑制的な生育になる。過繁茂によって受光態勢が悪化し、根域の過密化によって養水分の吸収に競合が起き、結果的に分けつが抑制されるものと推察できる。しかし、株当たりの植え付け本数や種子数が多いほど、分けつ数自体は多くなる。このことが収量と品質に大きな影響を与える。収穫時に1株の茎数が何本あるかで、収量と品質は大きく左右されるからだ。株当たりの重量と、茎

１本当たりの重量、そして葉幅との兼ね合いである（図３－４）。

品種特性（＝分けつ性）や植え付け深さ、土入れや追肥等の管理にもよるが、茎数決定の最大要因は定植時の１株当たり植え付け本数（セル苗の場合は播種粒数）であろう。

●栽植密度は分けつ性を加味して

収量を増やすには栽植密度を狭めて単位面積当たり株数を増やせばよいと思いがちである。だが、分けつして栽植間隔が過密になると、光線競合や根域競合が起きて株当たりの収量が低下し、作業性も極端に悪くなる。植え付け本数と同様、株間や条間は、品種による分けつ性の違いを加味して決定する。

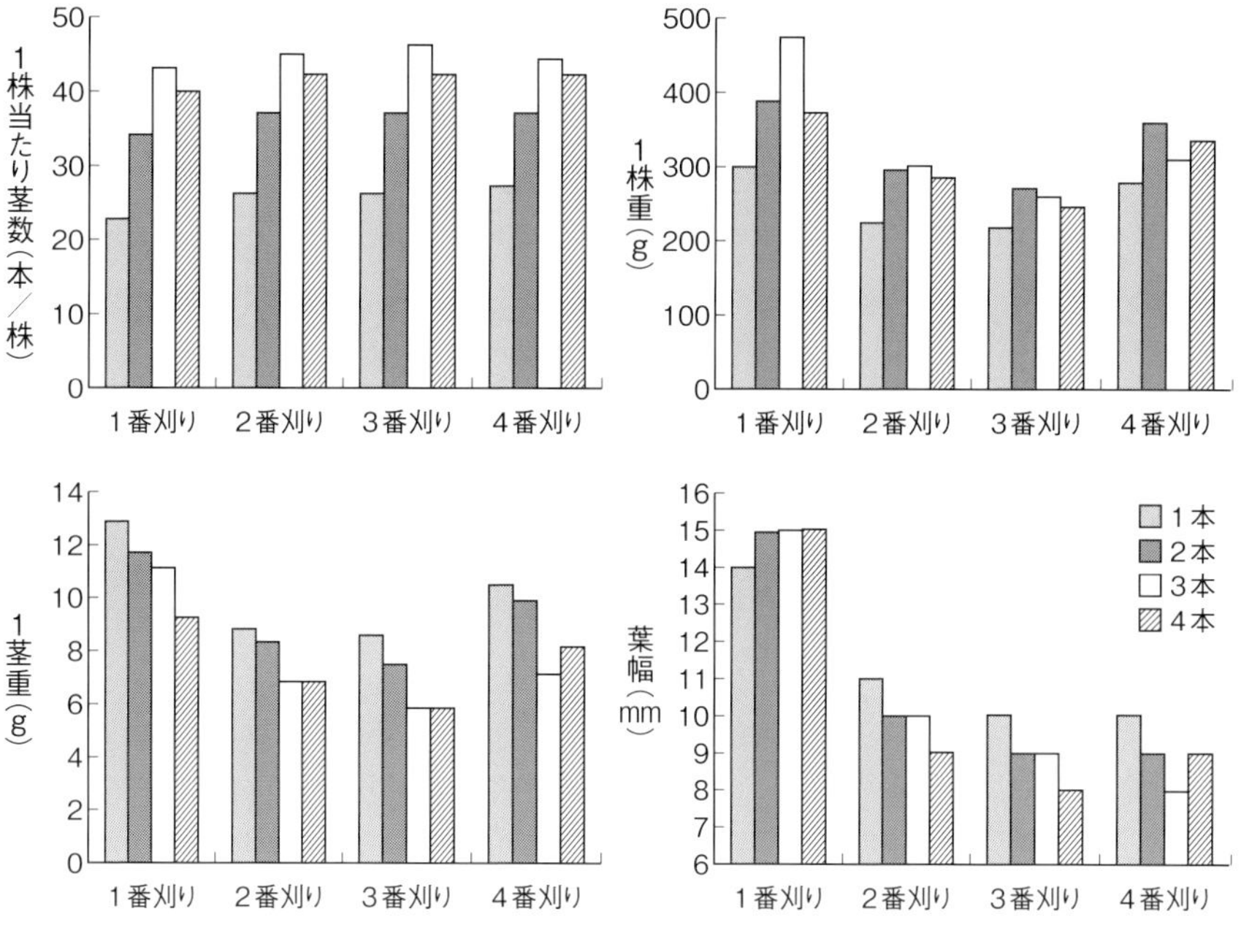

図３－４　１株当たり植え付け本数と刈り取り回数に伴う品質の推移（栃木農試，2008）

保温開始12/17、１番刈り収穫1/15、２番刈り収穫2/15、３番刈り収穫3/15、４番刈り収穫4/15、品種はミラクルグリーンベルト

植え付け本数３本が１株当たり茎数と１株重は最も多い。１番刈りの収量は茎数が多いほうが有利。しかし１茎重は１株当たり植え付け本数が少ないほど重い。２番刈り以降の葉幅の落ち込みは茎数が多いほど顕著

●植え付けは深めで分けつを抑える

ニラは深く植え付けると、分けつが抑制される。収量を多くするためには、

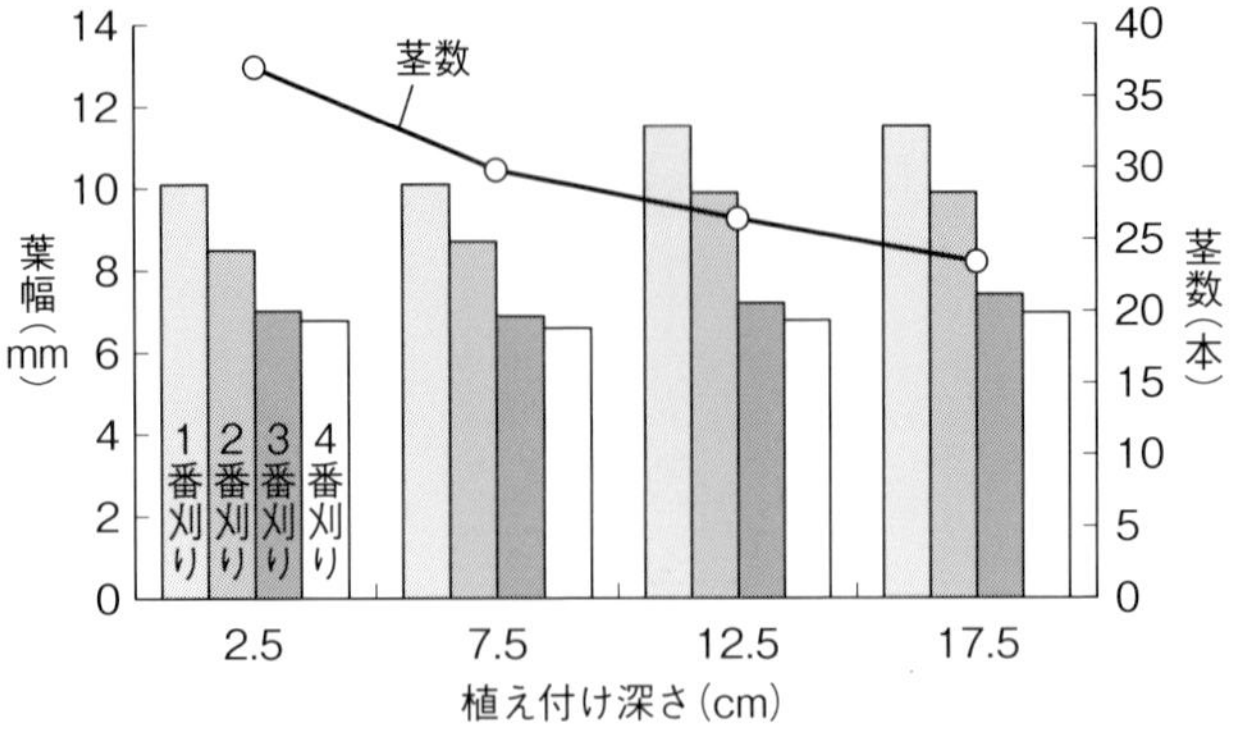

図3－5　植え付け深さが茎数と葉幅に及ぼす影響（栃木農試，1986）

植え付け深さを浅めにして分けつを旺盛にすることで茎数を多く確保すればよいと思いがちだが、そうではない。前述したとおり、分けつが過剰になると、葉幅が細くなって選別作業が繁雑になるばかりか、茎数の減少も起きて、むしろ減収となる（図3－5）。

現在のニラ栽培では「分けつを抑制して適正茎数を維持する」という考え方が主流となっているため、品種選定と深植えが重要なのだ。

4 株養成が決め手

●低温短日期に入る前に根株を充実させる

ニラは、定植から梅雨明けまでが初期生育期間（活着から初期の分けつ）で、その後の盛夏期までの生育は比較的緩慢である。

9月から10月になると、日中の気温は高いが、夜温は徐々に低下してくる。日長時間は夏至をピークに短くなり、冬に向かう気候となる。ニラはこの時期に急激に分けつする性質がある。また、それと呼応するように、この時期に最も旺盛に肥料分を吸収する。

吸収された肥料分は、分けつによって増加した葉や茎、そして急速に伸長する根の原材料として使われる。そして、根が吸収した水分、日光を材料に葉で光合成が活発に行なわれ、葉で生成された同化養分（糖分）が球根部に転流し、蓄えられる（図3－6）。この一連の流れを「株養成」と呼んでおり、関東地方のニラ栽培では最も重要な栽培管理の一つとなっている。

厳寒期の温度や地温が低い関東地方で需要の高い冬期間にニラを収穫し続けるためには、秋に根株を充実させて

低温短日期の収穫に耐えられる株に育成しておくことが必要だ。

●幅や厚みを持った葉を保つ

ニラの葉はいわばソーラーパネルで、光合成を行なう工場だ。葉幅がある葉は受光面積が広く、さらに、厚みのある葉は光合成能力が高いとされる。

　また、葉に病害虫が発生すると、光合成能力が著しく低下する。株養成期は、さび病、白斑葉枯病、ネギコガ等の葉に悪影響を及ぼす病害虫が発生する時期でもある。葉の光合成能力を最大限に発揮させるためには、これらの病害虫をしっかりと防除することも、株養成期の重要な管理の一つだ。

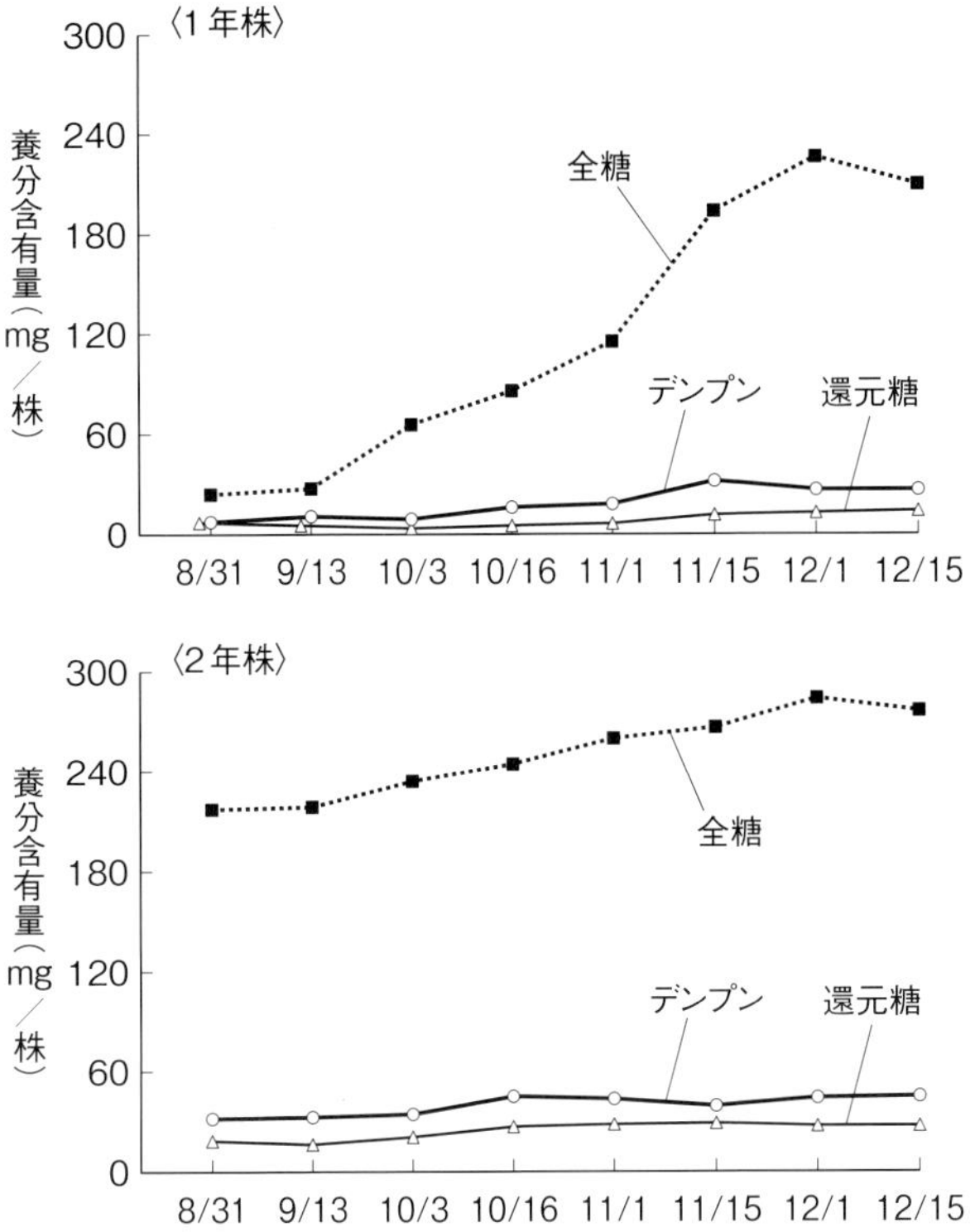

図3－6　1年株および2年株の時期別養分含有量

（栃木農試，1986）

1年株では秋に急激に糖分が蓄積される。2年株も9月から養分蓄積が増えていく

●絶対に倒伏させない

　ニラは生育が旺盛になると倒伏しやすくなる。追肥によってチッソ分を吸収すると、葉の基部（葉鞘部）が軟弱な状態になりやすく、上部の葉の重量を支えきれなくなるとなびき始め、その後、倒伏する。雨によって葉に水滴が付いても簡単に倒伏する。

　ニラは倒伏すると生育が停滞する。完全に倒伏すると、葉の光合成（同化）能力が低下し、維管束が折れ曲がるため葉と球根部の間で行なわれる養水分の転流も阻害される。さらに、葉の枯死や病害虫の多発を招き、株養成に悪影響が大きい。

以前は、キュウリ栽培用のネットや漁網等をニラの葉の高さに張って倒伏を防ぎながら、過剰ぎみの施肥で株を養成する事例も見られたが、現在では株養成期にネットを張る生産者はいなくなった。

株養成期の管理として、適切な追肥と、葉先の刈り込みといった対策をとって絶対に株を倒伏させないようにする（くわしくは121ページ）。

●西日本の産地では、収穫と収穫の間をあける

高知県等の西南暖地では、ニラを栽培する中で「株養成」という概念がない。そのため、関東から視察に行った時や、西南暖地から視察を受け入れた時に話がかみ合わないことが多々ある。

高知県では、定植後90～120日間の短めの生育期間をとった後、繁茂している葉を捨て刈りせずに収穫を始め、1年で6～7回程度収穫して改植する（毎年植え替える。49ページ参照）。関東型の栽培では必須ともいえる長期に及ぶ秋の株養成は行なっていない。

その代わり、収穫を始めた後は、収穫から次の収穫までの生育期間を40～50日間と、関東よりも長めにとる点が特徴で、収穫間隔が長いため光合成の期間が長く確保できる。最低温度は暖房機による加温で8℃程度を維持しつつ、生育期間を長く確保するため、日中は換気を励行した低めの温度管理を行ない、一日の平均気温を下げることで生育日数を稼いでいる。いわば、生育させながら株養成を行ない、その合間に収穫する感覚だ。関東型の栽培では厳寒期でも次の収穫までの生育期間は30日前後で、光合成する期間が短い。

また、西日本のニラ産地は、厳寒期の気温は関東よりも高めで（図3

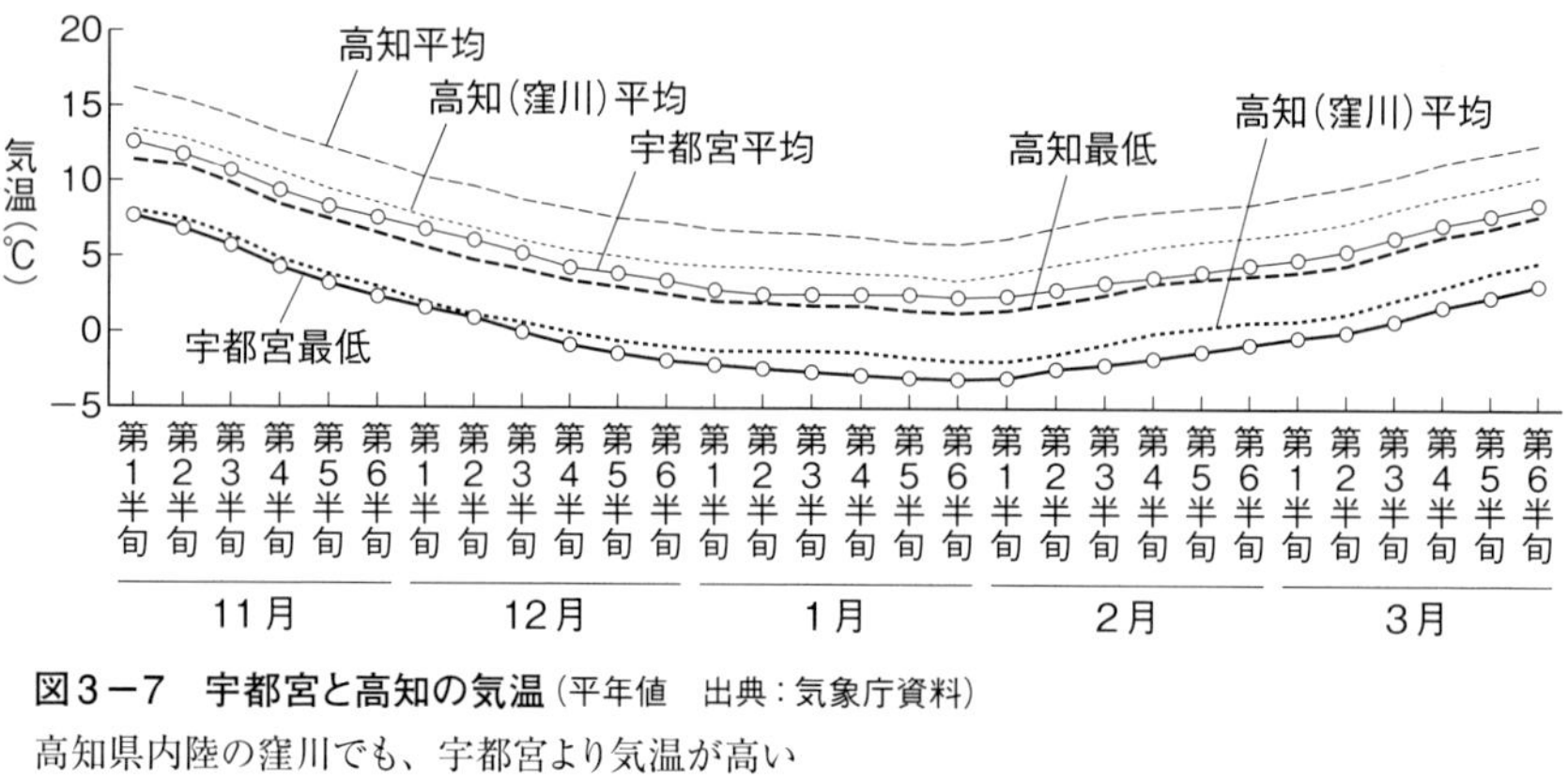

図3－7　宇都宮と高知の気温（平年値　出典：気象庁資料）

高知県内陸の窪川でも、宇都宮より気温が高い

ー7）、さらに暖房機による加温を行なっている。厳寒期でも追肥やかん水が可能で、これによって生育停滞を防いでいる。関東のニラ産地は多くが無加温栽培で、厳寒期に追肥とかん水ができないため、秋の株養成で養分蓄積を図っている。

5 品種ごとの休眠特性から作型や保温開始時期を決める

●ニラは低温短日で休眠する

ニラは本来、秋から冬に枯れて休眠する。休眠とは、多年生植物が冬越しする際に低温や積雪といった悪条件を乗り切るために自ら生育を停止する現象で、「自発的休眠（内因的休眠）」と「他動的休眠（外因的休眠）」があるとされる。

昔のニラの品種（大葉や蒙古等）は低温短日で休眠したが、この休眠は低温と短日で生育が完全に停止する「自発的休眠」で、所定の期間、低温に遭遇しないと休眠が打破されないため、いくら加温しても葉が伸長せず、収穫はできない。春までに低温を受けて休眠が打破されると、気温上昇とともに自然萌芽してくる。

一方、現在の栽培品種は、「自発的休眠（内因的休眠）」を持つ品種群と、それを持たない品種群に大別できる。

夏ニラ専用の「パワフルグリーンベルト」や「大連大葉」等は「自発的休眠（内因的休眠）」を持つ品種群である。秋から冬にかけては地上部が完全に枯死し、5℃以上に保温しても葉が伸長せず、明らかな休眠状態となる。自然萌芽は3月後半以降である。

一方、「自発的休眠」の状態になって完全に生育が止まってしまうと、最大の需要期である冬期間にニラが収穫できない。この期間に収穫するためには、低温短日条件でも休眠せずに葉が伸長する品種が必要で、以前から、休眠が浅い「グリーンベルト」や「ジャイアントベルト」等の品種が冬期間の栽培に利用されていた。現在栽培されている周年どり品種はこれらの品種を改良したもので、休眠は極浅い、または休眠がないとされている。本来、ニラが休眠期となる厳寒期であっても、保温して温度をかければ伸長するので、周年収穫することが可能だ。

●株疲れでも休眠する

しかし、厳寒期は伸長速度が緩慢になることがよくある。これは、低温や短日といった気象要因に加え、株疲れ等が原因で起こる「他動的休眠（外因的休眠）」という状態にあると考えられている。休眠が極浅い、もしくはないとされている品種であっても、低温管理を続けたり、株の養分蓄積が不足したりするような株疲れ状態にしてしまうと、休眠は避けられない。「自発的休眠（内因的休眠）」と「他動的休眠（外因的休眠）」の違いは、よく理解しておくことが重要だ。

いずれにせよ、ニラは何らかの形で休眠することは間違いない。関東型の株養成を行なう栽培にせよ、高知県の株養成を行なわない栽培にせよ、低温期に収穫を続けるためには、ニラの休眠を回避することが安定した収穫を行なうためには重要である。適切な温度管理を行なうとともに、株疲れを軽減する栽培管理が重要となる。

●一定の低温に遭遇する時間が必要

栃木県内では、以前から「ニラの休眠が明けるには、5℃以下の低温に500時間遭遇することが必要」といわれている。そこで多くの生産者が、気象庁が計測した気温データをもとに指導機関が発表する5℃以下の温度の積算を参考に、休眠が明ける時期に保温を開始する。

一方で、周年どり品種の休眠（自発的休眠）は極浅いか、ない。つまり、休眠に入らないのだから、休眠が明けるという概念は存在しないはずだ。実際に、周年どり品種のニラに自発的休眠はないのは明らかなので、とても矛盾する話ではある。

試験研究機関では、適切な保温開始時期を探すため、低温遭遇時間の違いが収量と品質に及ぼす影響を研究してきたが、これまでの指摘どおり、所定の時間、低温に遭遇することで生育速度も停滞せずに順調な伸長となり、収量と品質は明らかに高まる（図3－8、3－9）。これは実際の栽培でも明らかで、低温遭遇が不十分のまま早期に保温した株では収量と品質は低く、低温に十分遭遇させてから保温した株は収量と品質が高い傾向となる。

休眠がないとすれば、この500時間の低温は何のための時間なのだろうか？　おそらくそれは、株養成期に葉で生成された同化養分が地下の球根部に移行（転流）するのに必要な時間ではないだろうか。

この時期のニラを観察してみても、低温遭遇時間が100時間の頃は、葉はまだ青々としている。しかし低温遭遇時間が300時間の頃になると葉は枯れ始め、500時間を経過する頃には芯部分を残して大部分の葉は枯れている。葉の養分が順調に根に転流し、空っぽになった姿だ。

また、低温に遭遇している時（保温開始前）は葉の伸長が緩慢になるが、それと呼応するように分けつが一時的に停止する。低温遭遇時間と分けつ抑制の関連性は明確ではなく、収穫時の株疲れ等の影響も考えられるが、収穫開始から厳寒期には茎数増加が明らかに抑制されているため、何らかの関連はあるものと推察される。

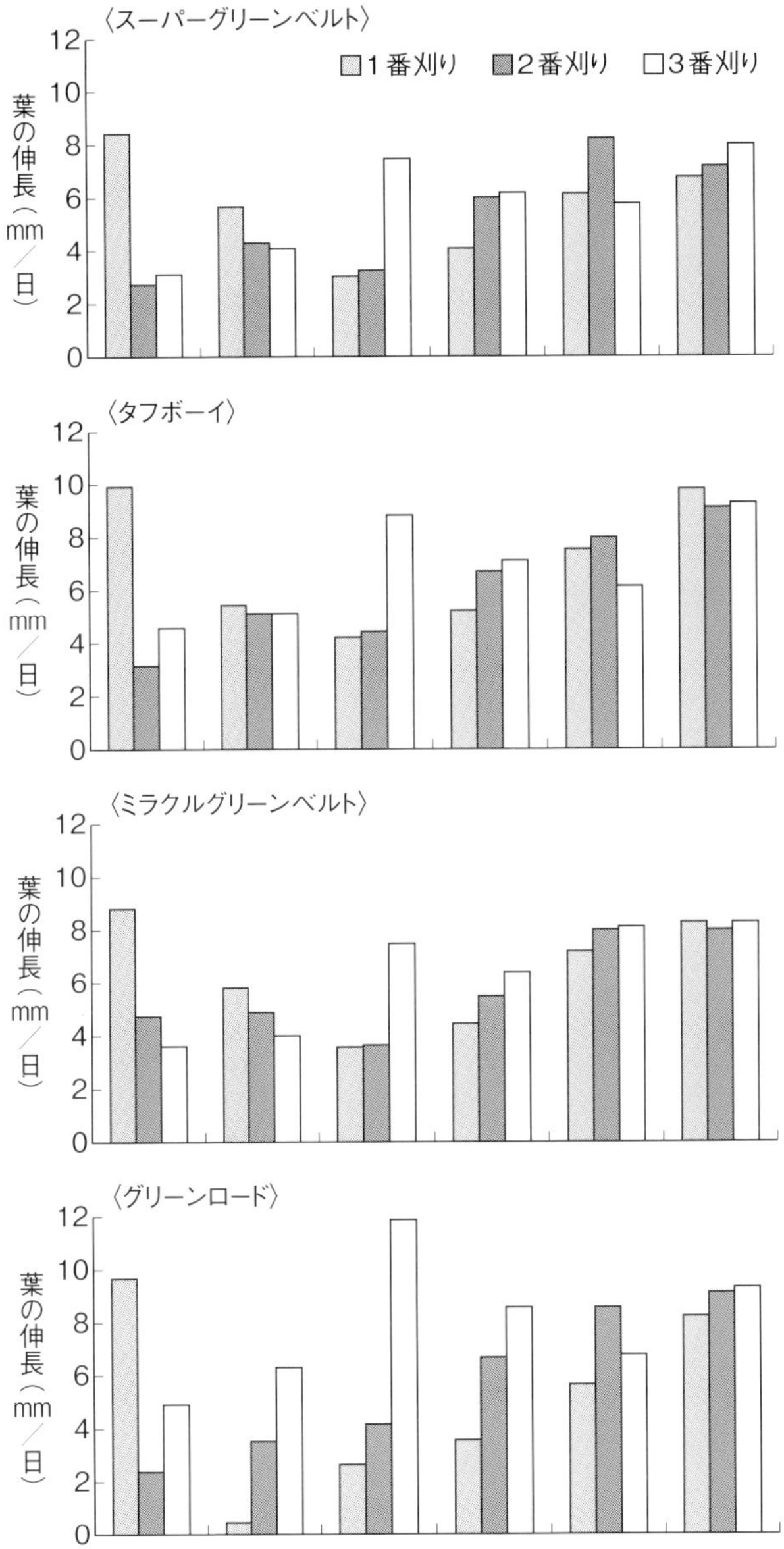

図3－8　低温遭遇時間と葉の伸長速度（栃木農試，2013）

1番刈りは捨て刈り・保温開始から、2番刈りと3番刈りは前回の収穫から、それぞれ草丈25cmになるまでの経過日数から1日に伸張した長さを算出して比較

●年内にとりたければ早く保温すればいい？

ニラは10～12月が端境期とされ、全国的に入荷量が少なくなるため、高値傾向で推移する。この時期に高値ねらいで出荷する事例も見られる。本来なら2年株を収穫すればよいのだが、2年株は分けつが過剰になって葉幅が細くなっていることが多いので、ついつい新植株を早く保温開始して、端境期の高値に収穫、出荷したくなる。

ところが12月前半に収穫するためには、収穫から25日程度前に捨て刈りと保温開始を行なう必要があり、この時期は低温遭遇時間がまだ50～100時間前後の時期にあたる。現在栽培されている周年どり品種は「自発的休眠」がないので、収穫期を見越して保温すれば収穫できる。しかし、1～2回収穫した後に連続して収穫しようとすると生育が緩慢になったり、葉幅が細くなったりして思ったように収穫が続かない。いったんこうなってしまったら、収穫をしばらく休んで株養成に切り替え、株の回復を待つ以外に方策はない。

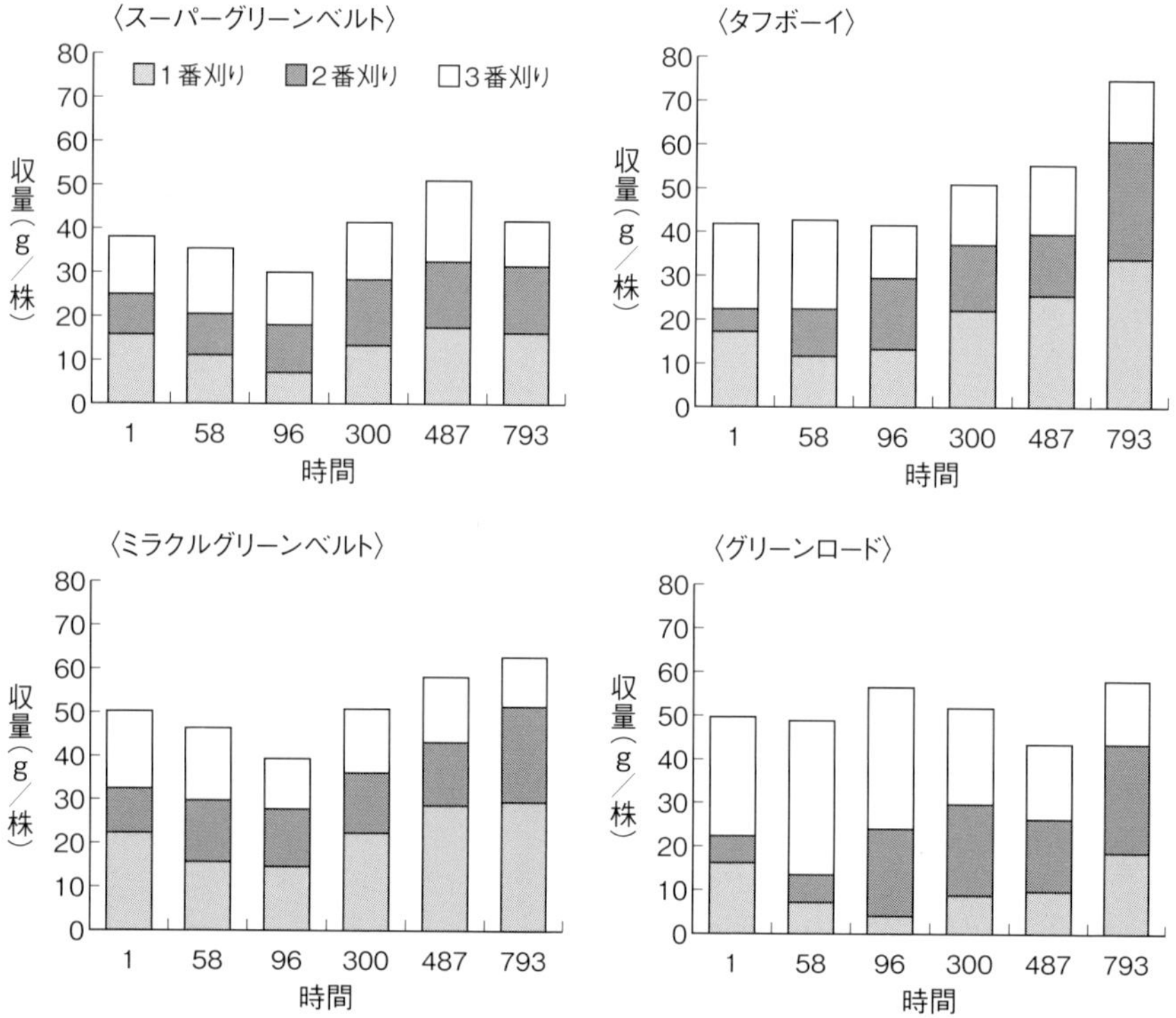

図3－9　低温遭遇時間と収量（栃木農試，2013）

収穫はスーパーグリーンベルトの草丈が25cmになった時点で全品種とも一斉に収穫。グリーンロードは1番刈りで萌芽のばらつきが多く、収量が低い。他の3品種は低温遭遇時間が100時間の頃に保温開始した株の収量が低く、300時間以上の株は収量が高い早期保温をするには、できるだけ充実した株のニラを利用するとともに、前もって保温開始時期を遅らせた安定的に連続収穫できる作型を用意しておいて組み合わせることが必須である。

●株の充実が足りなくても伸びが悪くなる

また、端境期の高単価ねらいで早期保温すると、葉の養分が球根部に転流される前の、同化養分が残った茎葉を捨て刈りしてしまうため、株の充実が不足した状態となる。この時期は気温がまだ高いため、捨て刈りから収穫までの日数が短く、光合成する期間がとれないまま収穫されてしまう。さらに、外的休眠状態に入らないよう、低温に遭遇させない管理を行なうため、分けつが継続し茎数が増加する。この養分不足・光合成期間不足・茎数増という3つの悪条件に加え、2番刈りの葉が伸長する時期は年間で最も低温かつ短日の条件になる。このため生育がきわめて緩慢になり、収穫までの日数が通常30日のところ60日以上となることもある。

日照時間が伸びて温度が上昇する春以降、株は再び充実してくるが、それまでの生育はきわめて緩慢なままで、温度管理や追肥等の管理を適正にしても改善には時間がかかる。これは一種の株疲れであるが、低温短日条件による「他動的休眠」とは密接な関係があるものと思われる。

●株が充実する時期はいつ？

これらのことから保温開始は、同化養分が球根部に十分に転流され、株が充実した時期が理想的である。この時期の判断は、前述したように、5℃以下の温度の積算時間が500時間に到達した日が目安になる。宇

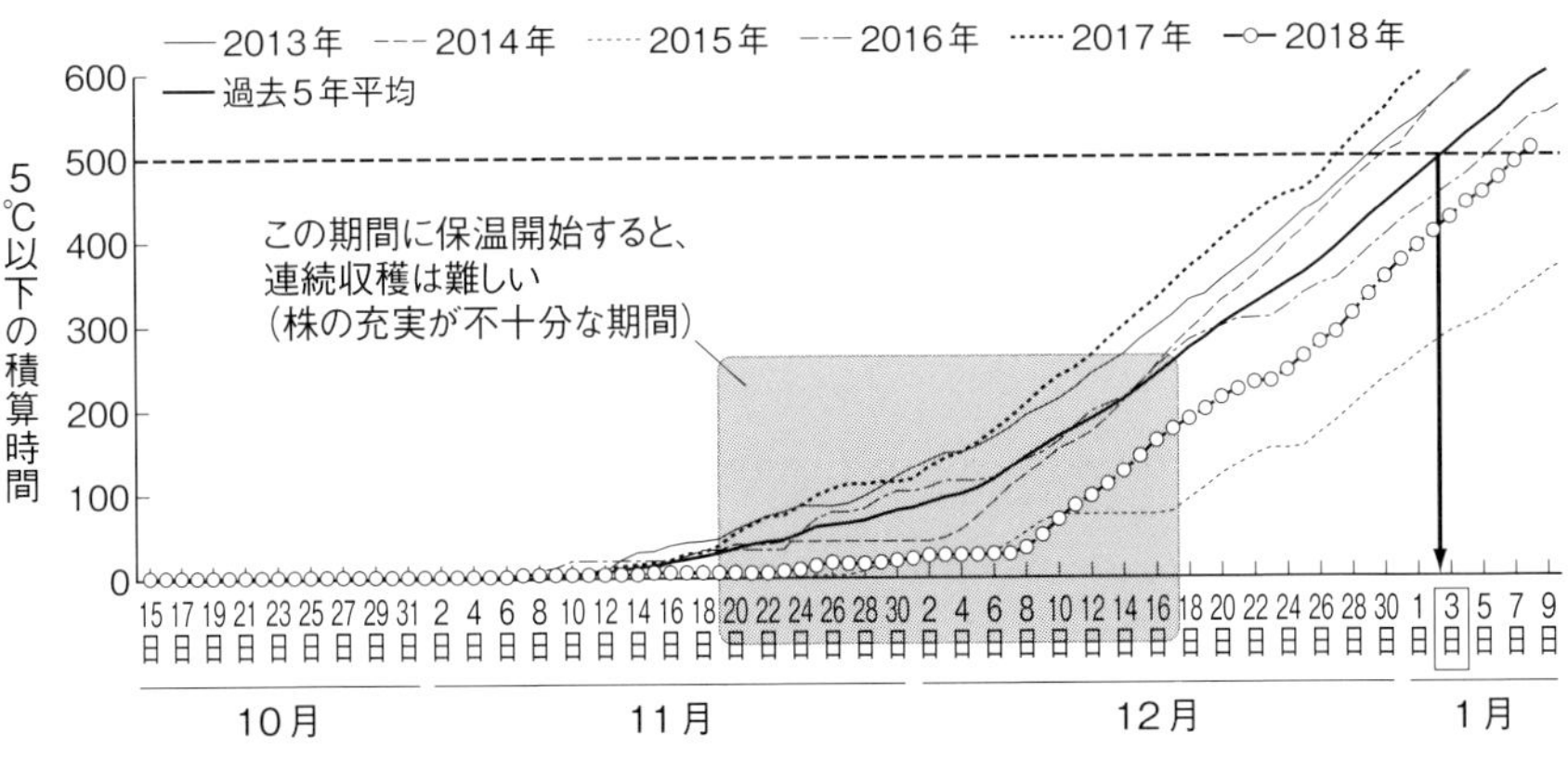

図3－10　宇都宮における5℃以下の低温積算時間（気象庁）

都宮では2013～2017年の5カ年の平均でおおむね1月3日となっている（図3－10）。しかも、温暖化の影響もあり、500時間に到達する日は年々遅くなる傾向だ。そして、5℃以下の温度が300時間以下の時期に保温開始すると、ニラの収量と品質は最も悪くなるといわれている。

しかし、実際の栽培では、すべてのハウスの保温開始を株の充実する時期まで待つと、収穫開始は2月にずれ込み、収穫回数が減ることにつながるし、2年株から1年株への切り替えにも支障をきたす。このため、早期保温を行なうハウスから順番に保温開始を行ない、最も遅く保温開始したハウスは株が十分に充実した時期になるようにする。すべてのハウスを高値ねらいで早期保温することは論外だし、ハウス棟数が少ない場合は、できる限り保温開始を遅らせて株の充実を図ることが、長期間安定した収穫を続けるためには重要である。

6 抽苔した花蕾は刈り取る

●ニラの抽苔とは？

ニラは長日条件で花芽分化し、その後の高温条件で出蕾と開花が促進される。ネギやタマネギといったネギ属植物の多くが低温で花芽分化するので、ネギ属の中では変わり種だ。

一般的な周年どり品種のニラは、6月頃から花芽分化が始まり、7月下旬～9月前半に抽苔（トウ立ち）、8月頃が開花期の中心である。一方、夏ニラ専用品種は、周年どり品種よりも抽苔時期が早い品種があり、パワフルグリーンベルトの開花時期は6月中旬頃と1月半ほど早く、エナジーグリーンベルトでは5月中旬頃と、さらに抽苔時期が早い。一方、大連大葉は夏ニラ専用だが周年どり品種と抽苔時期はあまり変わらない。

ニラは出荷時に花蕾が混入すると、異物混入と見なされ、クレームの対象となることもある。抽苔時期はニラの花蕾を取り除いてから出荷することになる。この「花抜き」作業は非常に煩雑で、調製作業には著しく時間がかかる。通常の出荷数量の3割程度に落ち込むという話も聞く。このため多くの場合、抽苔した圃場の収穫は休止して株養成に回し、抽苔していないか抽苔が少ない圃場のニラを収穫する。この時、抽苔時期が周年どり品種とずれる夏ニラ専用品種があると調製作業がラクになるため、安定出荷する上で非常に有効だ。周年出荷体制を強化する産地が増える中で、夏ニラ専用品種が周年どり品種を補完する位置づけで利用されている。

●抽苔は生育のバロメーター

ニラの抽苔は、花芽分化時の栄養状態（植物体の大きさや収穫回数等の来歴）によって、抽苔する花蕾の数や抽苔の開始期と終息時期が変化する。結論からいうと、生育が順調で栄養状態がよいほど、抽苔は旺盛になる。

周年どり品種の場合、植物体が大きな2年株や、秋まきの地床苗では、7月下旬頃から抽苔が見られ始め、最初に抽苔した葉から2～4枚おきに出蕾し、1本の茎から3～4本の花蕾が発生することもある。抽苔の開始期は早く、その後だらだらと続くのが2年株や秋まき苗の特徴だ。

一方、春まき苗は8月後半頃の遅い時期に出蕾が始まり、1本の茎からの出蕾数は1本程度で、セル苗で定植が遅れた株等生育が極端に遅れた場合は出蕾が見られないこともある。抽苔開始が遅く、すぐに切り上がることが春まき苗の特徴だ。そして、同じ時期の苗であっても、生育が順調であればあるほど、抽苔する花蕾は多くなる。

また、収穫中の2年株は、収穫回数や収穫開始時期、株養成期間等、管理の違いによっても抽苔時期は前後する。収穫回数が多く株の消耗が激しい場合、抽苔は2週間程度遅くなることがある。逆に、収穫回数が少ない圃場は株の消耗が少ないため抽苔時期は早い。また、保温開始時期が早いと株の充実が悪いため抽苔時期は遅くなり、逆に保温開始時期が遅い充実した株は抽苔時期が早くなる（図3－11）。さらに、周年どり品種の中でも品種間差が認められる。

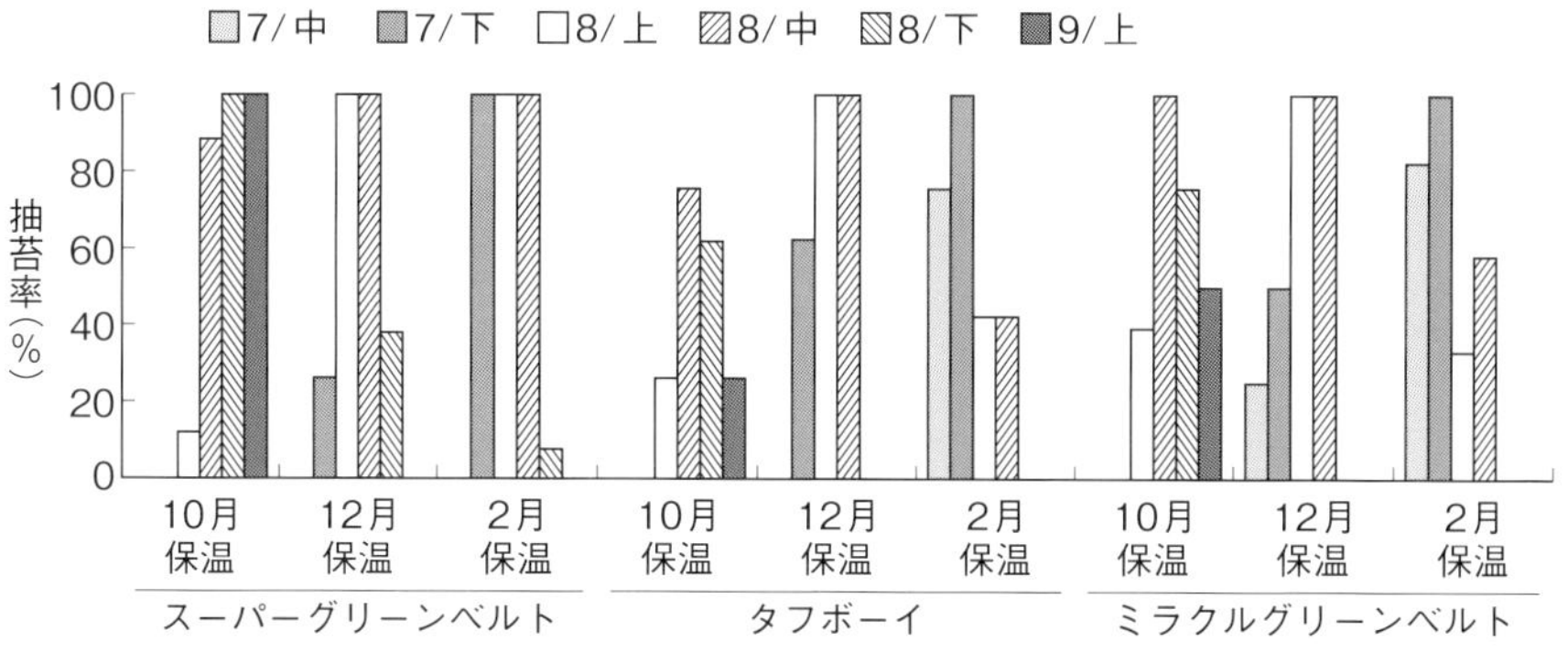

図3－11　保温開始時期と品種の違いが抽苔時期に及ぼす影響（栃木農試，2011）

3/14播種、5/17定植、保温開始時期は10/26, 12/14, 2/16。収穫は各区とも3回で、10月保温は11/13, 12/13, 1/23。12月保温は1/11, 2/6, 3/6。2月保温は3/20, 4/11, 5/1。その後6/14に捨て刈りした後、雨よけ状態で3回連続で収穫し、収穫時の抽苔率を調査したこれらの特性を上手に利用すると、抽苔時期をずらして、抽苔の少ない株を収穫することも可能だ。

このように、抽苔は生育量を推し量る目安になる。

●開花させると養分が消耗されてしまう

抽苔はニラの生育を推し量るバロメーターであるが、前述したとおり、出荷の際には取り除く必要がある厄介者だ。一方、新植株や、収穫を休んで株養成を行なっている圃場でも、抽苔はニラの生育にはマイナスだ。

抽苔した花蕾をそのままにしておくと、開花・結実に至るが、その過程で株の養分を大量に消費し、株の生育が悪化する。収穫中の株では葉幅が細くなり、収量・品質ともに低下する。

このため、株養成中の圃場では、抽苔した花蕾は、開花する前に刈り取って株の消耗を最小限に抑えることが重要な管理となる。図3－12は、抽苔した花蕾を除去した回数と収量の関係を示したものだが、摘蕾をこまめに行なうほど収量は高くなっている。このことからも、開花・結実に多くの養分が消費されることがわかる。

また、極まれに、ニラの花が満開となった圃場を見かけることがあるが、そのまま結実するまで放置しておくと、ニラの種子がこぼれ落ちて翌年春に自然に発芽して雑草化する。除草剤では対処できず、手で抜き取る作業は余計な手間となる。開花、結実前に確実に花蕾を除去しておこう。

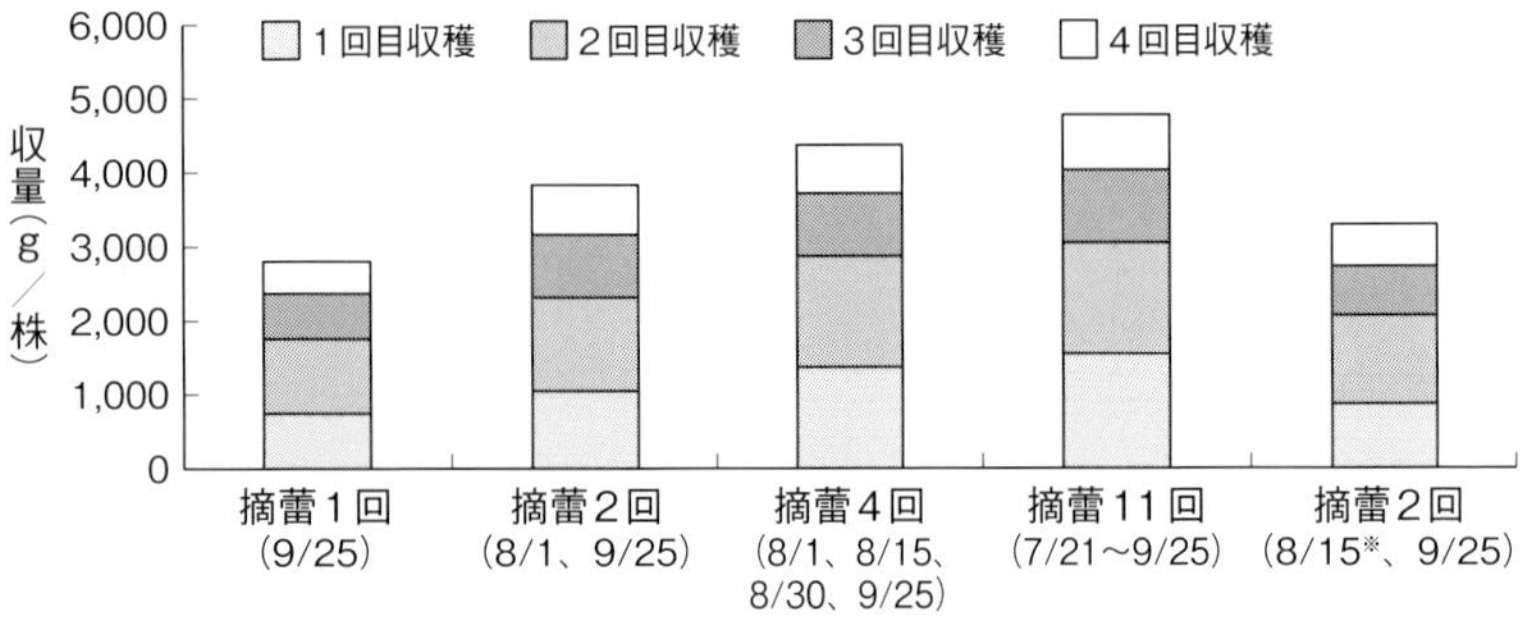

図3－12　摘蕾回数と収量（高橋ら, 1970）

※適蕾2回の8/15は地際より捨て刈り

摘蕾1回を100とすると、摘蕾2回は136％、摘蕾4回は154.6％と増収している。地際から捨て刈りのように刈り取ると、葉がなくなるため増収の効果はほとんどない。これらのことから、葉はできるだけ刈り取らずに花蕾だけを除去することが望ましく、2年株では4回以上の摘蕾を行なうことで増収効果があるといえる

7 病害虫対策が収量を左右する

●ネダニを防除できれば、収量が2割以上増える

ニラ栽培で問題になる病害虫はいくつかあるが、最大の難敵といえば、間違いなくネダニである。栽培を始めて2～3年でネダニの被害が見え始め、連作が長くなるにつれて被害は拡大し、収穫皆無となる事例も見られる。

ネダニの被害を受けると、初めは葉のねじれや曲がりが見られ、次に葉の黄化が見られるようになる。さらに症状が進むと葉の枯死や腐敗（トロケ）が発生し、調製の手間が大幅に煩雑になる。その分だけ出荷量は減るし、調製作業が長引く分、草丈が伸びすぎて規格外品となったり、葉先が枯れ込んで品質が悪化したりして、結果的にロスが増え、減収になることも多い。さらに、枯死に至らない場合でも、1株

花ニラについて

写真3－1　花ニラ（ニラの花蕾）

開花前のニラの花蕾は「花ニラ」と呼ばれ、中華料理の食材として認知され、ニンニクの芽と同様に利用されている（写真3－1）。テンダーポールという花蕾を収穫するための専用品種もある。非常に美味で、普通のニラよりも花ニラのほうが大好物という人もいる。これを直売所で販売する事例も見られるが、その場合は注意が必要だ。

ニラの花蕾は、利用部位が異なるという理由で、ニラとは別の野菜と定められ、使える農薬がきわめて少ない。通常のニラの防除を行なった場合、農薬の種類によっては登録外の農薬を使用したことになり、食用として流通することは認められない。

産地によっては、問題発生を防ぐため、花ニラの販売自粛を申し合わせている事例もある。花ニラとして出荷する場合は、事前に指導機関に確認することが望ましいだろう。

の茎数が減ることや、株当たりの茎数がばらついて管理がしにくくなる等、悪いことだらけだ。

ネダニを全滅させることはきわめて難しいが、被害が軽微な状態で維持できれば、収量は2割以上向上することは間違いない。ネダニの密度を低く抑える技術は体系化されている。収穫終了後の土壌消毒をしっかり行ない、定植時の粒剤施用と生育途中の薬剤かん注処理を組み合わせ、要所を抑えた対策を行なうことが重要だ（くわしくは148ページ）。

●ネダニ被害が土壌病害を増やしている

ネダニの被害は直接的な収量減少だけではなく、黒腐菌核病、乾腐病、白絹病、軟腐病といった土壌病害の多発も招く。特に、黒腐菌核病と軟腐病にはニラで使える防除薬剤がないため、排水対策等の耕種的な対策の他は、ネダニの防除を徹底することが最大の予防となる。

ネダニは地表面から球根部にかけての茎部を食害し、最初は表面を食害し、徐々にニラの株の内部に侵入する。その際に生じる食害痕から土壌病害が侵入しやすくなっていると考えられている。まさにネダニは万病の元である。

また、厳寒期に発生する腐敗症状（トロケと呼ばれている）は強い腐敗臭を伴って軟腐状に萎凋《いちょう》腐敗する症状だが、複数のバクテリアや糸状菌の侵入が原因とされ、ネダニの食害痕から二次的に侵入しているとみられる。原因菌が特定できないため病名はないが、この腐敗症状が多発すると収量が激減するばかりでなく、調製の手間が著しく煩雑になり、収穫を諦める事例も多い。

この厳寒期の腐敗症状も、ネダニの薬剤防除を徹底することで、しばらく経つと症状が改善される。

●ニラには使える登録農薬が少ない

ネダニ以外にも、ニラは多くの種類の病害虫が発生する。しかし、意外にもニラはマイナー野菜だ。トマトやナス、キュウリといったメジャー品目とは異なり、登録農薬が少ない。なかには白色疫病等のように、使える農薬がない病害虫もあり、対処に困ることもしばしばだ。最近は農薬メーカーの尽力によってニラの農薬の登録拡大が徐々に進んではいるが、それでもやはり使える農薬の種類は少ない。耐性菌発生を防ぐには異なる系統間のローテーション散布が大切といわれるが、使える系統自体が限られているのが現実だ。各農薬には使用回数の制限もあるので、安全性を確保した農薬の使用と合わせ、的確な病害虫防除にはそれなりの知識と技術が必要である。

害虫は、早期発見と早期防除に尽きる。病害は、排水対策や土壌改良により健全なニラを育成することと、予防散布で病害発生を少なくすることが重要だ。

8 雑草対策が決め手

●ニラに使える除草剤は、きわめて少ない

ニラの圃場に雑草が優占すると受光状態が悪化し、軟弱に徒長して倒伏しやすくなる。雑草は肥料を旺盛に吸収するため、ニラとの競合が起きると、ニラの生育は停滞し、株出来の悪化につながる。さらに雑草は、アブラムシやアザミウマ等の病害虫発生の発生源になる。雑草が多いと、ニラは正常に生育しない。雑草対策は重要な栽培管理の一つである。しかし残念なことに、ニラに使える除草剤はきわめて少なく、病害虫防除と同様に深刻な問題となっている。

関東のニラ産地は水田からの転換が多く、水田とニラの圃場が混在しており、定植から保温開始までは無マルチの露地状態で管理されるため、雑草が侵入しやすい。収穫回数が少ない分、作付面積を増やして収穫量を確保していることも特徴の一つで、手除草は現実的ではない。土壌病害やネダニが蔓延した場合は、水田に戻して新たに水田をニラ栽培圃場に転換することもある。これらの事情は東北の露地ニラ産地でも同様だと思われる。雑草対策が東日本のニラ生産者の規模拡大の大きな阻害要因となっており、ニラ生産者の悩みの種である。

一方、西日本のニラは連棟ハウスで雨よけされた環境で栽培され、定植時からマルチを利用し、株養成期間が短い。東日本と栽培体系が異なっているため、雑草対策はあまり重要な問題ではないようで、除草剤への依存度は相対的に低い。

この東西の栽培様式の違いが、ニラの除草剤登録が増えない最大の理由であると感じられる。除草剤のニラへの登録拡大を切望するとともに、現状で使える除草剤の効果を最大限に引き出す使用方法の徹底と、雑草を少なくする栽培管理を取り入れて対応するしかない。

●数少ない除草剤を効果的に使う

ニラに登録のある除草剤は、2019年3月末時点で5種類しかない。非選択性茎葉処理剤（バスタ）はニラに

直接散布できないため生育期間中の使用は困難なので、実際にニラの生育期間中に使用できる除草剤は、土壌処理剤3種（クレマートU粒剤、ゴーゴーサン乳剤、ロロックス）と、選択性茎葉処理剤1種（ナブ乳剤）の4種類に限られる。それぞれ使用回数は1回限りなので、最大で4回の除草剤使用で雑草を抑制しなければならない。

土壌処理剤は散布時の土壌の状態で効果に大きな差があるため、降雨と土壌水分を吟味した除草剤散布のタイミングや、耕うんによる圃場作りが重要になる。また、土入れや中耕等で土壌の表面を物理的に変化させることで、除草剤の効果が持続する期間が短くなる（くわしくは115ページ）。

選択性茎葉処理剤のナブはイネ科（スズメノカタビラを除く）にのみ効果があり、広葉雑草にはまったく効果がない。こうした除草剤の特徴を理解することが重要だ。

●雑草を少なくする管理

ニラに使える除草剤がきわめて少ない現状では、除草剤に頼らない除草体系を検討する必要がある。たとえば、土壌消毒や非選択性茎葉処理剤を使って、定植前に圃場の雑草を徹底的に枯らして雑草種子を少なくしておく。土壌消毒を行なって、播種床や本圃の雑草種子を死滅させておく。雨による雑草種子の流入を防止するため、排水溝を強化する。これらの対策は有効な雑草防止策である。また、土入れが完了した後は機械除草によって雑草を防除することも一つの方法である。

第4章

ニラの作型と品種選び

いつどんな品種を作るか

1 栽培地域と作型選択

●作型、栽培方法は地域性に富んでいる

ニラの営利栽培の作型は、パイプハウスを利用した「無加温栽培」、連棟ハウスを中心とした施設で暖房を行なう「加温栽培」、保温や加温を行なわず、春から秋に収穫する「夏秋ニラ」の3つの作型に大別できる。このうち夏秋ニラは露地栽培で行なわれることが多い。

水稲の裏作としてニラを導入した産地がほとんどだが、水稲の作付け規模や依存度は地域によって差があり、気象条件も大きく異なるため、ニラの栽培様式は地域性に富んでいる。現在は水稲の依存度が低下し、相対的にニラが経営の主力になっているため、各産地では複数の作型を組み合わせ、同じ作型でも定植時期や捨て刈り時期を前後にずらすことで、収穫期間の延長を図っている。

利用する品種は、収穫時期によって異なり、冬に収穫する冬ニラは休眠のない周年どり品種を、冬には収穫せず冬越しさせる夏ニラは完全に休眠する夏ニラ専用品種が用いられている。

全国の主要産地の作型は図4－1～4－4のとおりである。

●パイプハウス保温栽培

関東地方では、水稲の裏作として冬期の現金収入を目的にニラが導入された。パイプハウスに小トンネルを併用した保温によって、単価の高い12～3月に出荷する作型が現在も主力となっている。

暖房機による積極的な加温は行なわないため、秋に株養成を十分に行ない、厳寒期に収穫することが一般的だ。低温による生育遅延や、保温を優先するために多湿となって病害が発生しやすくなる等の問題があるものの、生産コストが低く抑えられる点がメリットである。

近年は、米価低迷に伴う所得確保や産地間競争の一環で周年安定供給をめざす観点から、3月以降も収穫を続ける連続刈りや、露地または雨よけ栽培で夏ニラ専用品種を組み合わせ、年間を通じて出荷する産地が多くなっている。技術面以外の課題としては、水稲との複合経営を行なう生産者が多いため、田植えや稲刈り時期に出荷量の減少が目立つ。

また、厳寒期の生育維持と省力化を両立させた、より積極的な保温方法として、ウォーターカーテンの導入（188ページ）も始まっており、収量と品質

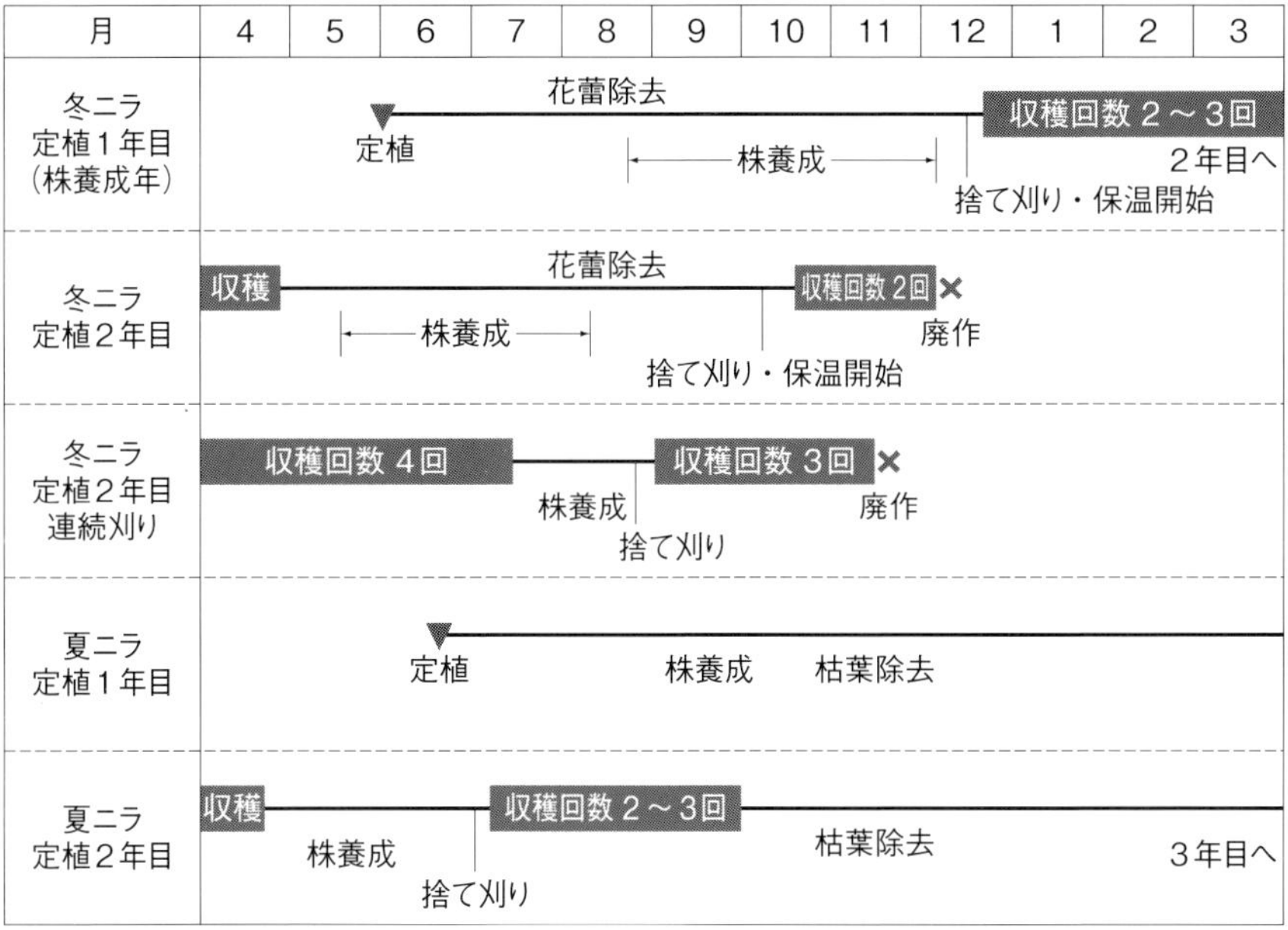

図4－1　関東型のニラの作型の一例

冬ニラは2年ごとに改植し、収穫回数は2年間で5～8回
夏ニラは3年目まで収穫してから改植される
それぞれ、捨て刈り時期を前後にずらし、収穫期間や収穫回数に幅を持たせている

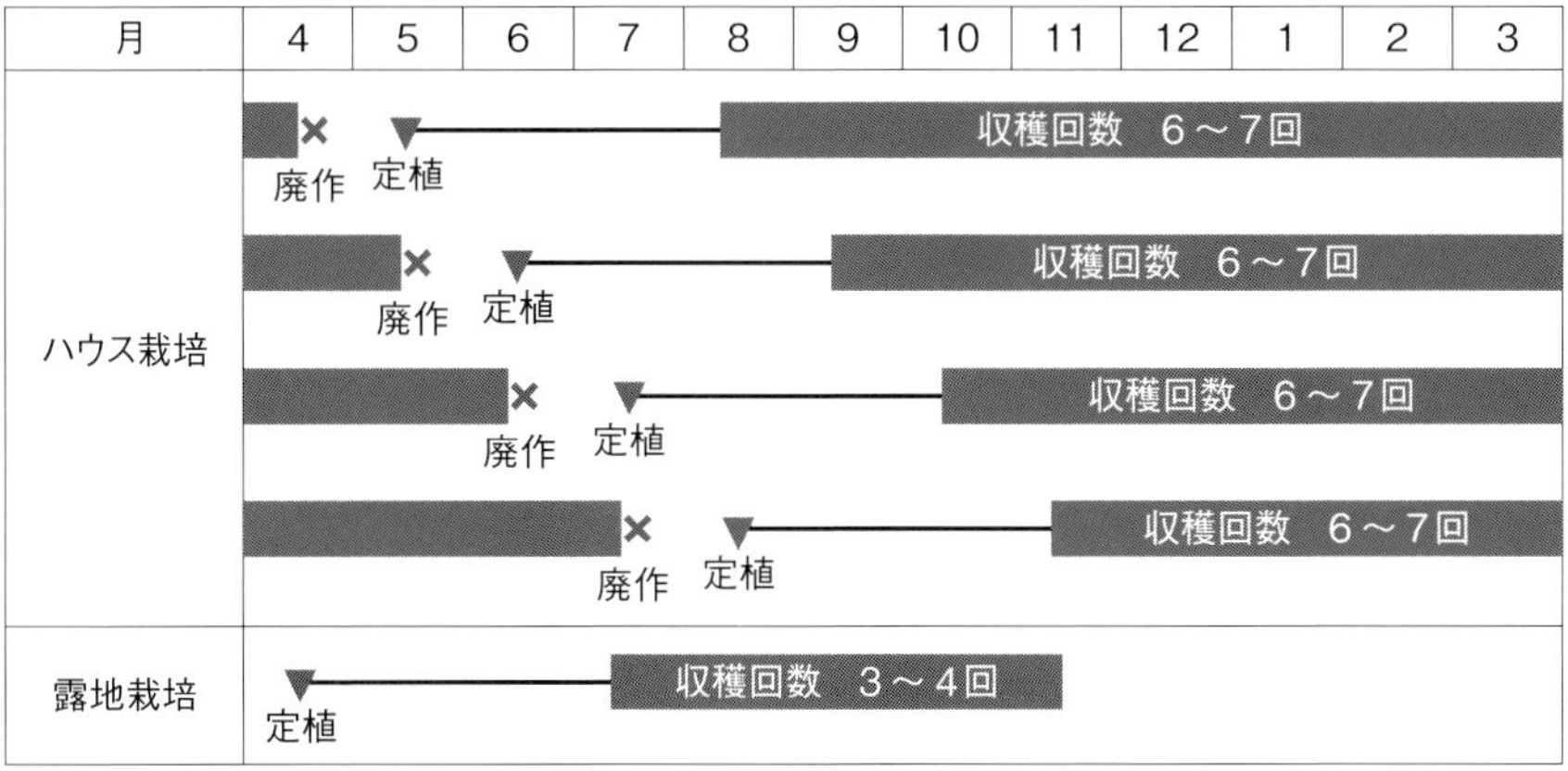

図4－2　西日本（四国・九州）型のニラの作型の一例

毎年改植し、収穫回数は1年間で6～7回
ハウス栽培の品種には休眠のない周年どり品種を、露地栽培には休眠のある夏ニラ専用品種を用いている
定植後90日前後で、捨て刈りはしないで収穫する産地が多く、収穫回数にはそれを含む

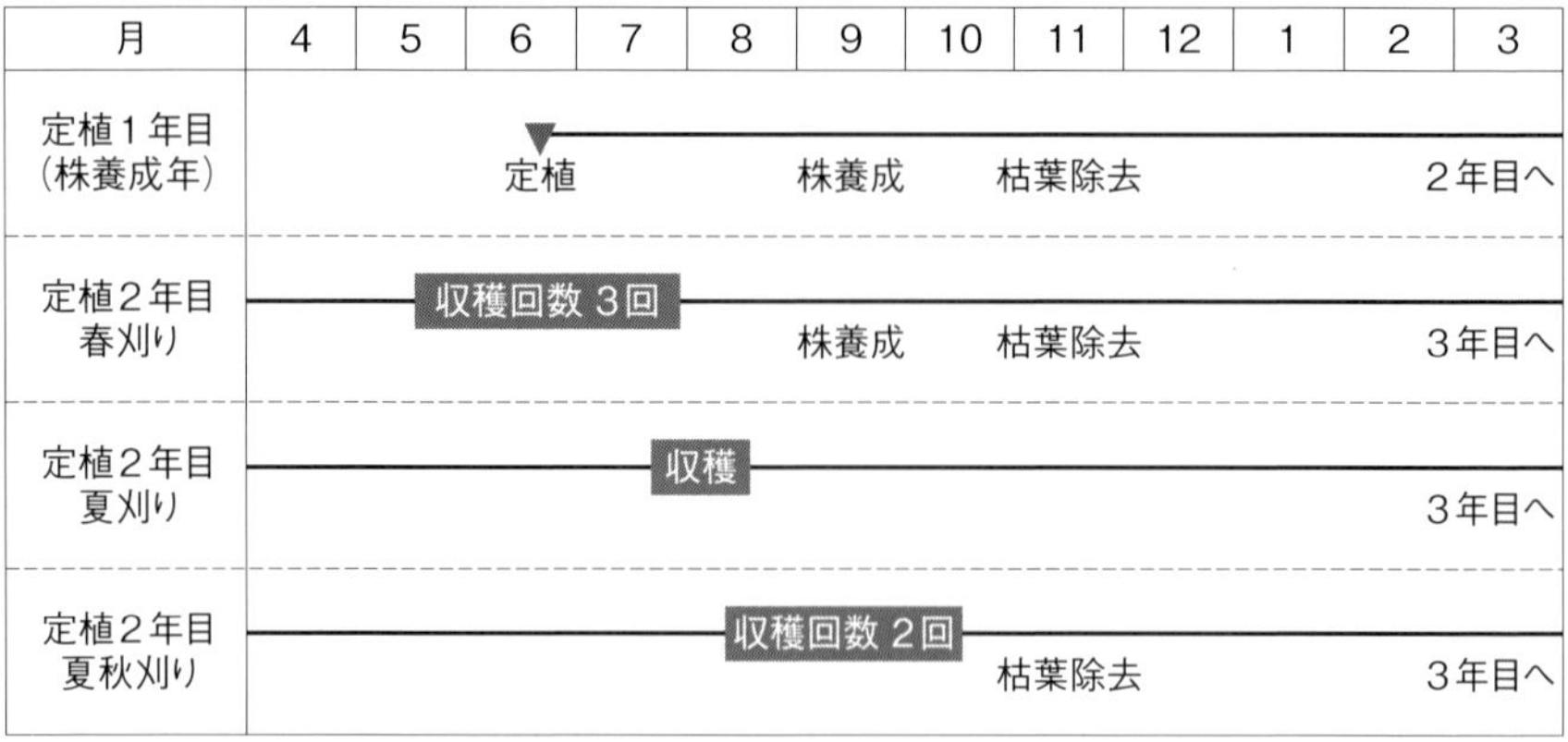

図4－3　東北の露地ニラの作型の一例

定植年は収穫せず株養成し、2年目から収穫。3年目まで収穫して改植する
春刈り、夏刈り、夏秋刈りの3作型を組み合わせる他、それぞれの作型で収穫開始時期や収穫回数を前後させている
収穫回数は多い作型で3年間で6回
休眠のある夏ニラ専用品種を用いるが、近年は休眠のない周年どり品種を導入して、晩秋に降雪前まで収穫する取り組みも行なわれている

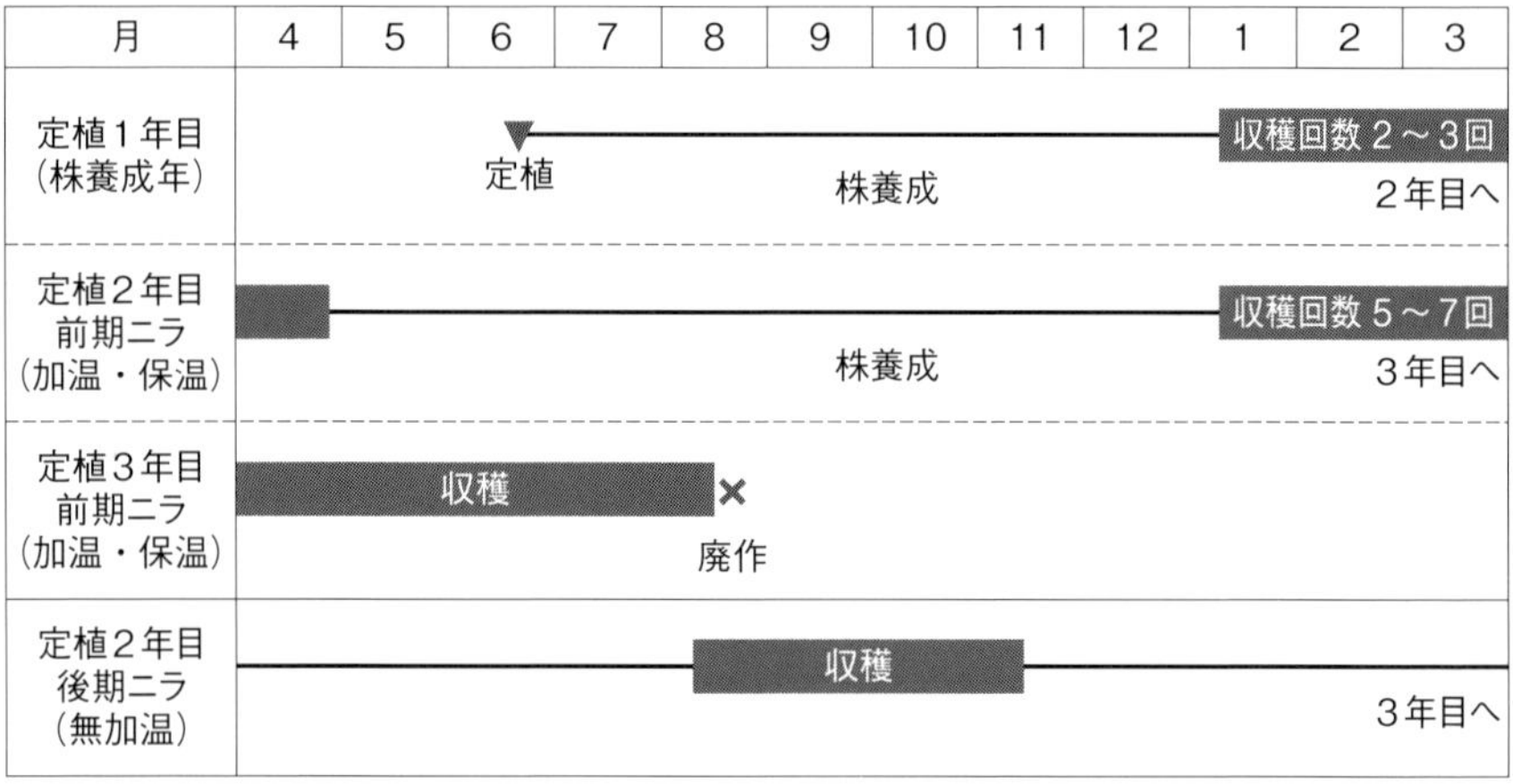

図4－4　北海道の作型の一例

定植年は収穫せず株養成し、年内から加温を開始して翌年1月から収穫を始める作型（前期ニラ）がメイン
前期ニラに対し、無加温で夏ニラ期間に収穫する後期ニラを組み合わせて出荷期間の拡大を図っている
2年目と3年目の株を収穫し、その後に改植。収穫回数は多い作型で3年間で10回以上
休眠のある夏ニラ専用品種を用いるが、近年は休眠のない周年どり品種を導入して早期出荷や晩秋に収穫する取り組みも行なわれている

の向上に効果を発揮している。

●加温栽培

西南暖地の高知県や九州では、他の園芸品目からの転換でニラが導入された経過があり、台風対策としての側面もあって、連棟ハウスを用いた加温栽培が一般的である。施設の設置や維持、大消費地への輸送等、生産コストがかかるため、圃場の利用効率を高めながら品質の高いニラをより多く収穫する必要があることから、株養成を行なわない代わりに収穫期間を長く確保し、毎年改植を行なっている。また、より反収を高めるため、いろいろな新技術を積極的に導入していることも特徴である。

夏ニラから産地化がスタートした北海道の道南地方では、露地ニラだけでなく、晩秋から加温を行なうことによって、1～11月の間、切れ目なく収穫が行なわれている。気温が低く積雪も多い北海道であっても、1月からニラが収穫されていることに改めて感心する。

●露地栽培

山形県を中心とする東北は夏ニラの一大産地で、露地栽培が行なわれている。冬の積雪量が多く、除雪による施設の維持や、加温にかかる燃油コストを考えると、冬期の栽培は諦めて春から秋に収穫する露地栽培が理にかなっている。

露地栽培では、厳寒期に収穫せずに冬越しするため、地上部が完全に枯れて球根部のみで越冬する、完全休眠型の夏ニラ専用品種が利用されている。降雪が多い地域では、地上部が枯れずに残る性質がある周年どり品種だと、茎葉の凍結に伴って腐敗性の病害が発生し、春までに欠株となることが多い。

この点からも、完全休眠型の夏ニラ専用品種は都合がよい。近年は、なかでもパワフルグリーンベルトのシェアが高い。

露地栽培を行なう産地では、収穫期間の延長を模索する動きが見られるようになっている。秋に休眠に入って収穫できない完全休眠型の品種に加え、休眠のない周年どり品種を導入して晩秋まで収穫する試みや、同じく休眠のない周年どり品種をパイプハウスで栽培し、保温または加温を行なって、既存の作型の前後、秋や早春に収穫期を拡大する取り組みである。

また、周年栽培を行なっている関東や西南暖地においても、露地栽培が導入されている。春と秋にスポット的に収穫し、秋冬ニラと夏ニラの隙間を埋める作型として施設栽培を補完する形で導入されることが多い。施設を利用しないので経費がかからないから単価安にも耐えられる。一方で、露地ニラは天候、特に降雨の影響を強く受け、大雨時は収穫がしにくく、土の付着による品質低下や病害多発が課題となる。周年出荷を行なう産地のなかには雨よけを必須として露地栽培を取り入れない取り決めをする産地も見られる。

2 どの時期に収穫したいのか？

●周年収穫は可能

ニラは年間を通じて安定した需要があり、安定供給の観点から周年出荷を行なうほうが販売上有利であり、多くの産地で出荷期間の拡大に取り組んでいる。

個別の経営では、規模拡大に伴って雇用を導入する場合、季節雇用では労働力確保は困難なので周年安定した雇用が望まれる。そのためには、年間切れ目なく収穫することが経営面でも有利だ。

ニラを同一圃場の同一品種で周年収穫することは可能だ。ただし、収量や品質を追求しなければ、ということになる。ニラの収量と品質が最も優れるのは4～5月で、この時期は保温も不要で手間もかからない。収穫量が年間で最も増える時期だが、その分、単価は低い傾向である。

●厳寒期、高温期、抽苔時期が難関

一方で、ニラには栽培が困難な時期がある。厳寒期、高温期、抽苔時期の3つの期間である（図4－5）。厳寒期と高温期の栽培管理は差異が激しく、分けつの増加や連続刈りによる株疲れで葉幅が細くなる等、栽培管理では克服しきれない問題があり、同一圃場の

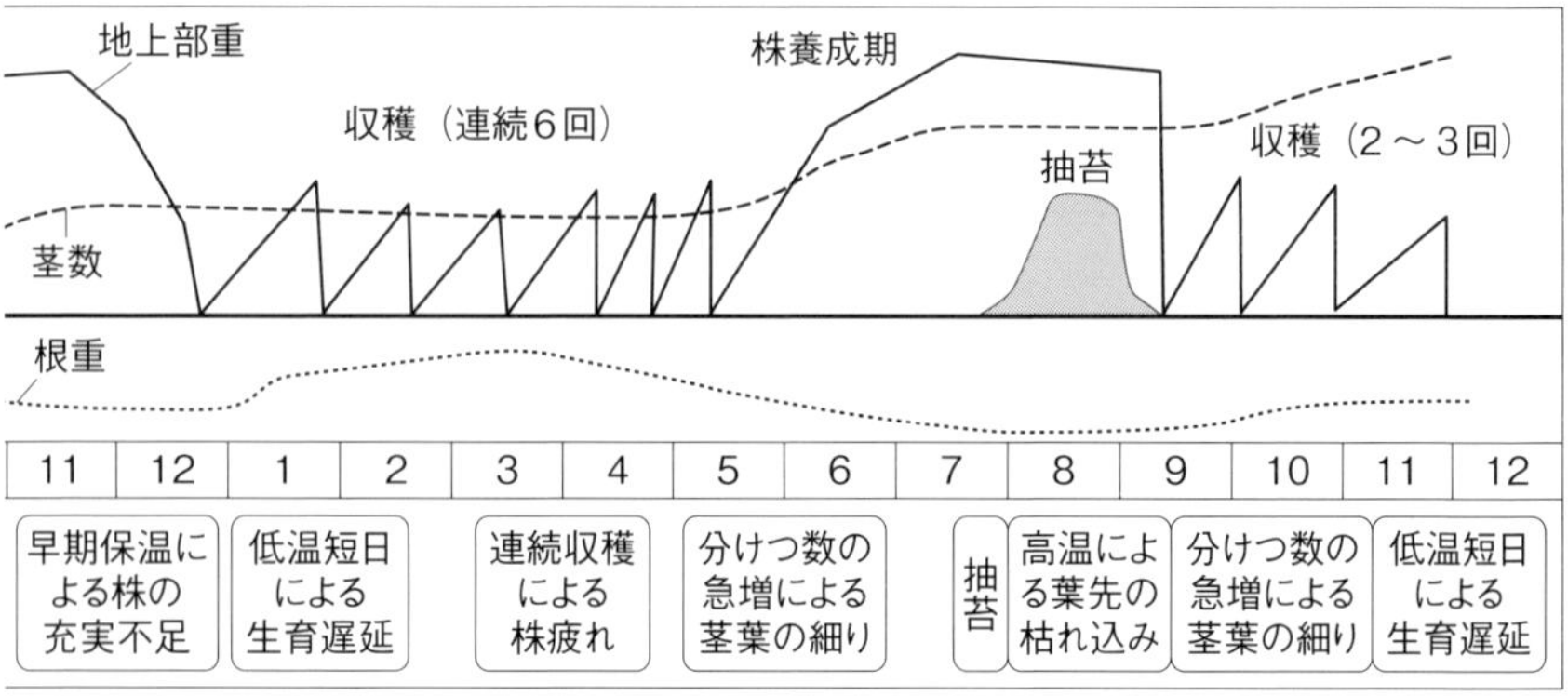

（関東型のニラの作型）

同一品種で通年にわたって収量と品質を両立させることはなかなか難しい。さらに、抽苔時期は品質低下や花蕾除去による作業性悪化は避けて通れない。需要期と重なる厳寒期は、収穫が難しい時期にあたるため、単価は高く推移している。

また、温度条件や抽苔といったニラの生理生態的な課題の他に、作型への適応という栽培者の都合による課題もある。たとえば、関東型の冬ニラを早期保温する場合や、連続して収穫する作型の場合、これに適した品種を当てることが求められる。

そして、ニラの品種選定を最も難しいものにしているのは、ニラが長期間にわたって収穫する作物であるという点だ。そのため、品種や作型を複数組み合わせ、常に品質の高いニラを収穫し続けながら、周年を通して出荷することが一般的となっている。品種や作型をどのように上手に組み合わせるかが、儲かるニラ栽培の極意の一つだ。

●厳寒期の収穫

厳寒期に収穫するためには、休眠のない周年どり品種を用いるが、その中でも低温伸長性の強い品種が特に適している（表4－1）。

厳寒期にニラの収穫を継続するためには、ニラが休眠状態になることを避けることが必要だ。最低気温は5℃以上、できれば8℃前後を確保する必要があることから、保温や加温を行なう設備が必須となる。このために、関東ではハウスに小トンネルを併用した多層（二重または三重）保温を行なって夜温を確保しており、西日本では暖房機による加温で厳寒期を乗りきっている。保温では温度確保が難しく、加温を行なう場合では燃油代を節約するために低温管理になりがちなので、低温伸長性が強い品種のほうが有利というわけだ。

栽培上の課題としては、低温による生育停滞と、低温乾燥時の換気で発生しやすい葉先の枯れ込み、表皮剥離（154ページ）への対策等がある。

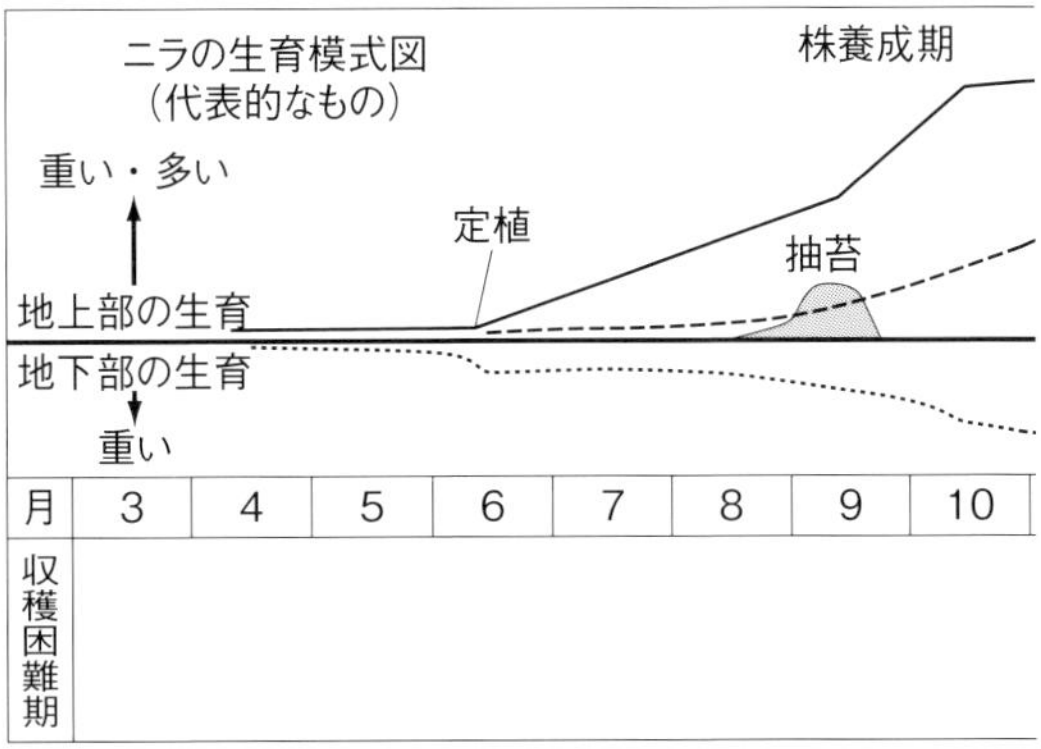

図4－5　ニラの生育と、収穫が比較的困難な時期

表4－1　収穫が困難な時期に適した品種

収穫時期	重視すべき品種特性	適した品種	品種特性をカバーする栽培管理
厳寒期の収穫	・低温伸長性がある	周年どり品種全般（ハイパーグリーンベルト、ワンダーグリーンベルト、ミラクルグリーンベルト、タフボーイ等）	・効果的な保温、または加温の導入
高温期の収穫	・耐暑性（葉先の枯れ込み）に強い ・葉色が濃い	周年どり品種：タフボーイ、グリーンロード 夏ニラ専用品種：パワフルグリーンベルト、大連大葉	・遮光資材の活用 ・効果的なかん水方法の導入
抽苔時期の収穫	・抽苔時期が異なる品種の組み合わせ	周年どり品種と、夏ニラ専用品種（パワフルグリーンベルト）を組み合わせる	・保温時期や収穫回数の違いによる抽苔時期のずれを応用（周年どり品種）
早期保温による端境期の収穫	・低温伸長性がある ・分けつがやや旺盛	ハイパーグリーンベルト、ワンダーグリーンベルト、タフボーイ等	・効果的な保温、または加温の導入
遅い保温開始による連続収穫	・分けつがおとなしい	ミラクルグリーンベルト、タフガイ等	・深植え等によって過剰分けつを抑制 ・追肥、かん水

品種特性は栽培管理や圃場条件でも変わるので、あくまでも目安とする

●高温期の収穫

高温期に収穫する品種は、周年どり品種、夏ニラ専用品種、どちらでも構わない。品種間の耐暑性の違いは明確ではないが、高温時に起きやすい葉先の枯れ込みは品種によって発生程度に違いがあるので、葉先の枯れ込みに強い品種を選定するとよいだろう。

また、生育日数が短いために葉色が淡くなる傾向が強い。高温期に収穫する品種は葉色の濃い品種を使用することが望ましい。

栽培上の課題は、高温に伴う葉先の枯れ込みと病害虫対策で、特にアザミウマ類の防除は夏期にニラを出荷する上で高いハードルである。葉先の枯れ込みに対しては、品種特性だけでなく、遮光資材の活用と、かん水方法の改善に取り組む必要がある。また、高温によってしおれや腐敗が起きやすいため、品質保持対策は冬ニラ期間よりも厳重に行なう必要がある。

この期間の収穫は露地栽培が可能だが、降雨による品質低下を防ぎ、天候に左右されずに常時収穫作業ができる雨よけ栽培を推奨したい。

●抽苔時期の収穫

抽苔期は、抽苔時期が異なる品種を組み合わせ、収穫時期を上手にずらすことが現実的な対策であり、品種ごとの出蕾の特性を把握することが重要だ。

具体的には、抽苔が早い夏ニラ専用品種と、その後で抽苔する周年どり品種を組み合わせる。

抽苔時期の出荷量を維持し、安定した数量を出荷することが、周年出荷する産地の悩みの種となっている。安定出荷のためには、できるだけ抽苔を回避することが重要で、抽苔時期の異なる品種を組み合わせれば、調製がラクにできる期間が拡大され、所得向上につながる。

●早期保温による端境期の収穫

関東型のニラ栽培で、高単価が期待できる端境期（11〜12月）の出荷をねらって、低温遭遇時間が不十分な10〜11月前半の早期に保温する生産者も多い。

また、大規模に栽培している生産者は、保温開始を一気にはできないので、早く保温を始めざるを得ないという場合もある。

いずれの場合でも、株の充実が不十分な状態で収穫するため、低温伸長性がある品種が必須である。また、初期収量を確保するために必要な茎数に分けつしていることが望ましいため、比較的分けつが旺盛な品種が選ばれることが多い。

品種が同じである場合は、株出来がよい圃場から保温開始するケースも多いようだ。

この作型は株の消耗が激しく、春までに2〜3回収穫した後は株養成に回し、抽苔が終了するまで収穫されないことが多い。

●遅い保温開始による連続収穫

早期保温とは逆に、低温に十分に遭遇した後で、わざと遅めに保温を開始し、抽苔時期まで（場合によっては抽苔期間中も）連続して収穫する作型で、おおむね12月下旬以降に保温開始されるものである。

ニラは春先に分けつが旺盛となるが、この作型では連続して収穫するため過剰に分けつすると葉が細くなって都合が悪い。このため、分けつがおとなしい品種のほうが適している。一方で、低温遭遇時間が十分に経過した時期からは日長時間が伸びていくので、保温さえすれば順調に生育し高い収量が期待できる作型である。このため、低温伸長性は必要ではあるものの、早期保温作型ほど重視する必要はないだろう。

いつまで連続して収穫するかによるが、高温期まで収穫を続ける場合は耐暑性（葉先の枯れ込みに強い）も併せ持つ品種が望ましい。

3 作型に合わせた品種選択

●抽苔時期と休眠によって周年どりと夏ニラ専用がある

ニラの品種は、周年収穫が可能な品種群（周年どり品種）と、おもに夏期に収穫する品種群（夏ニラ専用品種）に大別される。これは、抽苔時期の違いと、休眠性の違いを利用した、使い分けによる区別である。品種特性を把握した上で、地域性や作型に応じて品種選定を行なうことが重要だ。

●抽苔時期の違い

周年どり品種の抽苔時期は7月下旬から9月前半である。1本の茎からの抽苔本数は1～3本程度と変動がある。抽苔時期と抽苔本数は栽培管理によっても変動するため、抽苔が連続し花蕾の数が多い場合、株が消耗し品質が低下する他、花蕾除去の手間がかかって調製作業が繁雑になる等、周年出荷を行なう上での課題となる。

これに対し、夏ニラ専用品種には5月から6月に抽苔するものがあり、抽苔時期は周年どり品種とは明らかにずれる。また、抽苔する花蕾の数が少なく、抽苔の連続性も弱い。

この特性を利用し、周年どり品種と夏ニラ専用品種を組み合わせると、抽苔の影響を避けて、安定的に品質のよいニラを収穫することができる。

実際に、年間出荷を行なう産地では、周年どり品種を補完する位置づけで夏ニラ専用品種が導入されている。また、夏秋期に出荷する露地ニラ産地では、周年どり品種を補完的に導入し、抽苔時期を回避している。

●休眠性の違い

周年どり品種には自発的休眠（内因的休眠）がないため、低温期でも保温すると伸長する。単価が高い厳寒期に収穫できることが最大のメリットである。冬ニラ期間に収穫出荷をする場合には、周年どり品種を栽培する必要がある。当然、春から秋は保温をしないので、露地ニラと同じように収穫することが可能で、年間を通じて収穫できるので周年どり品種といわれる。

一方の夏ニラ専用品種には明らかに自発的休眠（内因的休眠）がある。晩秋、低温を感受すると生育がストップし、地上部は徐々に枯れ始め、厳寒期には完全に枯れて地中の球根のみになって越冬する。この状態ではいくら加温しても伸長しないので、秋冬期には収穫できない。一定時間以上の低温に遭遇した後、春になって気温と地温が上昇すると、自然に萌芽してくる。

　秋の株養成期間に充実した球根は蓄積養分が春の自然萌芽まで温存されるため、萌芽以降の生育は旺盛である。冬ニラとして収穫しない場合、休眠がある品種のほうが春から秋の収量を確保しやすい。

　また、休眠期に地上部が完全に枯れて球根だけになって越冬する性質は、積雪の多い地方にとっては有利な特性である。休眠のない冬ニラ品種は地上部が完全に枯死しないため、降雪や降霜によって茎葉が凍結害を受け、低温性の細菌による株腐れが発生して欠株になりやすいが、完全休眠の夏ニラ品種は凍結害による欠株がほとんどない。

4 周年どりの品種選定のポイント

●品種間差はあまりないが…

　ネギやタマネギといったニラ以外のネギ属野菜は品種のバリエーションが豊富で、この作型にはこの品種がよいとか、作型に合わない品種を作付けすると収穫皆無になるといった事例がある。一方のニラは、周年どり品種と夏ニラ専用品種の二つの区分しかない。そして、多くの産地が取り入れる周年どり品種においては、品種のバリエーションも、じつはあまりない。

　各産地の栽培方法に違いはあるが、基本的にはニラの生理生態に逆らわない栽培方法や作型となっているので、作型の差異は基本的には小さい。周年栽培では、基本的に春に定植されて秋から冬に収穫が始まる。周年どり品種の休眠性と抽苔時期はどれもほぼ同じだ。各品種とも、「葉幅が広い」「肉厚」「生育が早い」「多収」等の特徴を謳って販売されているものの、これらの特徴は栽培管理で大きく変動するし、葉幅や葉の厚さ、収量は収穫するごとに低下していくから、実際栽培してみるとどれも同じようなものだったという話になりがちだ。

●低温伸張性の強弱と分けつの多少で選ぶ

　周年どり品種の品種間差として明らかな項目は5つある。①低温伸長性（厳寒期の生育速度）、②分けつ性（分けつが多いか少ないか）、③葉色の濃淡、④葉鞘部の長さ、⑤夏期の耐暑性である。このうち、品種選定時の最大のポイントは、①の「低温伸長性」と、②の「分けつ性」である。この2

点が品種の特徴として謳われる「葉幅」「葉の厚さ」「生育速度」「収量」を、より明確に決定づける重要ポイントになると考えてよいだろう。

③のニラの葉色は、濃いものが好まれるようで、葉色の淡い（より黄色に近い）ものは市場性が低いとされる。葉色は栽培管理や時期によって変化し、チッソ過多や生育速度が早い時期は淡くなる傾向が強い。特に夏期はチッソの吸収が旺盛で生育が早いため、葉色が淡い品種はより極端に葉色が淡くなり、市場性が低下してしまう。最近は葉色の濃い品種が多いようだ。

④の葉鞘部の長さは、以前の主力品種「スーパーグリーンベルト」には葉鞘部が短いという欠点があった。特に1番刈りでは地面から葉が生えているような感じで、地面の中から深く刈り取らないと葉がバラバラになることもあった。葉鞘部が短い品種は収穫や調製の作業がしにくく、製品の外観品質もよくない。現在では、葉鞘部の長さが確保されている品種が多くなったが、一部の品種では1番刈りで葉鞘部が短い事例も見られる。株の充実が悪い早期保温でこの傾向が顕著なので、品種特性と栽培管理の組み合わせによっては、葉鞘部の短い時期も品種により発生するようだ。

⑤の耐暑性については、周年どり品種を連続収穫した場合、梅雨明け後に脱水症状による葉先枯れ症状が問題となる。この症状には品種間差があり、品種ごとの根量の差に起因するものと推察され、根量が多い品種は強いようだ。そして根量の多少は、厳寒期の低温伸長性の強弱とも関連がありそうだ。

以下に、①の低温伸長性と②の分けつ性から見た品種間差について解説する（図4－6）。

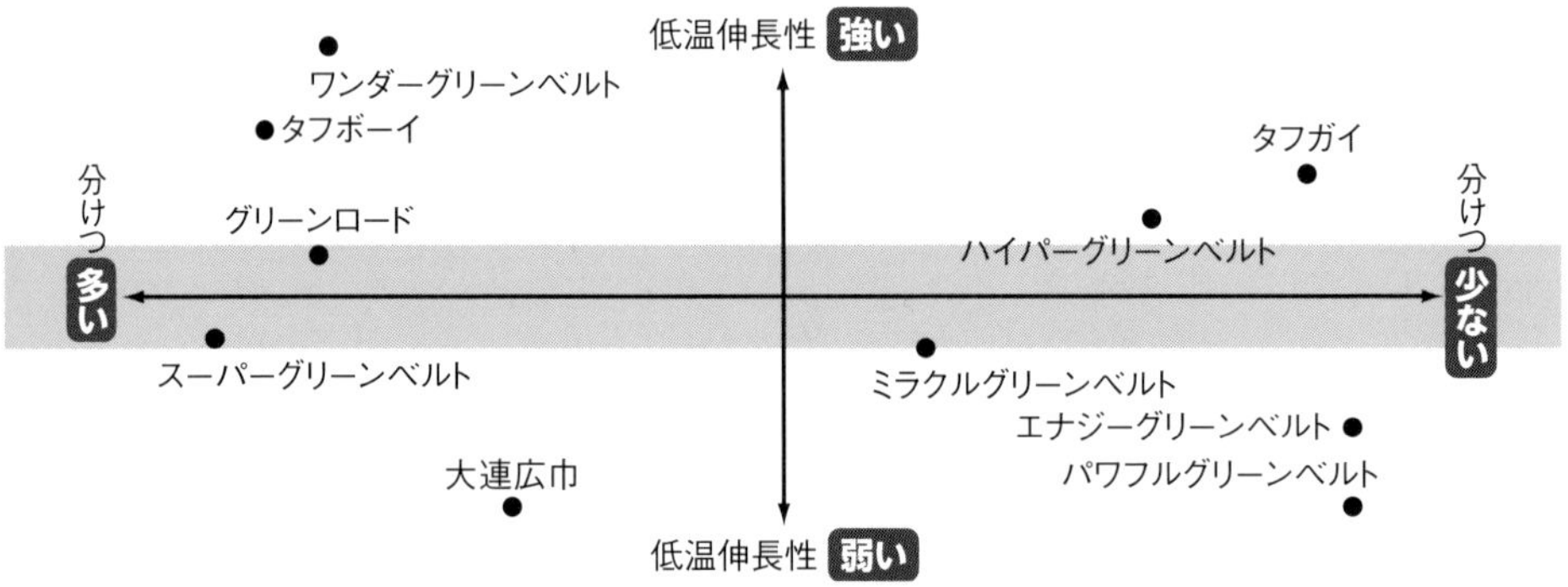

図4－6　低温伸長性と分けつ性で見た品種の特性分布

品種特性は栽培管理や圃場条件でも変わるので、あくまでも目安と考える。アミ掛け部分は低温伸長性の中庸の範囲

●低温伸長性の強弱

早期保温や厳寒期の無加温栽培等の厳しい環境下では、長期間生育が停滞し計画的な収穫作業ができないこともあるため、低温伸長性は重要な品種選定ポイントになる。

ただし、いくら低温伸長性の強い品種であっても、厳寒期の温度確保が重要なことはいわずもがなである。また、株養成のために生育日数を何日かけて収穫するかという点も、管理上重要である。単に低温伸長性があって生育日数が早いというだけでは株は消耗する一方で、収量と品質の両立はできない。

さらに、低温伸長性の強い品種は、表皮剥離（厳寒期にニラの葉の表皮が剥離する生理障害。154ページ）が多発する傾向が強い。表皮剥離は、地温、昼夜間の温度差、湿度等栽培環境の影響を大きく受けるため、品種特性を生かし、生理障害を出さないような栽培管理を励行しなければならない。

●分けつ性の多少

ニラは発芽以降、葉の展開が進むにつれて分けつを続ける。特に、生育に適した環境の春と秋には、最も旺盛に分けつする。さらに、収穫中も少しずつではあるが、茎数が増加し続ける。

分けつ性は、品種間に明確な差が見られる。分けつの多少で収穫時の茎数が決まるが、ニラは他の葉物野菜と違って何回も収穫を続けるため、その後の茎数の増加は収量と品質を大きく左右する。そのため、分けつ性は品種選定時の重要なポイントである。

前述してきたとおり、分けつが旺盛だと収量は多くなるが、相対的に茎が細くなり、等級が落ちたり、等級外の割合が増えたりして結果的に出荷量が低下することもある。分けつ過多になってしまうと、いくら腕のよい生産者が肥培管理を徹底しても葉幅の低下は回避できない。

その一方で、分けつが極端に少ないと、収量、特に初期収量が低くなり、収入減につながる。

分けつ数は栽培管理でも変化する。株当たりの茎数はどの時期に何本になっているのか、いつどのような収量と品質で収穫するのか、理想の茎数と収穫パターンをイメージして品種を選定し、品種特性を最大限に生かすための栽培管理を組み合わせることが大切だ。

●品種と栽培方法の関係

これまで述べてきたとおり、品種特性と栽培管理の組み合わせで、株の収量と品質の特性が決定づけられる。

同じ栽植様式の場合は、分けつが旺盛な品種ほど茎数は増加するし、同じ

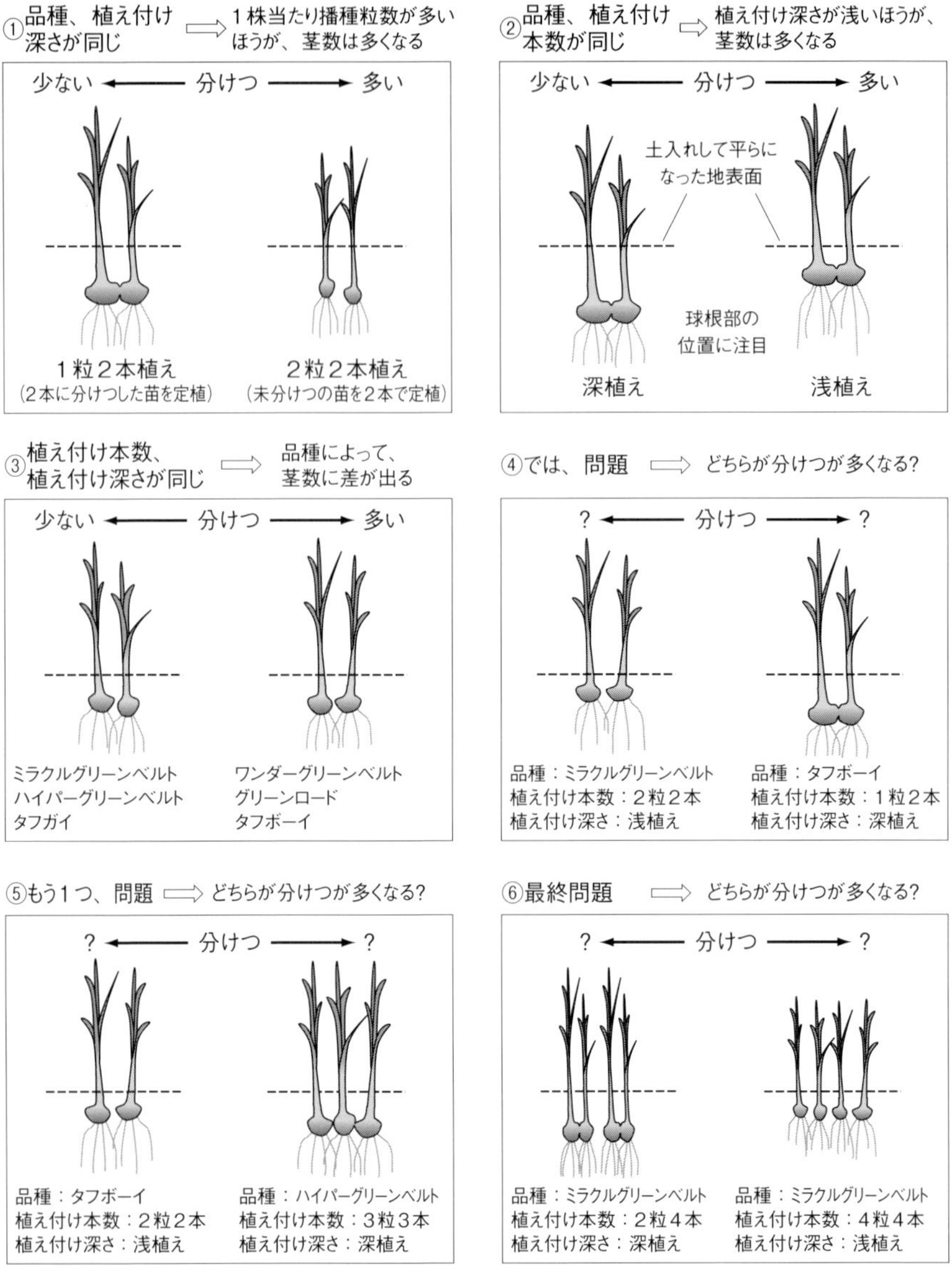

図4−7　栽培方法と品種と分けつ性

収穫開始時の分けつ数に影響を与える要素「品種」「1株当たり植え付け本数」「播種粒数」「植え付け深さ」のうち、2つを統一し、他の1つだけ変えた場合は、①〜③のように分けつ数の多少の想定は容易にできる。しかし共通要素がない場合や、2つ以上要素が異なる場合はとても難しい。④は、タフボーイのほうが茎数が少なくなると考えられる。⑤はハイパーグリーンベルトのほうが茎数が少なくなると考えられる。⑥は、2粒4本の深植えのほうが圧倒的に茎数は少なくなる品種の場合、1株当たり植え付け本数や播種粒数が多いほど、また植え付け深さが浅いほど、分けつが増える。そして、1株当たり同じ栽植本数であっても、種子粒数が多いほうが分けつは多くなる（図4−7）。

実際の栽培では、定植時の植え付け深さは差がないことがほとんどなので（移植機や溝掘り機は規格が同一）、植え付け深さ以外の要因（1株当たり栽植本数や粒数、品種）で決まることになる。

●品種の比較試作のすすめ

栽培開始から数年間は、指導機関や仲間の話を参考にしながら品種を選ぶことになるが、実際に栽培してみると、評判と違っていて疑問に感じることも多い。ここまで述べてきたとおり、植え付ける深さや肥培管理で分けつ性は変わるし、保温開始時期の違いによって低温期の生育が変わり、最終的な収量と品質が生産者ごとに変わってくるためである。いわゆる「手クセ」に合う合わないという類いの話になってくる。

初めて導入する品種はもちろんだが、自分でいろいろな試作をしてみるとよい。何より重要なのは、収穫ごとの収量と品質、調製作業のしやすさ等が、自分の理想とするイメージ、そして何よりも自分の「手クセ」とマッチするかどうかだ。年によって気象条件が異なるから、1年の試作で決めてしまうのはよくない。2〜3年は試作を続けてみよう。

また、単なる試作ではなく、比較しながら試作することをおすすめする。たとえば、1株当たりの植え付け本数の比較をしてみるとおもしろい。分けつの少ないハイパーグリーンベルトの4本植えと、分けつが旺盛なタフボーイの2本植えで、茎数が増加する経過、収量、品質を記録して比較検討すると、非常によい勉強になるだろう。栽培には、遊び心と探究心が重要だ。そして、自分に合ったニラが見つかれば大成功だ。

5 主要品種の特徴と使い方

以下に、主要品種の特徴と使い方を解説する（図4−6、4−7参照）。

●周年どり品種

①ミラクルグリーンベルト（武蔵野種苗園）

2006年発表。分けつ性は比較的おとなしく、葉幅の減少は少ない傾向。低温伸長性は中庸かやや弱く、厳寒期の生育は比較的緩慢だが、その分、表皮剥離の発生は少ない。

葉色は年間を通じて濃い。葉鞘部の長さは中庸だが、1番刈りでやや短い傾向がある。草型は立性で管理しやすい。

周年収穫できるが、おもに秋冬期の収穫に適している。春から夏期の収穫も可能だが、春先の急激な気温上昇や盛夏期の高温では葉先の枯れ込み症状が発生しやすい。

これらの状況から、根量が他の品種より少ないと推察されるが、トータルバランスに優れた品種で、高いシェアとなっている。

②ワンダーグリーンベルト

（武蔵野種苗園）

1987年発表の周年栽培用品種。分けつ性は比較的旺盛。葉幅が広いことが特徴だが、分けつにより葉幅が減りやすいと感じられる。低温伸長性は非常に強く、厳寒期期の収穫や寒冷地での秋冬作には最も適している。一方、表皮剥離（154ページ）が多発しやすい。

葉色は淡く、生育が早い春から夏の葉色が特に淡くなるため、夏期に出荷するのにはやや不適。

葉鞘部は長く、調製作業がしやすい。草型はやや開張ぎみ。

③ハイパーグリーンベルト

（武蔵野種苗園）

2011年発表。分けつ性は非常におとなしく、その分葉幅の減少は少ない傾向である。

低温伸長性はやや強く、葉色は中庸、葉鞘部は比較的長い。草型は立性。

周年収穫が可能だが、高温期は葉先の枯れ込み症状が特に発生しやすいため、おもに秋冬期の収穫に適した品種である。

④スーパーグリーンベルト

（武蔵野種苗園）

1982年発表の周年栽培用品種で、以前はきわめて高いシェアを誇った。

分けつ性が非常に旺盛で、初期収量が高い反面、茎数が過剰になりやすく、葉幅の減少も比較的顕著である。植え付け深さを深くし、1株当たり植え付け本数は少なめにするとよい。

低温伸長性と葉色は中庸、葉鞘部の長さが短く、特に1番刈りではきわめて短い特徴がある。草型は開張ぎみ。

さまざまな品種が登場する中で相対的に栽培面積は減少しているが、多収品種として根強い人気がある。

⑤グリーンロード（サカタのタネ）

1988年発表の周年栽培用品種。分けつ性は旺盛で、初期収量が確保しやすいが、葉幅の減少も比較的顕著である。1株当たり植え付け本数は少なめにするとよい。

低温伸長性、葉色ともに中庸で、草型はやや開張ぎみ。夏期の葉先の枯れ込み症状は少ないため、高温期を含めた周年収穫が可能。また、葉鞘部の長さがあり、収穫調製作業がしやすい。

若干の休眠がある系統が一定割合発生するため、早期保温開始では萌芽しないニラが一定割合見られる。このため早期保温にはやや不適で、低温遭遇時間を十分確保してからの保温開始が望ましい。葉鞘部の長さにも多少のばらつきが見られる。

3月以降は萌芽や葉鞘部のばらつきが解消するので、遅く保温開始して抽

ニラの品種の変遷

ニラ栽培は、露地栽培からトンネル、ビニールハウスへと、徐々に施設化が進み、それに歩調を合わせるように栽培技術も進化した。一方、ニラの品種も時代とともに変わってきた。当初は、各地で独自に選抜された在来種が用いられていたようで、昔の試験研究成果等を見ると、「○○在来」という記述があることからも、地方品種が存在したことがうかがわれる。

推察するに、早期出荷用に有効な休眠の浅い系統や、商品価値が高い葉幅の広い系統、分けつの多い多収性の系統等が選抜され、それぞれの産地で栽培されていたのだろう。

1958年に、休眠が浅く葉幅の広い「グリーンベルト（武蔵野種苗園）」が登場、周年収穫できる多収品種として全国に普及した。「グリーンベルト」はニラの代名詞となり、長期間にわたって高い占有率を誇った。その後、「グリーンベルト」と同様に休眠が浅い「ジャイアントベルト（カネコ種苗）」等の品種が登場し、一定のシェアを得たが、1982年により幅広で多収の「スーパーグリーンベルト（武蔵野種苗園）」が登場し、一気に主力品種となり、近年まで高いシェアを誇っていた。

スーパーグリーンベルトは多収品種だったが、葉鞘長が短く分けつが過剰になる傾向があり、ある意味栽培しづらかったことも事実である。そのため、深植えや1株当たり植え付け本数を減らす等の栽培技術の改善が図られることにもつながった。また、平成になると各種苗会社からスーパーグリーンベルトの改良版というべき品種がいくつか販売されるようになった。

現在の営利栽培品種に在来種は見当たらず、種苗会社が販売する品種で占められている。ニラを栽培する場合は、これらの中から品種を選ぶことになる。

苔まで連続収穫する作型に使用するとよい。

⑥タフボーイ（八江農芸）

2000年発表の周年栽培用品種。分けつ性は旺盛で、初期収量が確保しやすいが、葉幅の減少も比較的顕著である。低温伸長性は強く、早期保温作型でも利用可能だが、表皮剥離が起きやすい。

葉色はやや淡く、葉鞘部の長さは中庸。草型はやや開張ぎみ。

夏期の葉先の枯れ込み症状が少ないため、盛夏期の収穫を含めた周年収穫が可能。発芽率がやや不安定な傾向が見られる。

⑦タフガイ（八江農芸）

分けつ性は非常に緩やかで、現行品種の中では最も弱いとみられる。そのため、葉幅の減少がきわめて少ないことが特徴だ。1株当たり植え付け本数は若干多めがよいかもしれない。

低温伸長性は中庸からやや強く、表皮剥離の発生は少ない。

葉色は濃緑、草型は立性である。

葉鞘部の長さに差異が見られ、早期保温の1番刈りでは葉鞘部がきわめて短いニラが発生するが、2番刈り以降は葉鞘部は徐々に長くなる。

●夏ニラ専用品種

①パワフルグリーンベルト（武蔵野種苗園）

1993年発表の夏ニラ専用品種。内因的休眠があり、厳寒期は地上部が完全に枯死し、球根部のみで越冬する。自然萌芽は関東で3月下旬頃から。

抽苔時期は関東で6月中旬と、周年どり品種より1カ月以上早く始まり、切り上がりも早いため、周年どり品種と抽苔時期をずらして、品質のよいニラを収穫することが可能である。

分けつ性は非常に弱く、1株当たり植え付け本数をやや多めにするとよい。

葉色は濃緑、草型は極立性。

定植年はまったく収穫せずに株養成し、2年株から収穫を開始し、3年株まで収穫する産地が多いようだ。

②大連広巾（渡辺採取場）

1995年発表の夏ニラ専用品種。分けつ性は比較的旺盛。葉色は濃緑、草型はやや開帳ぎみ。

内因的休眠があり、厳寒期は地上部が完全に枯死し、球根部のみで越冬する。自然萌芽は関東で3月上旬から。

抽苔時期は7月下旬からで、周年どり品種とほぼ同時期である。

③エナジーグリーンベルト（武蔵野種苗園）

2017年発表の夏ニラ専用品種。

一般発売は2020年以降。

分けつ性は弱い。葉色は濃緑、草型は立性。内因的休眠があるが休眠の程度は浅く、厳寒期であっても加温によって伸長する。ただし低温伸長性は弱く、厳寒期の生育はきわめて緩慢である。

抽苔時期は関東で5月下旬からで、パワフルグリーンベルトよりさらに1カ月程度早く、切り上がりは早い。

周年どり品種の抽苔期を補完する品種として、パワフルグリーンベルトよりも適性が高いとみられており、露地ニラ産地では作期の拡大につながる品種として期待が高い。

第5章

育苗から定植までの管理

これまで述べたとおり、ニラの基本的な作型は、露地栽培、東日本型のパイプハウスを用いた保温栽培、西日本型の加温栽培の3タイプに大別できる。本書では、取り組みが容易な露地栽培と、パイプハウスを用いた保温栽培を中心に栽培管理を解説する。本章は育苗から定植までの管理である。

1 さまざまな育苗方法のメリット・デメリット

●定植方法によって育苗方法が決まる

作型のバリエーションに乏しいニラ栽培であるが、一方で播種から定植までの育苗方法にはいろいろな方式があって多様性に富んでいる。地床育苗とセル育苗といった育苗方式の違いの他に、秋まきや春まきといった播種時期による区別もある。これらは定植時に使用する機械の種類に対応するため、それぞれ独自に進化した育苗方式であり、育苗方式に応じて、使用する種子や培土の種類、定植前の処理等も個別に決まる（図5－1）。そして、それぞれの方法に、メリットとデメリットがある。

具体的な栽培の話に入る前に、それぞれの育苗方法について解説したい。

●移植機と定植方法

定植作業は従来、手植えで行なわれてきた。現在も、深く正確に定植したい等のこだわりを持って、あるいは小面積だからという理由で、あえて手植えで定植する生産者がいる。手植えの場合、育苗は苗床で行なわれ、一般に地床育苗と呼ばれている。

栃木県では、水稲の田植え作業が終了した後の5月中旬から6月中旬にニラの定植作業が行なわれている。関東地方は例年、6月上旬に入梅するが、ハウスのビニール被覆を除去して露地状態でニラの定植作業を行なう。梅雨期間の降雨を天然のかん水として利用でき、定植後の活着促進に有効で、その後の梅雨明けまでの生育期間にかん水の手間が省力化される。高性能なかん水設備がなかった昔からの知恵であり、季節の移り変わりを利用した栽培法である。

雨が降ると定植作業ができないので、入梅前や梅雨の合間に短期間で定植作業を行なわなければならない。このため、短期間に定植作業を行なう目的で移植機の開発が進められ、半自動移植機が昭和の終わり頃（1980年代）に登場した（写真5－1）。半自動移植機は、手植え作業を機械化したもので、全国の産地に一気に普及した。定

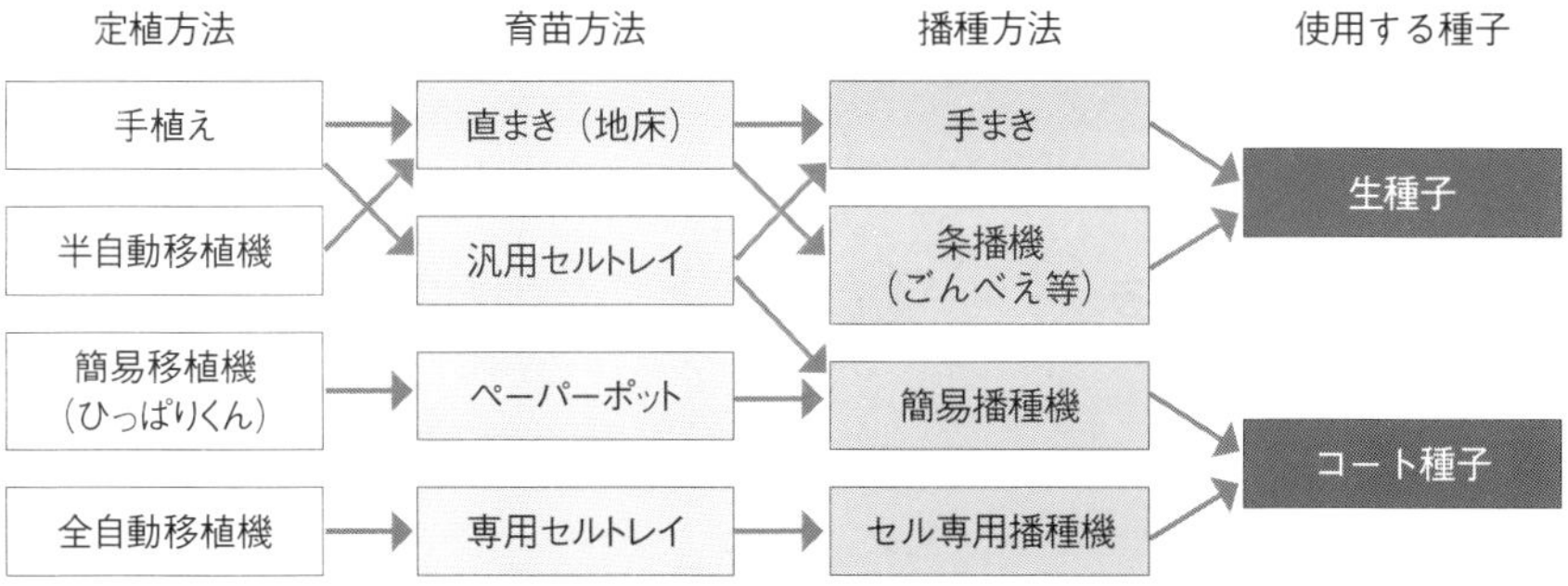

図5−1　定植方法と育苗方法、使用する種子
定植方法によって育苗方法や播種方式、使用する種子が決まる

写真5−2　全自動移植機

写真5−1　半自動移植機

植作業にかかる時間は半分以下となり、規模拡大を阻害する要因の一つだった定植作業の省力化が図られ、規模拡大に弾みがついた。

一方、全自動移植機はネギやタマネギで実用化されたものをニラに応用した形で、1996年頃から試験導入が始まり、2003年頃から一気に普及した（写真5−2）。半自動移植機と比較して、圧倒的な短時間で定植作業ができるようになっている。半自動移植機に取って代わるように、こちらも全国の産地に急速に普及した。全自動移植機は播種から定植まで、専用の機材を用いた一貫体系となっており、それまでの手植えとはまったく異なる発想で開発されている。

なお、西南暖地では、穴開きマルチを展帳した後に、セル苗を1穴ずつ簡易移植機で植え付けている。多年張りフィルムで被覆された連棟ハウスのた

写真５－４　セル育苗

写真５－３　地床育苗

め、雨の影響がなく定植作業ができることから、半自動移植機や全自動移植機を使わず、時間をかけて1株ずつ定植し、定植後はかん水を行なって活着促進を図る方式が一般的である。

●地床育苗とセル育苗がある

手植えや半自動移植機での定植には地床育苗が（写真5－3）、全自動移植機での定植にはセル育苗が行なわれている（写真5－4）。それぞれ、培土や苗床の利用方法が異なるため、地床育苗とセル育苗として大別することができる。

手植えや半自動移植機は、定植時に、1株当たり植え付け本数を自由に決められるので、地床育苗した苗を掘り取って選別し、自由な1株当たり植え付け本数で定植する。一方の全自動移植機では、定数で播種し、播種時の播種粒数のまま自動的に定植される。定植方法によって、使用する種子が異なるのはこのためである（以下、地床で育苗された苗を地床苗、セル育苗された苗をセル苗とする）。

●収量なら地床育苗だが、主流は省力のセル育苗

現在主流となっているのは、全自動移植機とセル苗を用いた定植方法である。この作業では、ハウス長50mのハウスに8条の定植を行なうのに必要な時間は30分足らずである。一方の半自動移植機と地床苗を用いた定植作業は2時間以上かかる。どちらも、苗の供給を含めて1人で作業できる。ちなみに手植えの場合、1人での作業では半日では終わらず、複数人での作業が前提である。

セル育苗による全自動移植機の一貫体系は、定植作業にかかる時間の短さが最大のメリットで、現在栃木県では、

セル苗の全自動移植が多くの産地に導入され、広く普及している。

　しかし、セル苗は地床苗と比べて、育苗中のかん水や定植後の活着促進対策、活着後の株の養生等、管理作業はむしろ煩雑で、細心の注意を払った管理が求められる。さらに、病害虫の影響を受けやすく、定植後の生育は地床苗と比べるとどうしても物足りない。この影響は収穫期に及ぶことがあり、欠株や初期生育の遅れによって、収量と品質は地床育苗よりも劣る傾向がみられる。このため、セル苗の全自動移植をあえて導入せず、地床苗を半自動移植する産地もある。

　セル育苗を、単なる省力技術とせず、地床育苗と同等の収量が得られるような栽培管理（後述）を行なうことが重要だ。

●セル育苗の方式は大きく分けて二つ

　定植方法や、移植機の種類によって、使用する育苗トレイが異なる。

　セルトレイを使わずペーパーポットで育苗して簡易移植機で定植する事例もあるが、ニラへの利用はあまり進んでいない。汎用セルトレイで育苗し、手植えやポット苗用の汎用型半自動移植機で定植する事例も見られるが、少数派である。現在主流となっている全自動移植機を使用する場合は、移植機に適合した専用のセルトレイを使用する。セルトレイには穴数が２２０穴のものや４４８穴のものがあり、使用する機械によって対応するセルトレイも決まっており、それぞれに互換性はないので、機械に適合するセルトレイを準備する。

　全自動移植機用の専用セルトレイでは、これらの分類とは別に、育苗中の根をどのように処理するかで二つの育苗方式に大別される。一つ目は「直置き育苗」で、セルトレイからニラ苗の根を苗床に張らせるタイプである。二つ目は、「遮根育苗」や「ベンチ育苗」で、セルの内部にニラ苗の根巻きを形成させるタイプである（図５－２）。双方にメリットとデメリットがある。

●直置きセル育苗——苗床に根を張らせる

　この方式は、播種直後から定植直前まで、セルトレイのセル穴底部にある水抜き穴から育苗床の土壌に根を張らせる方式で、セル育苗とはいいつつ、地床育苗に近く、双方の「いいとこ取り」的な方式である（図５－３）。

　セルトレイを並べて育苗する苗床に根切りネットを敷いて、その上にセルトレイを置く（写真５－５）。その際、

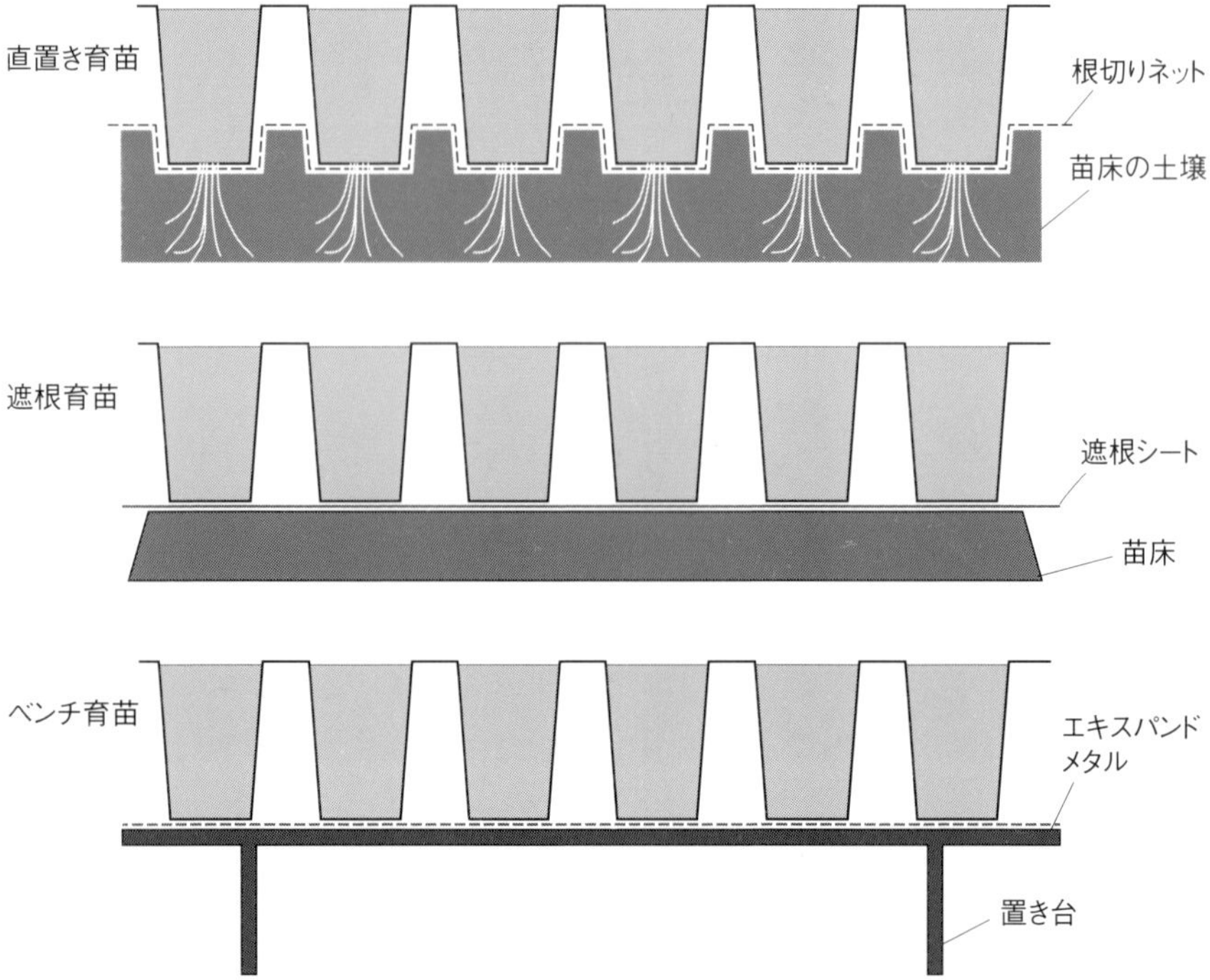

図5－2　セル育苗の方式

直置き育苗は根切りネットを敷き、セルトレイと苗床を密着させることでセルトレイ底面の水抜き穴から根を苗床に張らせる
遮根育苗は遮根シートで、ベンチ育苗はトレイの下に空間を持たせることで、根を出させないでセル内に根を巻かせる

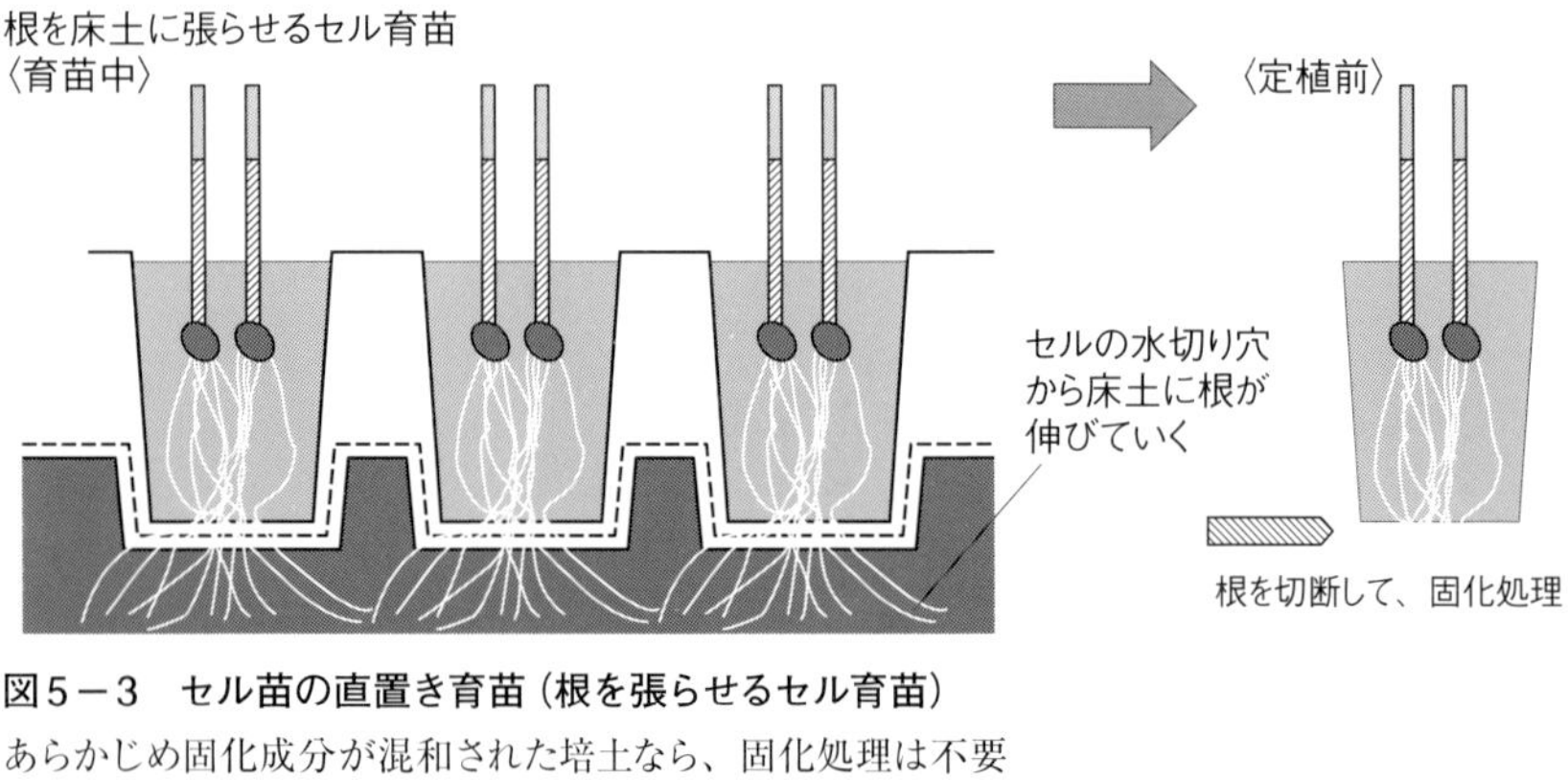

図5－3　セル苗の直置き育苗（根を張らせるセル育苗）

あらかじめ固化成分が混和された培土なら、固化処理は不要

セルトレイを土に密着させることがポイントで、発芽後の根がセルトレイの水抜き穴から苗床に張り出して、水分や肥料分を苗床の土壌から吸収することになる。

　この直置き方式では、水抜き穴から伸び出した直根は育苗床の土壌に伸長していくので、セル内部への根鉢の形成は不十分である。一方、肥料や水の大部分は育苗床の土壌から吸収するため、追肥やかん水等の育苗管理に手間がかからない点は、この方式の最大のメリットだ。また、置き床の土壌中に十分な根域が確保されるため老化苗になりにくいことから、育苗日数が長期に及んでも老化苗や倒伏といった問題は比較的発生しにくく、秋まきにも対応が可能である。

写真5－5　直置きセル苗と根切りネット

　定植直前に根を切って、凝固剤によってセルの土が崩れないように固化処理（糊付け）した後に定植する場合は、培土は凝固剤を吸収しやすい専用培土を用いる。または、あらかじめ凝固剤が配合された専用培土もあるので、こちらを利用してもよい。遮根シートを使用しないため、比較的コストがかからない方式だといえる。

　一方で、直置き育苗はセル穴内に根巻きが形成されにくく、定植直前に根を切断して定植するため、セルの固化処理が必須である。セルの固化処理を行なわないで定植すると、セルの培土が崩れて正確に定植できず、活着もきわめて悪くなる。

　最大の欠点は、根切りネットで根切り処理してから定植を行なうため、切断により根量が少なくなることから、定植後の植え傷みが激しく、定植後の養生に最も気をつかうことである。

●遮根セル育苗とベンチ育苗
——根巻きさせる

　この方法は、根鉢を形成させる育苗方式である（図5－4）。遮根シート（根の伸長を阻害する成分を含む紙製のシート）を使用して、あるいは育苗ベンチでの育苗で水抜き穴を空中に浮かせて、セルトレイの水抜き穴からニラ苗の根を出させず、セルトレイの内部に根を巻かせる（写真5－6）。

　根を切らずに定植するため、定植後の植え傷みは比較的軽微で、固化剤に

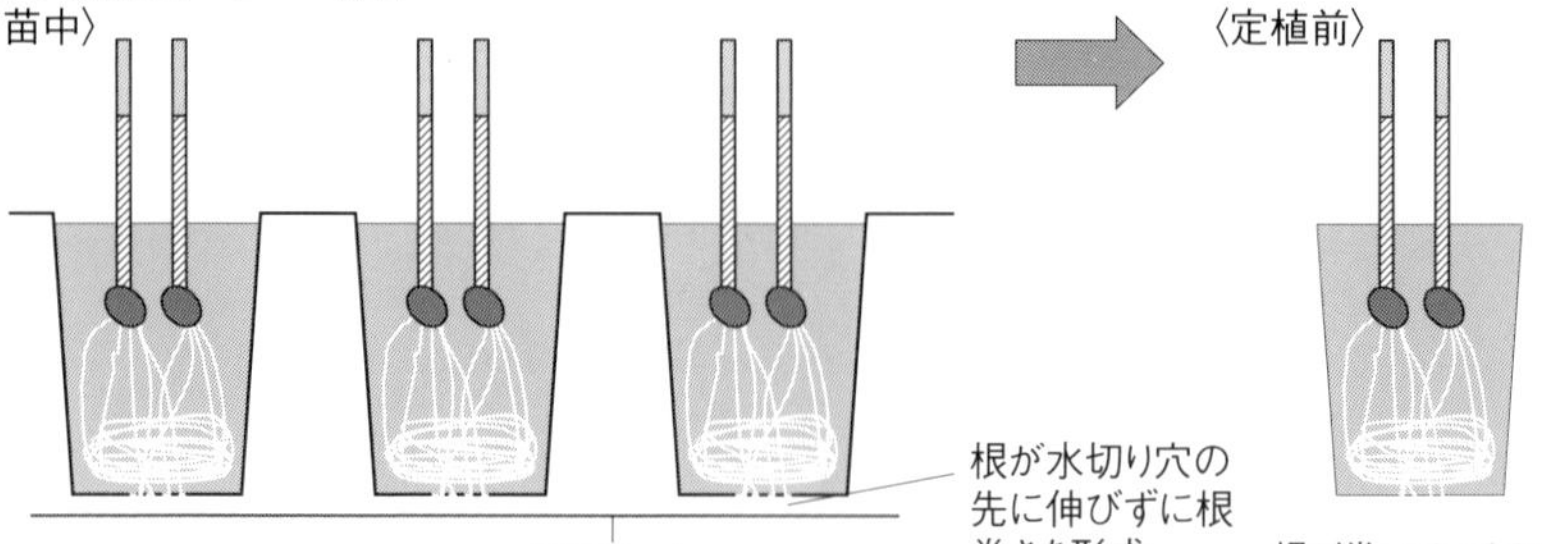

図5−4　セル苗の遮根育苗（根巻きさせるセル育苗）
ベンチ育苗も同様に、セルトレイ内に根を巻かせる

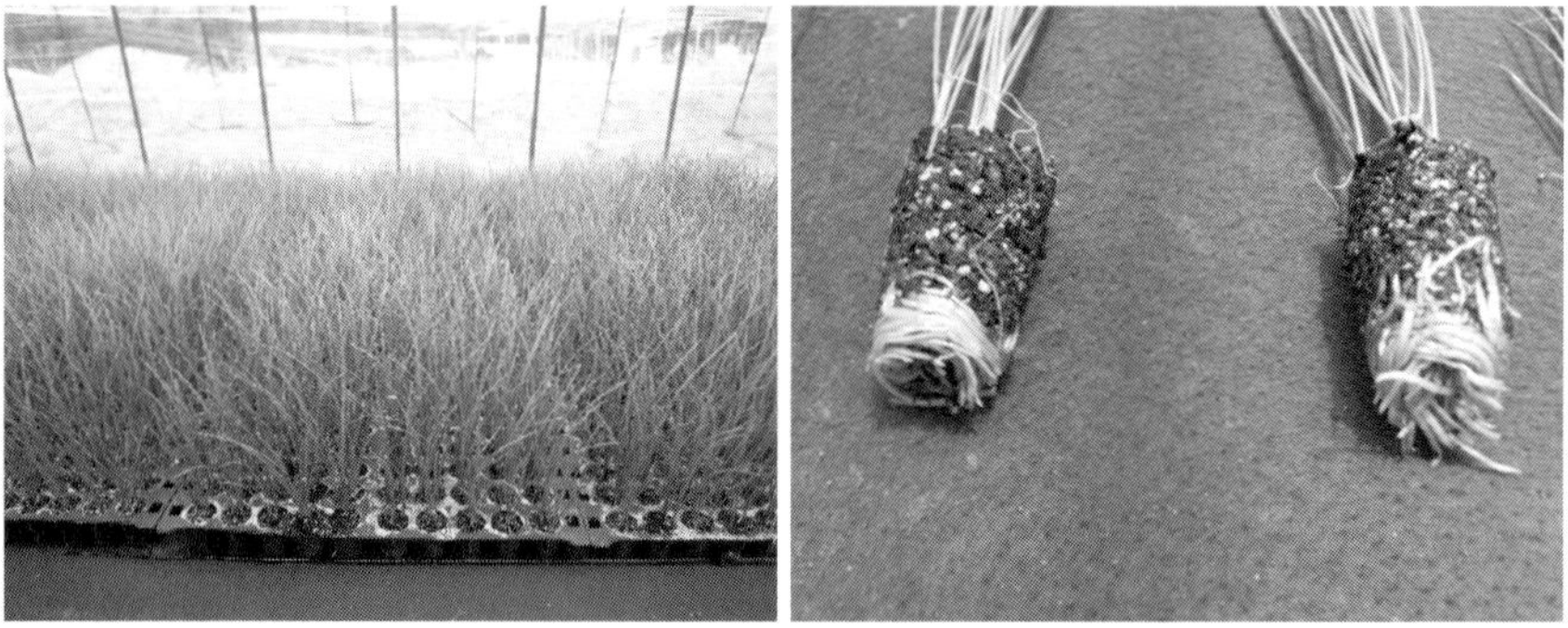

写真5−6　根巻きさせるタイプのセル育苗
遮根シートを敷いた上にセルトレイを並べる。根巻きが形成されている（右）

よる処理も基本的にやらないでよい。

しかし、根域は容積の小さなセルトレイのセルに制限されるため、根を張らせる方式と比較すると老化苗になりやすく、倒伏しやすい傾向がある。このため、倒伏防止のための葉切り処理をこまめにするとともに、60日程度の育苗期間を過ぎたら、老化苗になる前に定植することが基本である。また、根鉢の形成が不十分でも定植できるように、あらかじめ固化剤が混和された専用培土を使用することが望ましい。

セルトレイが空中に浮いた状態となるベンチ育苗は、遮根シートを毎年購入しなくてもよいので、長期的にはコストが低く抑えられるが、培土の過湿の変動が大きく、かん水や追肥等の管理は、いくつかある育苗方法の中で、最も煩雑だ。また、専用の置き台を使わないで、逆さにした水稲育苗箱の上にセルトレイを置く簡易なベンチ育苗

表5−1　直置き育苗と遮根育苗の比較

直置き育苗（置き床に根を張らせる方式）	よいところ	・根量が多い状態で育苗できるので、老化苗になりにくく、大苗育苗が可能 ・育苗期間を長く取れるため、秋まきでも対応可能 ・かん水や追肥の管理は容易 ・遮根シートは購入不要なので、比較的低コスト
	よくないところ	・定植時に根を切断するため、植え傷みが激しい ・定植直前に糊付け作業を行なう必要がある ・育苗圃の土壌から、土壌病害虫に伝染する可能性がある
遮根育苗（セル内に根巻きさせる方式）	よいところ	・定植時に根を切断しないので、定植時の植え傷みは軽微 ・根の切断と糊付けの手間が不要なので、定植直前の作業は簡単
	よくないところ	・遮根シートを使用する場合、その分のコストが必要 ・ベンチ育苗の場合はかん水と追肥の管理が特に厳密で、過乾燥と過湿の危険性が高い ・根域が制限されるため老化苗になりやすく、育苗期間が制限されることから、秋まきは不可 ・育苗期間55～60日の若苗での定植となり、定植後の養生が煩雑

ベンチ育苗もセルトレイ内に根巻きさせるので遮根育苗に分類される

も見られる。しかしこれでは置き床の均平が取れずに湿害や過乾燥による生育ムラが発生しやすく、失敗事例も多い。

遮根シートを使用する方式は、水分がセルトレイ底部の水抜き穴から供給されるため、かん水管理は多少雑でも生育ムラが出にくい。しかし、かん水過多に伴う湿害が起きやすく、根を張らせるタイプよりは大幅に厳密な管理が要求される。また、遮根シートは1年使うと効果がなくなるため（2年目は薬剤が抜けて遮根効果が期待できない）、毎年購入する必要があるので、やや経費がかかる（表5−1）。

●その他の育苗方式

地床育苗、専用トレイを用いたセル育苗の他に、チェーンポット（82ページ）や汎用のセルトレイで育苗する事例も見られる。

これらの方式は、水稲の育苗箱を活用した育苗方法で、簡易移植機で定植するためにはチェーンポットを、汎用の野菜移植機や手植えで定植する場合は汎用セルトレイで育苗する。

チェーンポット育苗は、ネギ等の野菜では広く一般的な技術であるが、ニラへの利用はあまり進んでいない。セルトレイと同様に、遮根シートを使って根巻きさせるように育苗するが（写真5−7）、セルトレイよりも培土の容量が多いため、育苗管理はセル育苗よりも比較的ラクにでき、完全に根巻きしない状態でも定植できるところが利点だ。

写真5－7　チェーンポットの播種作業

水稲育苗箱に遮根シートを敷き、チェーンポットをセット（左）。コート種子を利用した定数播種（2粒まき）

これらの方法では、コート種子を用いて定数まきを行なうが（写真5－7）、簡易播種機や全自動播種機等の専用播種機が用意されている。

●露地育苗か、ハウス育苗か

地床育苗は、ハウスで行なう事例と、露地で行なう事例がある。それぞれ一長一短があるが、発芽後の生育はハウス育苗のほうが有利である。温度が確保しやすく、霜や雹害も回避できる。雨よけなので白斑葉枯病等の病害発生は比較的軽微である。ただし、かん水装置は必須である。かん水を行なうことによって、露地育苗よりも生育がコントロールしやすくなる。

栽培面積が大きく、大量の苗を用意する必要がある場合等には、露地育苗を行なう事例もある。露地育苗は温度管理ができない上に、発芽後のかん水は降雨待ちの生産者が多い。春まきでは、晩霜による葉先端の枯死や降雹による葉の損傷も心配される。温度管理は自然条件任せになるので、発芽が不揃いで生育は緩慢になりやすい。このため、発芽から育苗前半は小トンネル被覆を併用することが多い。発芽まではトンネルはほぼ密閉、発芽後はトンネルの裾換気を行ない、徐々に換気幅を大きくしていき、晩霜の心配がなくなったらトンネルを除去する。

育苗をハウスで行なうか露地で行なうかの判断は、播種時期にも影響を与える。秋まきは露地育苗でもＯＫだ。ただし、しっかりと根を張らせた大苗でないと冬越しできない。このため、8月末から9月上旬が播種適期となる。春まきの場合は何らかの方法で保温が必要で、多くの場合はハウス育苗で行なわれる。

なお、セル育苗やチェーンポット育苗は、苗の大きさが小さい点や、精緻

表5－2　春まきと秋まきのメリットとデメリット

春まき	よいところ	・抽苔期の花蕾除去作業が軽微ですむ ・育苗期間が短い ・保温が不要で、露地でも育苗できる
	よくないところ	・苗の生育を待っていると、定植時期が遅くなりがち ・保温する際に、高温による発芽不良のリスクが高い
秋まき	よいところ	・定植時の苗齢が進んでいるため大苗定植が可能で、春まきより早期の定植が可能 ・万が一、育苗に失敗した時は、再度春まきする余地が残り、精神的な負担は少ない
	よくないところ	・抽苔期の抽苔量が多く、期間も長いので、花蕾の除去が煩雑 ・育苗期間が長く、病害虫のリスクは春まきより高い ・厳寒期の低温対策が必要で、ハウス育苗が基本となる

な水管理が必要とされるため、かん水設備や保温設備があるハウス内で行なわれることが一般的で、温度管理やかん水等の管理全般について、地床育苗よりも細密な管理が必要だ。

2 播種時期の考え方

●秋まきと春まきがある

秋まきは前年の8月下旬から9月前半に播種する。一方の春まきは、定植する年の3月頃に播種する。秋まきは定植時に葉齢が進んだ大苗となるため、春まきより早く定植でき、保温開始を早められるメリットがある。だがセル苗の全自動移植機が普及していることと、育苗管理期間が短くてすむこと、抽苔が少ない等の理由から、栃木県内では、地床育苗、セル育苗とも、春まきが主流となっている（表5－2）。

●秋まきは涼しくなる頃からが播種期

前に述べたように、秋まきは苗の生育量が春まきよりも稼げるので、定植を早期に行なうことが可能で、この点が最大のメリットである。育苗日数に制約はなく、定植前年の8月下旬から9月前半の気温が下がる頃から播種する。

地床育苗で秋まきを行なう事例が多く、露地での秋まきも多く行なわれている。また、数少ない事例ではあるが、セル苗を定植した際に起きやすい、植え傷みや初期生育を十分に確保するための対応策として、秋まきのセル育苗を行なう生産者も見られる。

秋まきは、厳寒期の低温に耐えて越冬できるだけの大きさに苗を生育させる必要があり、根量を確保する必要があるので、地床育苗に向いている。セル育苗だと、根巻きさせるタイプは大苗にできないから、多くの場合、冬越しは困難で、凍害によって枯れてしまう事例が多い。何よりセル苗は長期間の育苗を前提としていない方式のため、秋まきはセル育苗には根本的に向いていない。直置きで根を張らせるタイプのセル育苗なら、秋まきが可能だ。

秋まきは特別な保温は不要で、自然条件でも良好に発芽する。過度の地温上昇を防ぐための遮光（浮きがけが基本でベタがけは厳禁！）と、過乾燥を防ぐために定期的に散水を行なえれば、発芽に失敗することは少ない。

ただし、秋まきすると、苗齢が進んで植物体が大きな状態で花芽分化するため、春まき苗よりも旺盛に抽苔し、1本の茎から3本以上の花蕾が抽苔することも多い。1本の茎から1本抽苔するかしないかの春まきよりも花蕾除去は煩雑で、放っておくと株が著しく消耗する。この点が秋まきが敬遠される最大の要因である。

また、露地で秋まきを行なう場合、冬越しさせると厳寒期の低温で凍害が発生し、特に苗不足を招く。苗の生育が遅れた場合には、歩留まりが低下して定植時に苗不足が起きることもあり、この点も秋まきの難しいところである。苗の歩留まり向上のためには、ハウス育苗が望ましい。

●春まきの地床苗は、いつ定植するかで播種日を決める

春まきの地床苗は、標準的な育苗期間は90日程度、定植する時点で2本に分けつを始めている苗が定植適期苗である。6月上旬に定植したいのなら、逆算すると、3月上旬が播種期となる（図5－5）。

育苗期間90日というのは、発芽やその後の生育が順調ということが前提なので、ハウス育苗か、トンネルを併用した露地育苗が必須となる。

●春まきのセル苗は、播種時期は地床苗と変わらない

春まきのセル苗は、標準的な育苗期間は55～60日程度で、定植予定日から育苗日数を逆算した時期が播種時期となる。このため、播種時期は定植の2カ月前となる（図5－5）。

春まきのセル苗は、育苗日数をかけると老化苗になりやすい。このため、苗の生育量に応じて定植するのではなく、育苗日数が経過したら、苗が小さかろうが、定植してしまうほうがよい。そのため播種期は地床育苗と変わらない時期とする。定植後1カ月間は本圃で育苗の延長をするという考え方が重要である。1カ月遅れて定植される地床苗と、定植後1カ月経過したセル苗

		3月10日 0	4月10日 播種から30日	5月10日 播種から60日	6月10日 播種から90日
地床育苗	作業	播種 → 地床育苗			→ 掘り取り・定植
	葉枚数	発芽	展開葉 2枚	展開葉 4.5～5枚	展開葉 7.5～8枚
	茎数		1本	1本	2本に分けつ
セル育苗	作業	播種 → セル育苗		→ 定植 本園で育苗の延長	
	葉枚数	発芽	展開葉 1.5～2枚	展開葉 4～4.5枚	展開葉 7～7.5枚
	茎数		1本	1本	2本に分けつ

この時点で、地床苗とセル苗が同じくらいの株に生育していることが理想

図5－5　春まきのセル苗の播種時期の目安

地床育苗と遜色のない生育のためには春まきのセル苗は定植を早める。定植後本圃で1カ月間の育苗の延長を行なうという考え方が必要
そのため、播種期は地床育苗と変わらない時期とする

が同じ生育量になっていることが理想である。

448穴トレイ等の1穴当たり容積が小さいタイプのセルトレイを使用する場合や、根巻きさせるタイプのセル育苗では、根域（培土の量）が少ないため、セル内に根が回りきって老化苗になりやすく、長期間の育苗が難しい。育苗期間は最長で60日程度が限界とされており、それ以上育苗期間を延長しても生育は停滞ぎみとなり、老化苗になる。また、育苗培土に含まれる元肥も60日程度しか持続せず、その後に追肥を行なったとしても苗は老化しやすく、生育量を稼ぐことはできない。

苗床に根を張らせるタイプのセル育苗や、1穴当たりの容積が比較的大きいチェーンポット育苗は、育苗期間を長くすることは可能だが、早めに定植して本圃で育苗の延長を行なうという考え方は同じである。

3 育苗準備

●地床育苗の準備

育苗圃は、日当たりがよく、排水性と保水性が良好な圃場を選定する。病害虫の発生を未然に防ぐ観点からは連作を避けることが望ましいが、こまめな管理を行なうため住居から近いほうがよいとか、長年の土作りで最適な苗床にしてきた等の理由から、育苗圃、

特にハウス育苗の場合は、育苗圃が固定されていることが多い。

定植面積10ａ当たりの標準的な育苗圃の面積は１～１・５ａで、露地、トンネル、ハウスともに変わらない。地床育苗に必要な資材は種子（生種子《きだね》）、播種機、小トンネル資材等で（表５−３）、各種ある育苗方法の中では最も安価である。定植面積10ａの必要種子量は、品種特性や栽植様式（１株当たり粒数、株間や条間、植え付け条数）によって異なるが、予備苗分を含めて０・４～０・８dℓである。

育苗期間が春まきで90日程度、秋まきは２００日以上と長期に及ぶため、育苗圃といえど、土作りが重要である。播種前にpHを測定して６・０～６・５になるように苦土炭カル等で調整しておき、播種する１カ月前までに堆肥を投入して耕うんしておく。育苗期間中に使える除草剤はないので、播種前に非選択性茎葉処理型除草剤で雑草を枯死させておくとよい。

元肥は秋まき、春まきとも共通で、１ａ当たり化成肥料を現物で５～10kg施用し、同量を追肥で補うとよい。元肥の過剰施肥や残肥が多いと発芽不良の原因になるため、播種時のＥＣは０・５以下にする。オガクズ入りの堆肥は乾燥しやすくなるので避けたほうがよいだろう。

地床育苗では、苗床でネダニや乾腐病等の病害虫にかかり、本圃に持ち込む危険性があり、長年苗床として連作している育苗圃ではその危険性が高いと考えられる。秋まき・春まきともに、盛夏期に太陽熱消毒を行ない、育苗圃の衛生状態を改善しておくとよい。収穫を終了した本圃に播種する事例がまれに見られるが、ネダニ等の土壌病害虫に対するリスクが高く、これら病害虫の被害が拡大するため、避けたほうがよい。

●セル育苗の準備

セル育苗に必要な資材は表５−４のとおりである。余裕を持って発注し、資材が揃っていないため播種作業ができないということがないように、きちんと準備しておこう。

種子は１穴当たり種子数を同数で揃える必要があるため、生種子ではなくコート加工された種子を用意する。コート種子は受注生産であり、事前に予約することが普通である。急に注文しても対応してもらえない。

種子数は10ａ当たり定植株数や１株当たりの播種粒数で必要種子数を計算し、５％程度の予備分を加えた粒数とするが、５０００粒単位で販売されることが多いため、切り上げた粒数で購入する。

セルトレイ（穴数によって変わる）、

表5－3　地床育苗の必要資材（例）

	資材名	必要な数量
苗床	—	1～1.5a
元肥	オール14	5～10kg
種子	生種子（2dℓ缶入）	1缶
発芽被覆材	もみ殻、または被覆資材	もみ殻の場合は適宜、被覆資材の場合は面積分
トンネル資材	小トンネル支柱、透明ポリ（発芽後の保温用）	1～1.5aを被覆できる分

この他に苦土炭カル、追肥用の肥料等が必要
発芽までの被覆資材は、ベタがけ用不織布等を使う

表5－4　セル育苗の必要資材（例）

	資材名	必要な数量
育苗ハウス	育苗専用ハウスを用意する	4.5m×7m程度（外張りのみのハウスでOK）
セルトレイ	みのる育苗ポット220穴	8条植えは30枚、10条植えは40枚
培土	みのるソリッド培土タイプT・N（固化剤入り）	5～6袋
種子	2Lサイズコート種子（1パック5,000粒入り）	1穴3粒まき→30枚で4パック
床面補強	黒ラブシート（幅150cm）等	5～7m
遮根シート	日甜ネトマール2長尺（幅125cm）	5～7m
発芽被覆材	シルバーラブシート、透明ポリ	6～8m
トンネル資材	小トンネル支柱、シルバーポリ（発芽まで）透明ポリ（発芽後の保温用）	1.4m×5～7mを被覆できる分

この他に追肥用の肥料等が必要
種子は、生種子は不可。必ず発芽率確認を行なっておくこと

セル育苗用の培土も、必要な数量を用意する。

セルトレイのセル穴は１枚のトレイのセル穴数の違いで２２０穴タイプと３２４穴タイプ、４４８穴タイプがある。３２４穴と４４８穴のタイプはタマネギの１穴１粒まきで使用されるタイプだがニラの育苗に使用する事例もある。ただし、ニラは１穴に３粒程度播種されるため、２２０穴タイプが使用されることがほとんどだ。セルトレイの穴数は移植機の形式によって決まっており、それぞれに互換性はないため、移植機、セルトレイ、全自動播種機まで揃える必要がある。移植機と全自動播種機は地域の生産部会で共同所有している事例が多い。

セル育苗の育苗培土は、固化剤が混和されたタイプと、固化剤なしの培土に固化剤が別添されているタイプがあり、後者は粒径がやや粗いのが特徴

だ。前者はベンチ育苗等の根巻きさせるタイプに使われ、後者は苗床に根を張らせる直置き育苗に使われる。安価な汎用培土も市販されているが、最初は規格品をマニュアルどおりに使用することが失敗を避けるためには重要で、徐々に異なる資材を試作していくほうが無難である。

この他、根巻きさせるタイプのセル育苗で直置きする場合は、遮根シートを用意しておく。このシートは発根を阻害する成分が練り込まれたシートで、効果は1回分（2年目以降は遮根効果がなくなっている）のため、毎年購入する必要がある。

●チェーンポット育苗の準備

チェーンポットは、日本甜菜製糖株式会社が開発した育苗方式で、もともとはテンサイの移植作業を省力化するために開発された技術である。ネギ等の野菜への応用が進んでおり、ニラに導入する事例も徐々に増えている。

この方式では、ペーパーポットを連結したチェーンポットを使用し、専用の簡易移植機「ひっぱりくん」を使用して定植する。定植の省力化が図られ、セル苗全自動定植よりも導入コストが大幅に少ないことや、根や葉を切らずに定植できるため定植後の生育が比較的良好なことが利点で、小規模生産者の省力化や、省力化と良好な生育の両立をめざす生産者には一定の評価を得ている。一方で、チェーンポットは現時点では10～15cm間隔のものを利用しているので（これ以上間隔が広いものがない）、標準的な株間である30cmで定植するためには、1穴飛ばしで播種する必要があり、実質的に倍量のチェーンポットと育苗培土が必要になる。また、1箱に1枚ずつの遮根シートが必要なことから、コストパフォーマンスにやや難がある。

本圃10aを定植するのに必要な資材は表5－5のとおりで、水稲育苗箱はチェーンポットと同数分必要で、ニラの育苗期間は水稲の育苗期間と同じ時期になるので、ニラ用に別途用意する必要がある。

播種作業は簡易播種機か全自動播種機が用意されており、コート種子を利用する。セル育苗と同様に、事前にコート種子を発注しておくことが重要だ。

播種後の置き床は、トレイの必要数が根巻きさせるセル育苗の倍になるので、置き床は余裕を持って確保しておくことが必要だ。

●汎用セルトレイを利用した育苗

種苗店やホームセンター等で販売されている汎用セルトレイで育苗する生産者も見受けられる。手植えか、汎用

表5－5　チェーンポット育苗の必要資材（例）

	資材名	必要な数量
育苗ハウス	育苗専用ハウスを用意する	4.5m×15m程度 （外張りのみのハウスでOK）
セルトレイ	日甜LP303－10　264鉢（264鉢）	8条植えは55枚、10条植えは70枚
水稲用育苗箱	—	
培土	みのるソリッド培土タイプT・N	1袋で苗箱13～15枚分→2～3袋
種子	2Lサイズコート種子（1パック5,000粒入り）	1穴3粒まき→30枚で4パック
遮根シート	日甜ネトマール2CP	8条植えは55枚、10条植えは70枚
発芽被覆材	シルバーラブシート、透明ポリ	10～15m
トンネル資材	小トンネル支柱、シルバーポリ（発芽まで） 透明ポリ（発芽後の保温用）	1.4m×10～15mを被覆できる分

この他にペーパーポットを広げる器具や追肥用の肥料等が必要
種子は、生種子は不可。必ず発芽率確認を行なっておくこと

の半自動移植機を使って定植するもので、採苗作業が省力化できる。汎用トレイは穴数や穴の形状、1穴当たりの容積はさまざまで、セル穴が小さいと育苗期間が確保できないし、セルが大きいと根巻きが形成できず定植時に根鉢がバラけて植えづらくなる。そして何よりも、トレイや培土等の資材費が高くつく。全自動セル育苗と同様、200穴程度のセルトレイを購入するとよいだろう。

播種はチェーンポットの簡易播種機を使うと省力的だが、この場合はコート種子を用意する必要がある。汎用セルトレイは水稲の育苗箱とセットで使うので、こちらもチェーンポットに準じてトレイの枚数と同数の水稲育苗箱が必要だ。

4 播種

●直まき栽培ではダメなのか？

播種機やシーダーテープを使って直まきでニラを栽培している事例は皆無ではないが、大多数のニラ産地ではネギやタマネギと同様に育苗してから定植している。その理由としては、次の4点が考えられる。

一つ目は在圃期間（育苗期間と収穫期間）の重複や、圃場作り・土作り期間の確保等の理由から、別の場所で育苗するほうが合理的で、圃場の有効活用ができる。

二つ目は、生育初期はネキリムシやタネバエ、立枯病等の病害虫の影響で欠株になったり、株当たり本数が減少

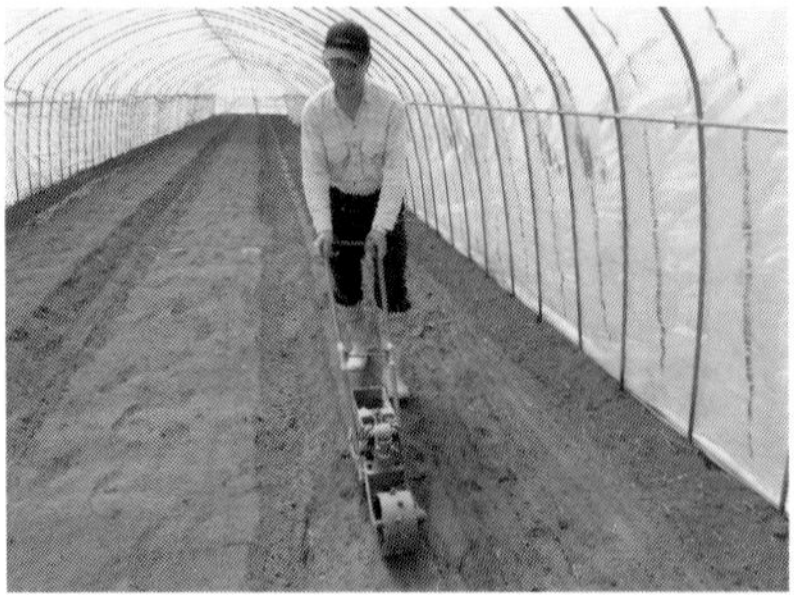

写真5－8　地床育苗の播種作業（ごんべえでの条播）

手前側に鎮圧ローラーがある。播種深さが2cm程度になるように調整する

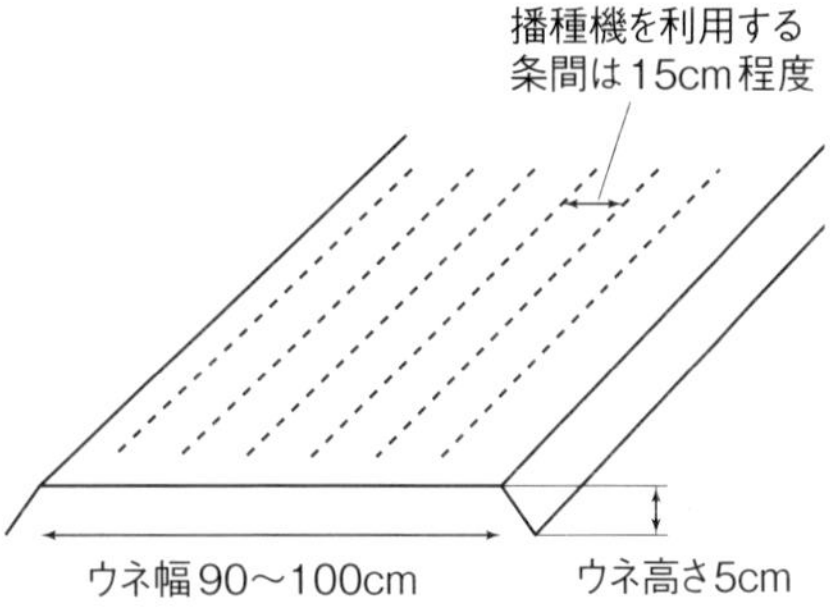

図5－6　地床育苗の播種床

したりすることが多い。生育自体のばらつきも大きい。育苗圃で集約的に管理して初期生育を安定させてから、揃った苗を定植したほうが、病害虫のリスクも軽減でき、均一な生育になる。

三つ目は、過剰分けつを抑制するためには、直まきではなく、深めに定植することが望ましい。直まきでは深植えにしにくく、育苗した苗を深く定植し、徐々に土を戻して最終的に深植えとするほうが生育面でよい。

四つ目は、定植圃場は条間・株間が広いため、直まきして広い面積で初期生育を管理することが大変である。育苗床は小面積で、温度管理や病害虫防除の管理がしやすい。

●地床育苗の播種

生種子は2dℓの缶詰か20mℓの小袋で販売されている。営利栽培の規模なら、缶入りの種子を購入することがほとんどだ。缶を開けなければ長期間保存が可能で、発芽率は安定している。しかし、缶を開けると種子が乾燥し、しっかり密閉したつもりでも発芽率は急激に低下する。缶の封を開けたらその年に使い切るようにしよう。また、購入した種子は殺菌剤が粉衣処理されているので、芽出しのための浸漬処理は行なわずに播種する。

播種床に堆肥と元肥を施用し、苦土炭カル等でpHを調整、ロータリで複数回耕うんし、高さ5cm程度のウネ（播種床）を作る（図5－6）。

播種は播種機（ごんべえ）を利用して条播（すじまき）する（写真5－8）。散播（ばらまき）は簡単なようだが、播種密度がばらつきやすく、部分的に種子が落ちすぎた場合は間引きを行なう必要があり結果的に手間がかかることもある。

播種する条間は播種機の鎮圧ロー

写真5－9　セル育苗の全自動播種機

左は播種ドラム（1セル4粒まき用）。手前の丸い突起は播種穴開け部。右の写真の右奥の空のセルトレイに自動で土詰め、播種、覆土され、左側に排出される

写真5－10　チェーンポットへの播種

左は専用播種機。右は簡易播種器。アクリル製で1セル2粒ずつ播種できる。1セル飛ばしで播種するためテープで播種穴をふさいでいる

ラーの幅の15cm程度でよい。間引きをしないですむように、ベルトは適切な株間になるようなものを使用するとよい。

●セル育苗・チェーンポット育苗の播種

セルトレイやチェーンポットの播種作業は、土詰め・播種・覆土までを一連で行なう電動の全自動播種機を使うことが多く、早くて省力的だ（写真5―9、5―10）。これらの育苗は春まきで行なわれることが多く、播種作業は春先に集中するが、生産部会等で播種機を所有し、共同作業で播種する事例が多いようだ。この他、個人で播種する場合や播種枚数が少ない場合等でも播種作業がしやすいように、簡易播種機も用意されている。

これらの育苗方法は、コート種子を利用した定数を播種するため、各種機

材だけにとどまらず専用培土等、さまざまな資材が市販されており、セットで利用することで効率的に育苗できるようになっている。栽培規模に応じて、導入を検討するとよいだろう。

●直置きセル苗の置き床作り

育苗ハウスは、播種したトレイの枚数分の面積や通路部分に加え、育苗ハウス入り口付近に3m程度のネット引きスペースを確保しておく。ネット引きとは、根切りネットを引っ張って置き床の床土とセルトレイをずらすことで、張っている根を切る作業である。

播種前に、トレイを置く部分に、地床育苗に準じて元肥を施用する。置き床の土は事前に耕うんして膨軟な状態にしておく。その後で軽く鎮圧して均平にならしておき、そこに面積分の根切りネットを敷いておく。

播種されたセルトレイは根切りネットの上に並べる。育苗ハウスへのセルトレイの配置（並び）は図5－7のようになる。セルトレイを並べ終わったら、その上に畳大のコンパネを敷いてセルトレイごと踏みつけて、セルトレイ底部と置き床の土を密着させる（図

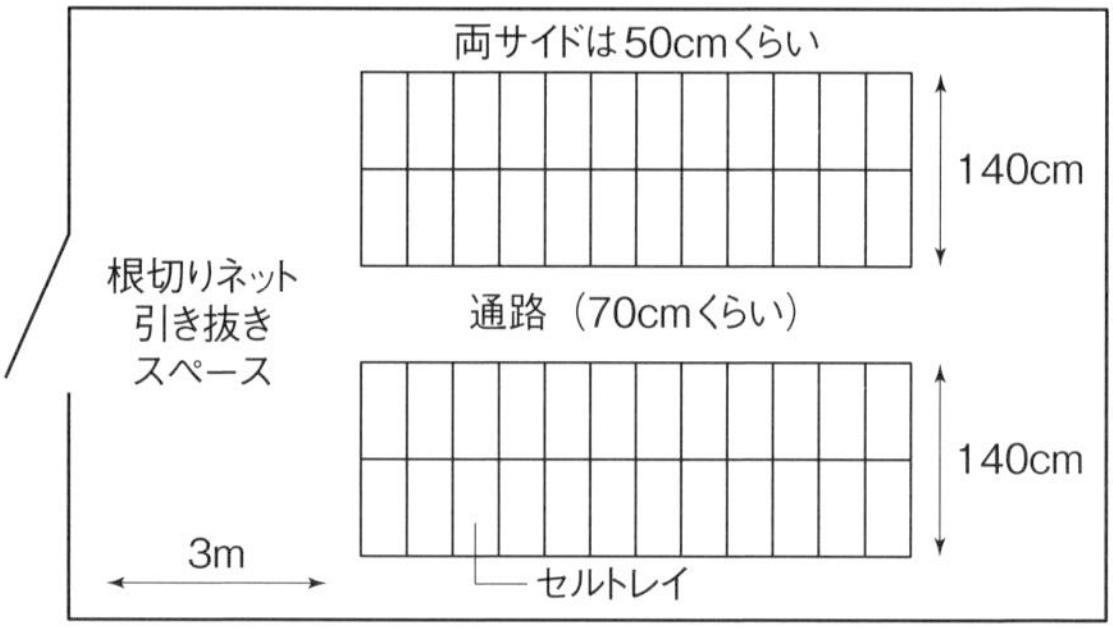

図5－7　直置きセル育苗の置き床（根を張らせるタイプ）
入り口側にネット引きスペースを空けておく

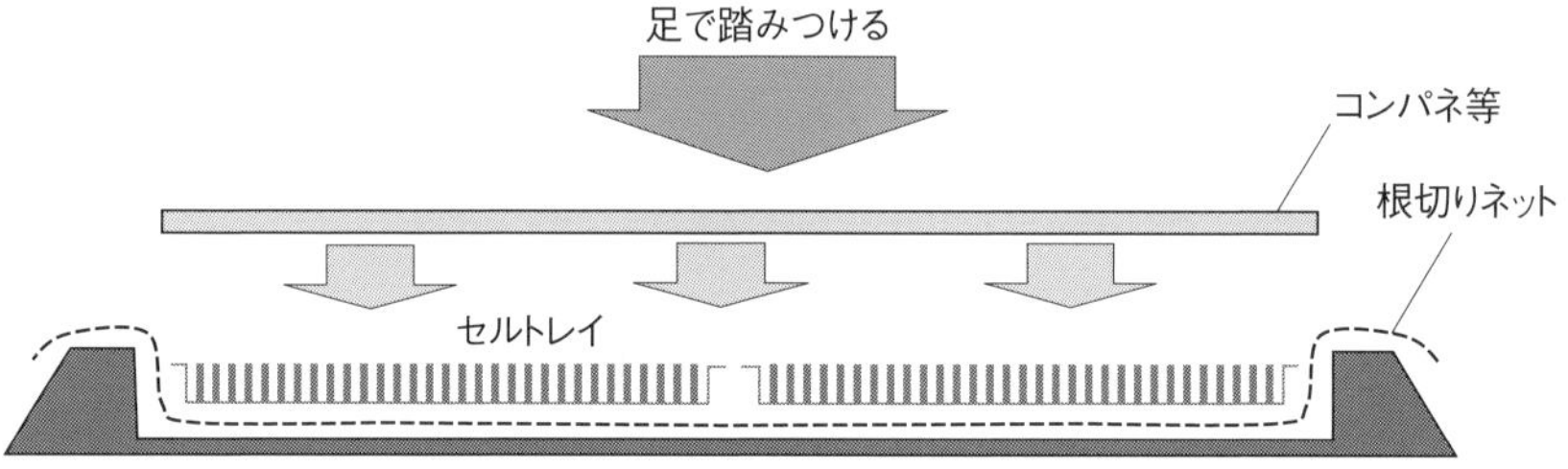

図5－8　直置きのセルトレイは土と密着させる
セルトレイを並べ終わったら畳1枚分くらいのコンパネを敷いて、上から踏みつけて土と密着させる
根切りネットをはずす時は、根切りネットを引っ張って根を切断する。ネットが動かない時は刃物やノコギリ等で切り離す

5－8）。

●遮根セル苗の置き床作り

根巻きさせるセル育苗は根切りネットを使用しないため、ネット引きスペースは不要である。また、根を置き床に張らせないため、置き床への施肥は行なわない。

育苗ハウスの必要面積は、播種したトレイ枚数分の面積と通路部分で、セルトレイを並べる前に可能な限り均平な状態で踏み固めておく。この時、均平が不十分で水がたまる部分や乾燥しやすい部分ができると、揃った苗に生育させられないので、コンパネを踏みつけるか、鎮圧ローラー等でよく固めて、適度な固さの置き床を作ることがポイントだ。

遮根シートを使う場合は、固めた置き床に、図5－9のとおり黒ラブシート（不織布）を敷いてから遮根シートを敷き、遮根シートの上にセルトレイを直置きで並べる。並べ方は、基本的には根を張らせる方式と同様でよい。

ベンチ育苗の場合は、専用の育苗ベンチを使用するか、簡易的な方法としては直管パイプや水稲育苗箱を使用して、セルトレイを直置きせずに空中に浮かすように並べ、育苗する。簡易的なベンチ育苗の場合も、直置きする場合と同様に、できる限り均平な置き床を作ることが揃った苗に生育させるためには重要だ。

チェーンポット育苗は、水稲育苗箱に1枚ずつ遮根シートを敷き、その上にチェーンポットを設置する。播種後

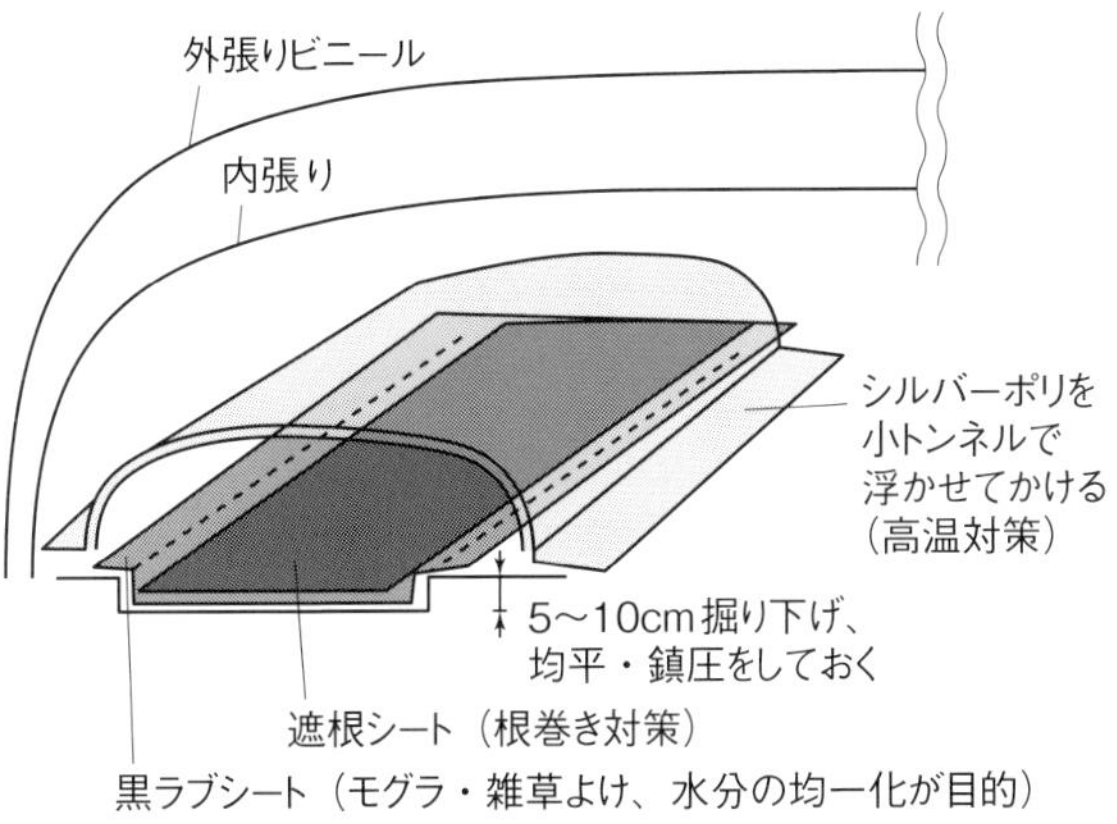

図5－9　遮根育苗のセルトレイ置き床

写真5－11　チェーンポットの置き床

は水稲育苗箱にセットしたまま育苗する。他のセル育苗と同様、セルトレイの置き床はできるだけ均平にすること（写真5－11）。

5 発芽までの管理

●発芽までは低めの温度で

播種後、発芽までの温度管理は、ニラ栽培で最初の関門である。ニラの種子の発芽適温は図5－10のとおりで、20℃で最もよく発芽する。16℃での発芽が20℃に準ずるが、25℃以上および10℃以下では発芽はきわめて悪く、2～4℃ではまったく発芽していない。このことから、ニラの発芽適温は20℃前後と考えられ、発芽温度の適温範囲は野菜類の中でも極端に狭い部類だといえる。特に、高温にすると発芽せずに種子が休眠するといわれ、そのまま腐敗してしまい、まったく発芽しない（写真5－12）。

播種後、発芽に適した温度に保持しようとして地温が上昇してしまい、発芽が不良になることが多く、特に地温が低い春まきでの失敗事例が非常に多い。

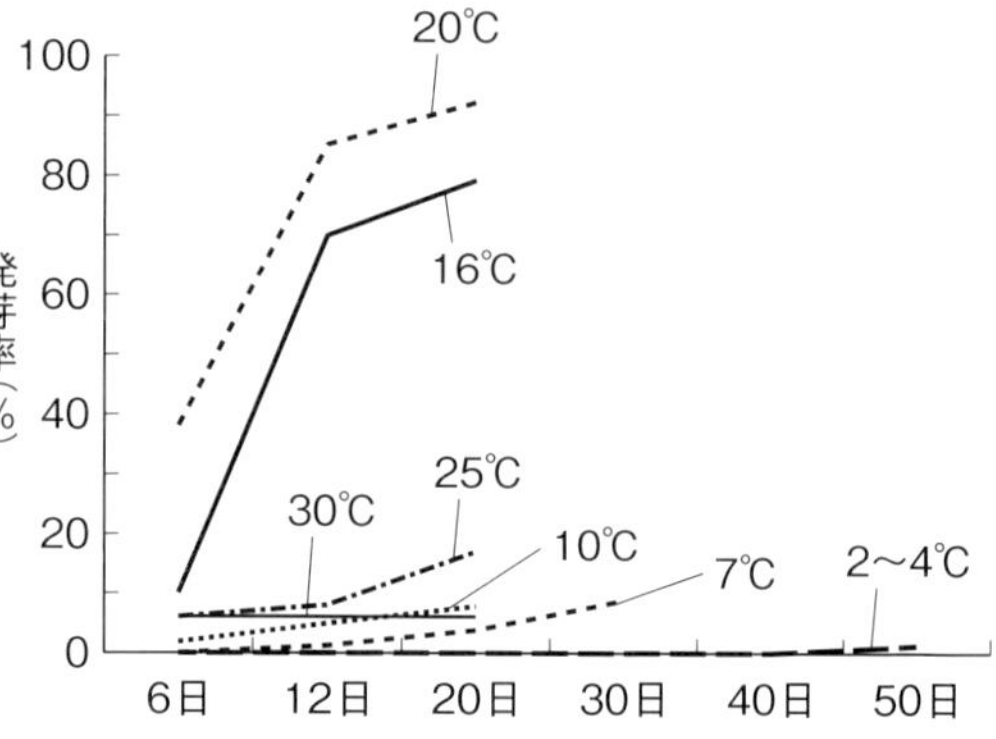

図5－10　置き床温度とニラ種子の発芽率

（青葉，1966）

実際に発芽不良を起こした育苗床を観察すると、ハウス育苗ではハウスの中央部分の発芽が特に悪い（図5－11）。露地育苗でベタ張りした場合も同様で、ベタ張りの辺縁部よりも中央部の発芽率が悪い。播種後の地温確保

写真5－12　発芽不良のセルトレイ

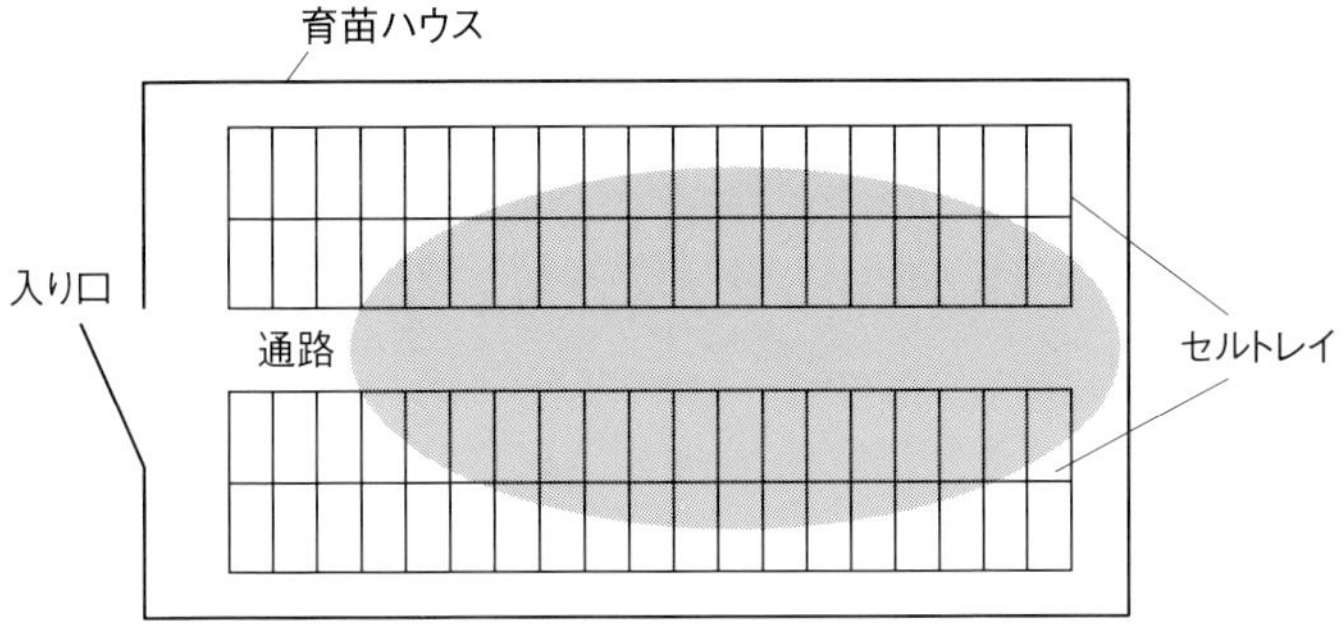

図5－11　発芽不良になりやすい箇所

グレーの部分は温度が上がりやすく、発芽不良になりやすい
入り口付近や換気ができるハウスのサイド部分は地温が低く経過するため、中央部と比較して発芽がよい

と土壌水分の保持を目的にポリフィルムをベタ張りするのは、温度が急激に上昇するため危険であり、絶対に行なってはいけない。

●被覆資材と遮光資材で地温の上昇を抑える

ポリフィルムのベタ張りの目的は、温度保持ではなく、培土や播種床の乾燥防止だ。ベタ張りして直射日光がベタ張りフィルムに直接当たると、地温が一気に上昇し、培土や播種床の地温が高温になり、発芽不良となる。

写真5－13　セルトレイの遮光と透明ポリのベタ張り

地温が低い春まきであっても、ベタ張りフィルムに直射日光を絶対に当てないことが重要で、そのためには、直射日光を透過しないシルバーポリをトンネルがけし、透明ポリでベタ張りを行なうのがよい（写真5－13）。光線透過率が低い黒ポリやシルバーポリでも、ベタ張りすると地温が上がりやすい。ましてや透明ポリのみのベタ張りはもっての外である。

一方、不織布のベタ張りは保温と保湿の効果があり、ポリのベタ張りと違って吸湿性もあるので、水滴がたまらずに病害対策によいという理由で使用する人がいる。

●発芽までの管理

秋まきは温度が高い時期に播種する

ので、絶対にベタ張り被覆は行なわないようにし、遮光のみ行なうとよい。乾燥したらかん水を欠かさないようにする。秋まきは7～10日で発芽してくる。

春まきの場合、地床育苗は播種後、セル育苗では播種が終わったセルトレイを並べた後、たっぷりとかん水を行なう（写真5－14）。かん水の水滴が大きい場合や、水圧が強すぎると、セルトレイの培土が流失することがある。細かい水滴でかん水できるようなシャワーヘッドを選択しよう。

その後でベタ張りやもみ殻被覆を行ない、最後に遮光資材を用いた小トンネル被覆を行なう。セルトレイには温度計を挿して地温を把握し、晴天日であっても地温が25℃を超えないよう、細心の注意を払う。特に、置き床の中央部分の地温を把握することが重要だ。

ベタ張りをすると土壌の乾燥は軽微なので発芽までかん水は不要だが、ベタ張りしない場合は乾燥が早いので、発芽まではこまめにかん水を行なう。

春まきの場合、10～14日で発芽してくるので、発芽状況をこまめに観察し、半分程度が発芽したことを確認したらベタ張り被覆は速やかに除去する。除去が遅れると、図5－12のとおり、ポリ資材と接した部分の子葉が高温で枯死することがある。

写真5－14　セルトレイを並べて被覆前のかん水

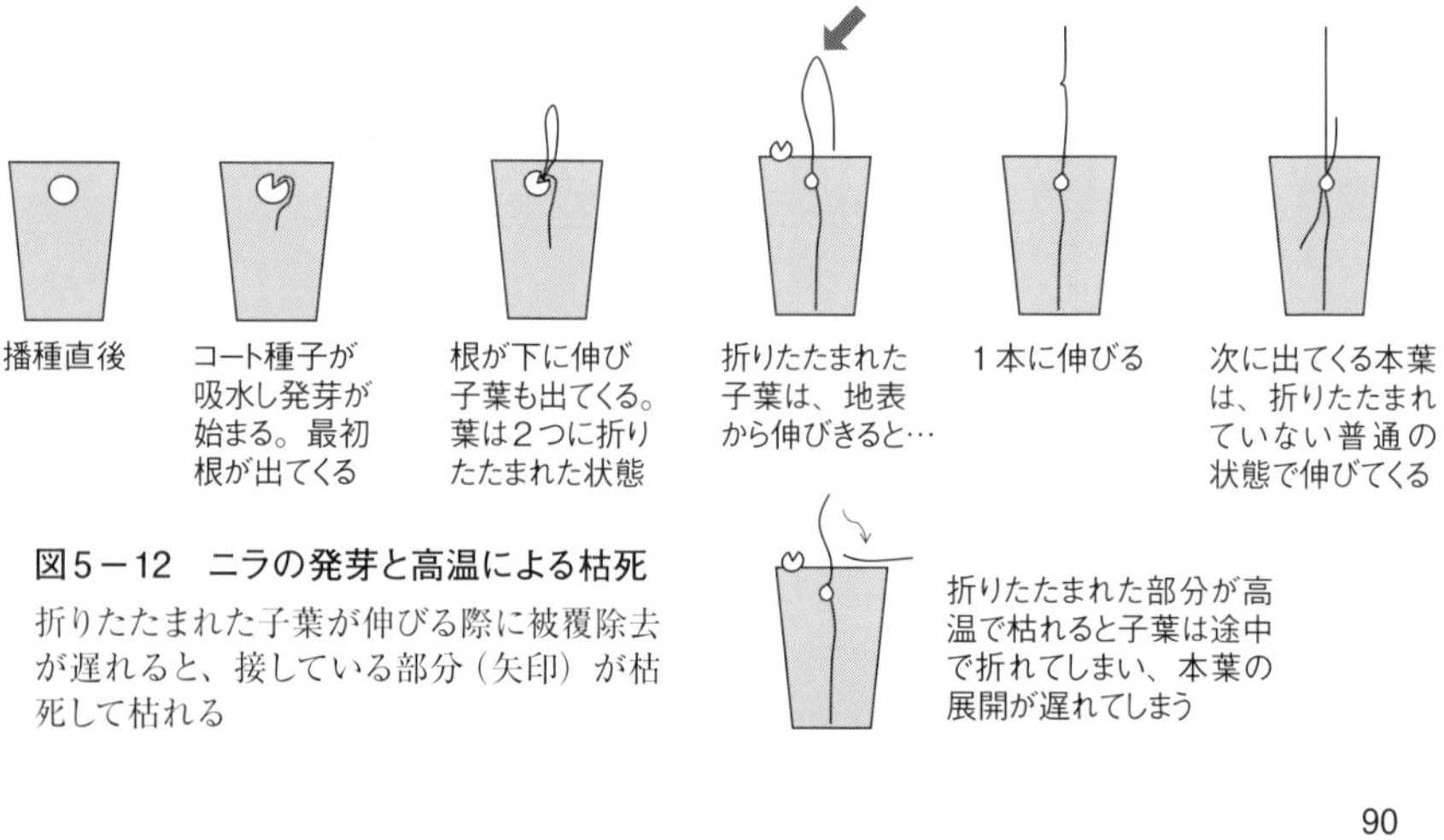

図5－12　ニラの発芽と高温による枯死

折りたたまれた子葉が伸びる際に被覆除去が遅れると、接している部分（矢印）が枯死して枯れる不織布をベタがけした場合は、発芽後に伸びてきた葉がからむことがあり、不織布を除去する際に苗を引き抜いてしまうことがあるので、こちらも発芽後は早期に除去する必要がある。もみ殻被覆の場合はそのまま放置しておいてよい。

6 発芽後の育苗管理

ニラの発芽までの温度管理は非常に煩雑で、発芽不良といった失敗も多いが、発芽さえしてしまえば、管理は大幅に容易になり、ホッと一安心といったところだ。多少の高温や乾燥には耐えるし、極端な低温でなければ枯死することはない。

秋まきの地床苗は、発芽後しばらくは自然条件で生育させておく。ハウス育苗の場合はかん水を適宜行なう。

しかし、春まきでは、標準的な育苗期間を経て適期に定植するためには、適切な育苗管理を行なう必要がある。特にセル育苗は、手抜きのない細かな管理が必要になる。

●温度管理や病害虫防除は各方式とも共通

発芽が揃ったら、徐々に遮光資材をはずして順化し、日中は小トンネルを除去して日光に当てる。

ハウス育苗では、発芽後の温度管理は、地床育苗、セル育苗ともに共通で、日中、苗の位置で20℃前後になるように温度管理する。特に、ハウス内や小トンネル内が25℃以上の高温にならないように、晴天日は換気を励行する。夜間は小トンネルで保温し、最低夜温は5℃を維持する。小トンネルによる保温は最低温度が5℃を下回らなくなったら不要となる。ニラの苗は頑強で、一晩くらいの低温なら何とか耐えられるが、晩霜等の急な気温低下に備え、小トンネル資材は完全に撤去せずに残しておき、必要に応じて保温する。

露地育苗は、育苗初期は小トンネルで保温を行ない、気温上昇に応じて、日中は小トンネルの裾部分の換気や、トンネルフィルムにパンチ穴を開ける方法が一般的である。平均気温が15℃を超えて、晩霜の心配がなくなってから、小トンネルを除去し、露地状態での育苗に移行する。

育苗期間中は、有翅アブラムシの飛来が多い時期で、ネキリムシ類による食害も多発する。昼夜の温度差で夜間に結露が多いと苗に白斑葉枯病が発生することも多い。害虫は発生初期に防除し、病害は換気の励行や通風をよくすることで軽減を図る。

地床育苗の管理

地床育苗は、発芽後は苗床の土壌に旺盛に根が伸びるため、かん水等の管理はセル育苗に比べて、大幅にラクにできる。また、根量に応じて地上部の生育も旺盛に進むため、倒伏しづらく、良苗育成が容易で、失敗は少ない。

発芽後、苗が極端に密集している場合は間引きし、軟弱徒長を避ける。播種機のベルト選択が適切なら間引きは不要だ。

生育が進んで葉数が増えてくると吸水量が増え、乾燥が早くなる。4月以降は日射量が強くなり、気温が上昇する時期なので、土壌の状態を判断して、遅れずにかん水を行なう。一般的には通路からのチューブかん水が行なわれている。日中の高温になる時間帯にかん水すると、温度の急変を引き起こし、軟弱徒長や病害発生の原因となるので、晴天日の朝方にかん水し、夕方にはある程度湿度が抜けるように換気を励行する。

本葉3枚以降、生育状態に応じ追肥を行なう。速効性の化成肥料による追肥の後にかん水を行なうか、かん水を兼ねて液肥で追肥するとよい。

地床育苗では、セル育苗よりも雑草の発生が多い。こちらも、根がしっかりと張ってくる本葉3枚以降に、中耕を兼ねて除草する。発芽直後に雑草を抜こうとすると、ニラの苗も一緒に抜けてしまうから注意する。

直置きセル育苗の管理

直置きセル育苗は、根巻きさせるタイプのセル育苗と地床育苗の中間的なものであり、苗の生育や育苗管理も二つの方式の中間的なものとなる。かん水管理は根巻きさせるセル育苗圃ほど厳密ではない。かん水、追肥は地床育苗と同様に行なう（表5－6）。

地床育苗と異なるのは、栽植密度が細かいため軟弱徒長となりやすく、倒伏しやすい点だろう。地床育苗ではほとんど行なわない「葉切り」作業を育苗期間中数回に分けて行ない、倒伏を防止する。置き床に根が張っており、セルトレイを移動することができないため、電動バリカン等で剪葉（葉切り）する。草丈を3分の2から半分になるように、新展開葉を切らないように注意しながら葉を切り詰める。切った葉くずは病害の元になるため放置せず、ブロアーで吹き飛ばして熊手でさらう等、集めて他の場所に処分する。

遮根セル育苗の管理

置き床から根を隔離する育苗方法であり、セルトレイの水分変動が著しい。特にベンチ育苗はセルトレイの水抜き穴が空中に露出する状態となり、セル

表5－6　セル育苗の播種から定植までの管理目安（栃木県の一例）

<table>
<tr><th>生育ステージ（日数）</th><th>時期別目安</th><th>葉の展開枚数</th><th>草丈</th><th>温度管理</th><th>水管理</th><th>その他の管理</th></tr>
<tr><td>第1週
0～7日</td><td>3/上旬</td><td>播種</td><td>－</td><td rowspan="5">・苗床額縁部は土を寄せ、温度変化を防ぐ
・夜間は保温マット等で夜温を確保する
・シルバーシートは伸び始めた芽が触れないよう、ベタがけでなくトンネルにして浮かせる
・ハウス内は25℃程度を維持するように換気し、温湿度が変化しやすいのでシルバー小トンネルは開閉しない</td><td rowspan="3">・5日おきにかん水するか、トレイにマルチをかけて乾燥を防いで発芽率を向上</td><td rowspan="2">シルバーラブシートや透明ポリマルチは発芽率5割を超えたら急いではずす</td></tr>
<tr><td>第2週
8～14日</td><td>3/20頃</td><td>発芽初期</td><td>2cm</td></tr>
<tr><td>第3週
15～21日</td><td>3/28頃</td><td>展開葉1枚</td><td>5cm</td><td rowspan="2">根の伸びすぎに注意</td></tr>
<tr><td>第4週
22～28日</td><td>4/5頃</td><td>展開葉1.5枚</td><td>7cm</td><td rowspan="2">・朝夕にかん水、時々たっぷりかん水。溜水しないよう注意</td></tr>
<tr><td>第5週
29～35日</td><td>4/10頃</td><td>展開葉2枚</td><td>8cm</td><td rowspan="2">天候に応じて、白斑葉枯病の予防をする</td></tr>
<tr><td>第6週
36～42日</td><td>4/20頃</td><td>展開葉3枚</td><td>10cm</td><td rowspan="3">・日中は苗の高さ（新芽）で20℃くらいになるように換気する
・急な高温時はシルバーシートで遮光して、葉先焼けを防ぐ</td><td rowspan="3">・朝昼夕にたっぷりかん水
・かん水ムラをなくすよう注意する
・溜水で根が伸びすぎないようにする</td></tr>
<tr><td>第7週
43～49日</td><td>4/25頃</td><td>展開葉3.5枚</td><td>13cm</td><td rowspan="2">欠株がある場合はセルトレイを差し替える。葉が伸びたら葉切りし、倒伏させない</td></tr>
<tr><td>第8週
50～56日</td><td>5/5頃</td><td>展開葉4枚</td><td>15cm</td></tr>
<tr><td>第9週
57～63日</td><td>5/10頃</td><td>展開葉4.5枚</td><td>17cm</td><td>・定植後の環境に馴らすため、終日換気</td><td>・定植2日前からかん水は停止し、水を切る</td><td>55～60日で定植。植え遅れないこと。定植前にも葉切りする</td></tr>
</table>

遮根シートを使った遮根セル育苗の場合

穴の容積が小さいこともあって、非常に乾燥しやすく、かん水が少し多めになっただけで過湿にもなる。苗の生育によって葉面積が増えると根の吸水量が増えるため、さらにこの傾向が強まり、セルの大きさが小さいトレイでは、とにかく乾湿の差が激しい。育苗中の失敗が最も多く、細心のかん水管理が求められる（表5－6）。

追肥も同様で、セルトレイからの吸肥は持続性に乏しいため、追肥はかん水を兼ねて葉面散布等でこまめに行なう必要がある。また、根域が制限されることに起因する軟弱徒長傾向が見られ、各種の育苗方法の中で最も倒伏しやすい。このため、葉切り作業は直置きのセル育苗よりもさらにこまめに行なって、絶対に倒伏させないことが重要になる。なお、この育苗方法はセルトレイを移動させられるため、葉切り作業は比較的やりやすい（写真5－

写真5－15　葉切り台

①自作の葉切り台。廃材で木枠を作って電動バリカンを固定
②セルトレイを逆さにして台の上でスライドさせると葉切りできる
③セルトレイがたわまないように木枠の中央部分にはU字型の金具（矢印）を2本固定してある

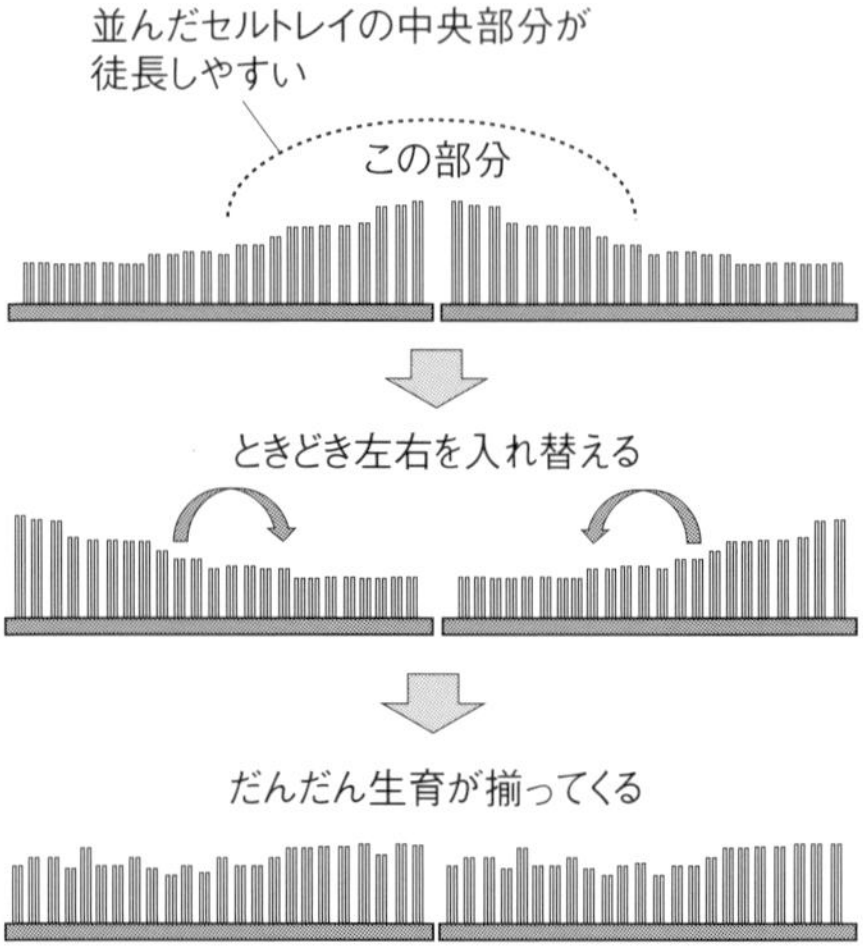

図5－13　セルトレイの入れ替え

15）。

また、トレイを移動できる特徴を利用して、置き床の位置を入れ替えることで、生育差が出やすいセルトレイの生育を揃えられる。徒長しやすい中央部と、乾燥しやすく伸長が緩慢な辺縁部の苗を時々入れ替えるとよい（図5－13）。

7 定植圃場の準備

●定植する圃場で勝負はほぼ決まる

ニラは葉物野菜の一つだが、ホウレンソウやコマツナ、キャベツ等と異なり、定植後の在圃期間が長い。短い作型でも12カ月、最長で20カ月にも及び、収穫回数は多いものでは10回を超える。野菜の中では最も在圃期間が長い

表5－7　ニラ施肥基準（平成29年、栃木県）

作型	目標収量 (kg/10a)	成分	元肥 (kg/10a)	追肥（kg/10a）						成分合計 (kg/10a)
				1回目	2回目	3回目	4回目	5回目	6回目	
冬どり	3,500	チッソ	20	5	5	—	—	—	—	30
		リン酸	30	—	—	—	—	—	—	30
		カリ	20	5	5	—	—	—	—	30
夏どり	3,500	チッソ	15	5	5	5	—	—	—	30
		リン酸	30	—	—	—	—	—	—	30
		カリ	15	5	5	5	—	—	—	30
連続どり	4,000	チッソ	20	5	5	3	3	3	3	42
		リン酸	30	—	—	—	—	—	—	30
		カリ	20	5	5	3	3	3	3	42

堆肥は、もみ殻牛糞堆肥を3t/10a施用する
その場合、上記元肥から、チッソ3kg/10a, リン酸8.7kg/10a, カリ14.4kg/10aを減らす

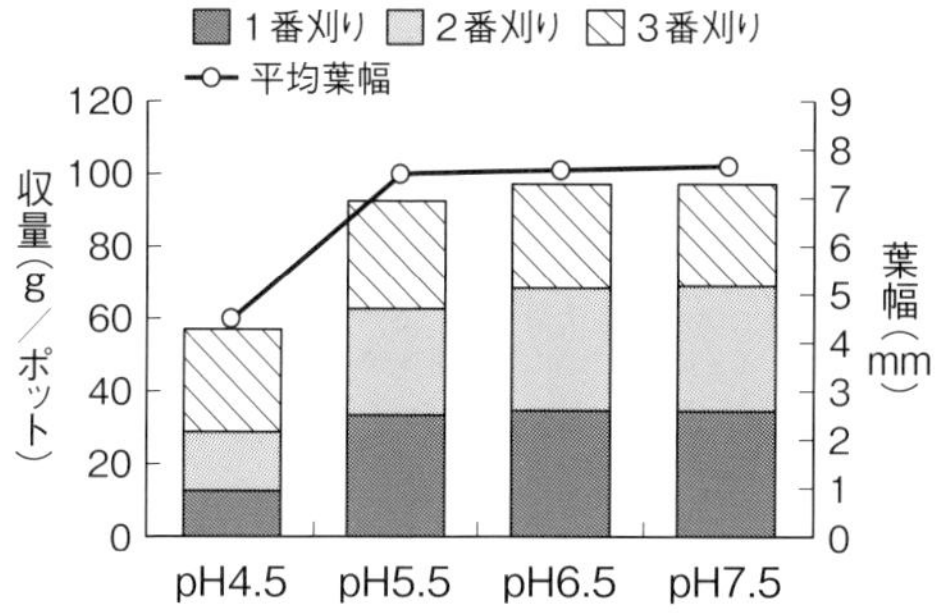

図5－14　土壌酸度が収量に及ぼす影響
（栃木農試, 1982）
pHが5.0を下回ると収量、品質ともに著しく悪化する

品目の一つだ。廃作まで植え替えはせず、2年1作の作型では、文字どおり2年に1回しか植え替えない。このため、土作りは他の野菜よりもより重要だ。定植する圃場のよしあしで、収量と品質が大きく変わる。

また、長い栽培期間の中で、ネダニ等の土壌病害虫が収量と品質を下げる要因になる。土壌病害虫についても、根本的な対策を圃場作りの時点で徹底的に行なっておかなければならない。

●保肥・保水力があり、排水性もよい圃場を

ニラは肥沃で膨軟な土壌を好む。比較的多肥を好み、適合する土壌の幅は広い野菜であるが、土壌診断結果に基づき、pHや肥料成分は適正範囲にしておくことが重要だ（図5－14）。

堆肥や元肥の投入量は表5－7のとおりである。堆肥投入は地力（ベース肥料的な肥効）を高めるため重要で、他にも保肥力と保水性向上、土壌物理性改善のため不可欠である（図5－15）。

堆肥は、定植1カ月くらい前までに施用しておく。堆肥の施用量は、もみ殻牛糞堆肥は10a当たり3t、豚糞主体の堆肥は10a当たり1tが目安であ

る。鶏糞は速効的で流亡が早いため、堆肥には不適である。堆肥の連用期間が長い圃場では、堆肥の投入量を半分程度に控えてもよい。逆に、水田からニラの圃場に転換した新作地は地力が不足しており、収量や品質が上がらない原因になるので、作付け1〜2回の準備の際は、倍の量の堆肥を投入するとよい。

ニラの養分吸収特性としては、カリ、次いでチッソを好んで吸収する傾向がある（図5−16）。また、在圃期間が長く、目標とする収穫量に応じて施肥量が変化するため、元肥重視型の施肥よりも、追肥重視型の施肥が向いている野菜である。

定植後のニラは露地の状態で生育させる期間があり、定植時には深めの植え溝を掘って底の部分に定植する。定植後、梅雨時期の降雨によって水がたまりやすい。ニラは湿害にきわめて弱く、過湿状態では生育が止まり、枯死することもある。また、湿害により病害が多発する原因にもなる。このため、定植前から排水性を向上させた圃場に定植しないと活着、その後の生育に悪影響を及ぼす。圃場の周囲に明渠排水を掘っておき、圃場から外に排水し、早めに圃場が乾くようにすること

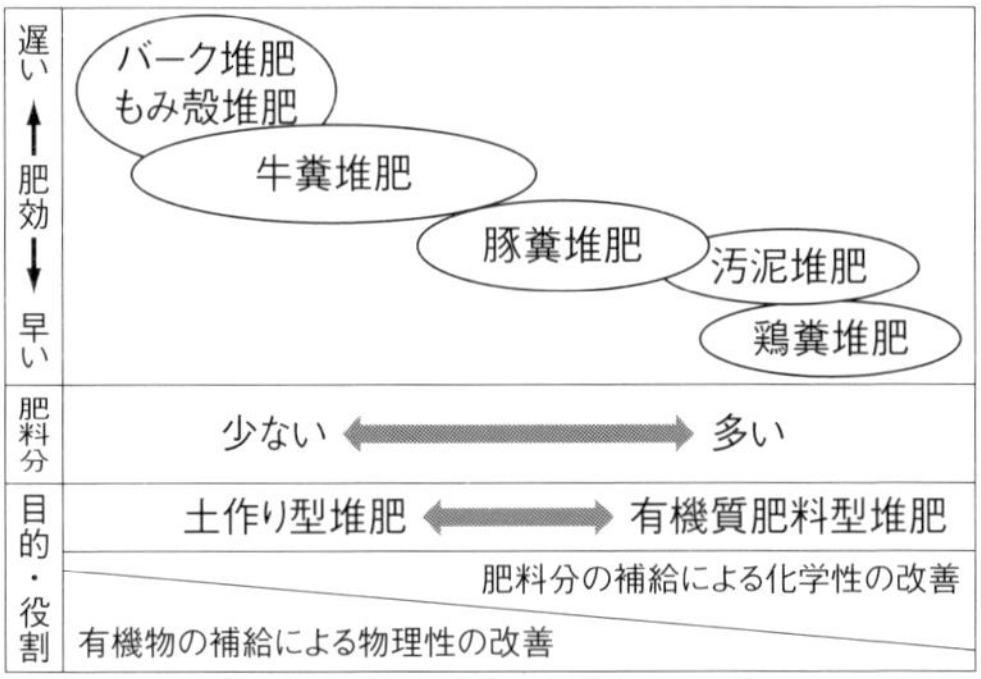

図5－15　堆肥の効果と目的（イメージ）
肥効の早晩だけでなく、持続する期間にも留意

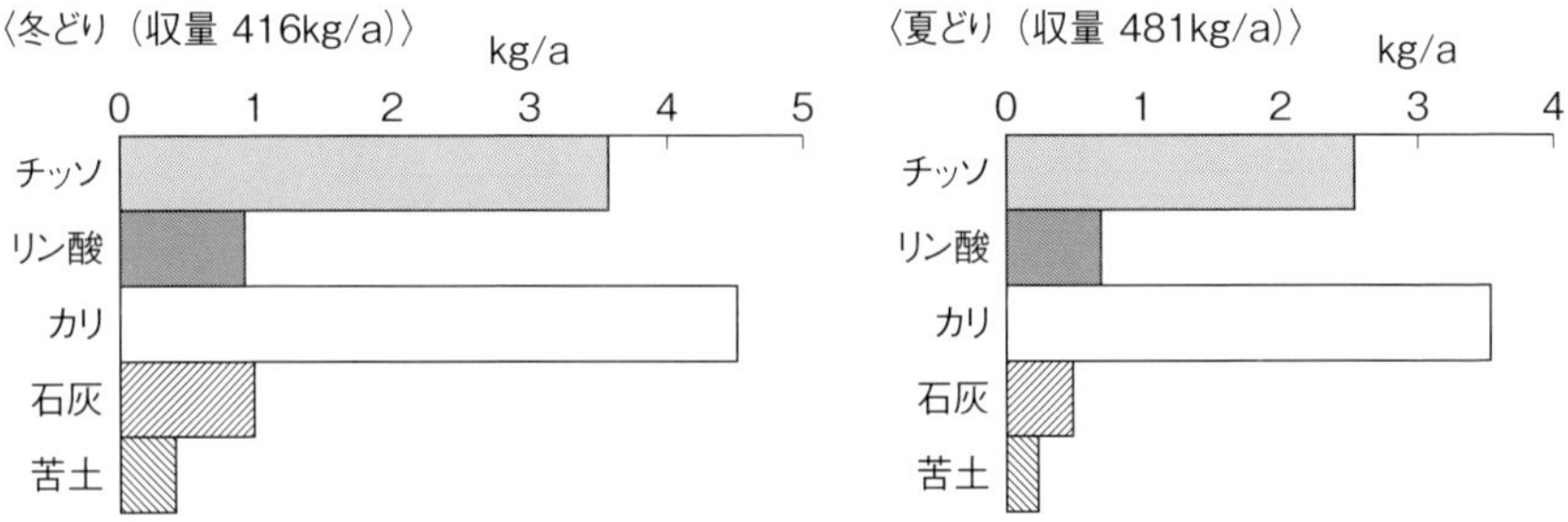

図5－16　収穫期の相違による養分吸収量（栃木農試，1982）
播種は3/25、定植は7/2、冬どり保温開始は12/21、夏どり捨て刈りは5/27。冬夏とも4回収穫。
施肥量は冬どり4.0kg/a、夏どり8.0kg/a（越冬前4.0kg/a）
ニラはカリを好んで吸収し、次いでチッソを多く吸収する。一方でリン酸の吸収は少ない

が重要だ。

根本的な排水対策としては、プラソイラや弾丸暗渠を徹底的に施して耕盤を破砕し、排水性をできるだけ高めるとよい。定植後の梅雨時期だけでなく、秋の台風シーズンも安心だ。また、単にプラソイラを通すだけでなく、圃場外に排水できるように暗渠を引くとよい。圃場外に排水できない場合、大雨時に暗渠内に水が流れ込み、水が噴き出したり、雨水が滞留しやすくなり、逆に排水性が悪くなることもある。

土壌水分の安定は生育の安定にも重要である。かん水で生育を調整するためには、土壌水分を切る時に、意図したとおりに、しっかり切れないと意味がない。圃場の土壌水分は「やや乾きぎみ」を維持し、乾燥時はかん水で水分補給できる圃場が理想的で、そのための改良作業も土作りの一環なのである。

●深耕で根量を確保

土作りというと、良質の堆肥を多く投入し、地力を高めることと思われがちだが、前述した排水対策やpH調整も重要な土作りの一環である。この他に重要なのは、深耕である。

ニラの根域は比較的浅根傾向であるが、60cm以下の深層にも分布している。図5－17はニラの深度別の根量を調査したもので、深耕するほど根量は増加し、深部の根量が増加している。収量を向上させるためには、少しでも多くの根量を確保したいので、できるだけ深く耕うんすることが有効である。

ただし、過度に深耕しすぎると天地返しのような状態になり、粘土層や礫層が露出し、地力を高めるために再度、堆肥投入等を行なう必要が出てくるので注意が必要だ。

昔から「ニラは根で作れ」といわれており、目に見える葉や茎の生育ではなく、むしろ目には見えない根や球根の充実を図らないと安定多収は望めない。

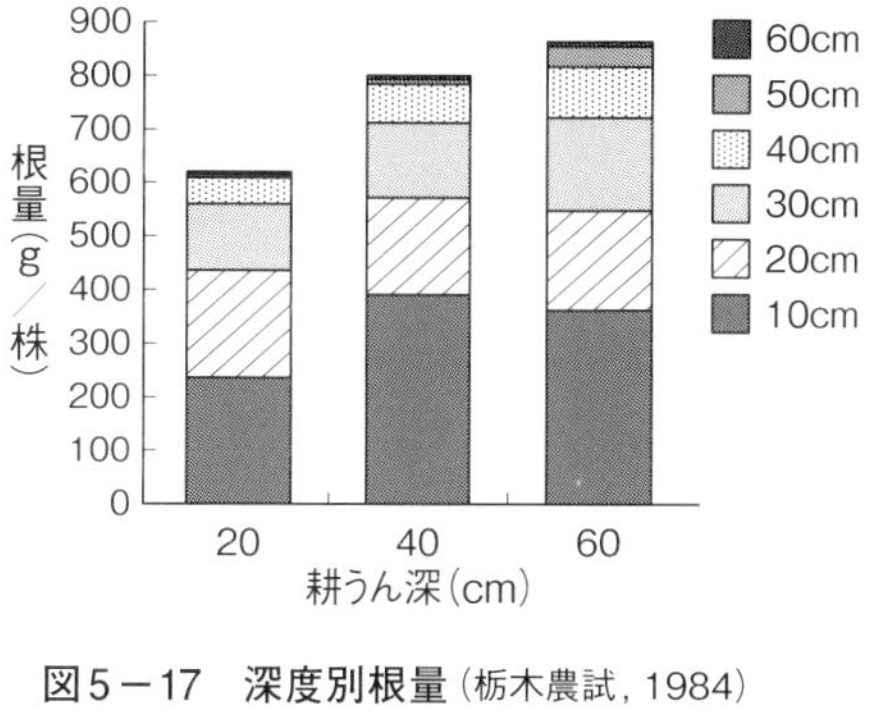

図5－17　深度別根量（栃木農試, 1984）
ニラの根は表層20cmに多いが、深耕で増やせる

●土壌消毒は早めに長く被覆する

ニラを栽培して数年経過すると、ネダニや白絹病等の土壌病害虫の被害が

表5－8　ニラに登録のある土壌消毒剤（2019年6月末時点）

農薬の種類	農薬名	適用病害虫雑草名・使用目的
クロルピクリンくん蒸剤	クロールピクリン	紅色根腐病
	クロピクフロー	乾腐病
	クロピクテープ	紅色根腐病
	クロルピクリン錠剤	白絹病、一年生雑草
カーバムナトリウム塩液剤	キルパー	乾腐病、葉腐病、ネグサレセンチュウ、前作のニラまたはニラ（花茎）の古株枯死、前作のニラまたはニラ（花茎）のネダニ蔓延防止、一年生雑草
ダゾメット粉粒剤	バスアミド微粒剤	乾腐病、紅色根腐病、一年生雑草
	ガスタード微粒剤	
D-D剤	D-D、テロン、DC油剤	ネコブセンチュウ、ネグサレセンチュウ、コガネムシ類幼虫

目立ってくる。特にセル苗は地床苗よりも茎が細いため、ネダニやネキリムシ、白絹病の被害を受けやすく茎数が減りやすい。その対策として播種粒数を3～4粒と多くしているが、播種した3粒すべてが生育すると収穫時に茎数過剰となり、高品質なニラの長期収穫は困難である。4粒ではさらにその傾向が強まる。本来であれば、播種粒数を減らして苗の歩留まりを上げることが理想だ。これらの病害虫は発生後の対策が困難なので、ニラの改植時に、土壌病害虫対策として土壌消毒を行なうことを推奨したい。

ニラに使える土壌消毒剤は表5－8のとおりで、対象病害虫や使用方法に応じて選択する。

ニラの定植前の土壌消毒を行なう際の問題は、効果が現れにくい低地温時期の処理である点だ。できるだけ地温を高くして、薬剤の揮散を抑制し、被覆処理の期間をできるだけ長くとることがポイントである。

●取り入れたい前作ニラの古株処理

土壌病害虫の最大の伝染源は、前作の古株である。これを完全に枯殺してから定植できれば、土壌病害虫の発生は大幅に軽減できる。定植時に施用する粒剤の効果も高まり、欠株対策が徹底できる。

古株を枯殺する資材として、キルパーがニラに使用可能だ。キルパーで古株を枯殺し、ネダニの密度を下げてから定植することは有効な対策であり、取り入れるべき技術であろう。キルパーによる土壌消毒は雑草対策にも有効だ（写真5－16）。

キルパー処理ができない場合は、非選択性茎葉処理型除草剤で古株を枯殺することも有効だ。収穫をやめて茎葉

写真5－16　キルパーの流し込み処理
かん水チューブを使い（左）、古株を枯死させ、ネダニの密度を低下させる

が伸びた状態で散布し、完全に枯死してから耕うんしてすき込むようにする。

一般的には、古株の枯殺を行なわないで耕うんしながらすき込むことが多いようだ。古株を耕うんするのはロータリではなくドライブハローがよいとか、根が張った状態で表層のみ耕うんすると株が粉砕できるといった話を耳にする。しかしほとんどの場合、株は枯死せずに再生してしまい、土壌病害虫の伝染源となっていることが多い。古株をすき込む前に完全に枯死させるようにしたい。

写真5－17　前作すき込み後の麦

●麦や牧草等のまき付け

前作の収穫が終了した際に、麦やソルゴー等のイネ科植物をまき付ける生産者が見られる（写真5－17）。緑肥作物の効果として明らかなのは、以下の3点である。

①残肥の低減。イネ科植物はクリーニングクロップとして、前作ニラの残肥のチッソとカリを大量に吸肥するので、次作の残肥過多を改善する効果がある。繁茂させた緑肥植物を刈り取って持ち出せば、残肥を低減させる効果が高い。すき込んだ場合は、残肥を低減する効果はやや薄くなるが、その分、炭素分の補給になり、厳寒期の炭酸ガス供給源としても有効である。

②保肥力の向上。すき込まれたイネ

科植物の残渣はCECを高める効果があり、塩基類（石灰、苦土、カリ）の保肥力を向上させ、地力を高める。

③土壌物理性の改善。イネ科植物は深根が発達し、直根性であるため、耕盤を破砕し、深耕と同様の効果が期待できる。

作付け前のイネ科植物のまき付けの有効性は明らかなので、取り入れてもよい技術であろう。

なお、イネ科植物をまき付けると、古株の分解促進やネダニの密度低下につながると期待する生産者が多いのだが、イネ科植物の根がニラの球根を直接分解する効果はなく、同様にイネ科植物の根に直接ネダニを殺す効果はない。ネダニはニラの球根残渣に逃げ込むか、ヒポプス（第2若虫、152ページ）の状態で定植まで残存すると考えられる。緑肥作物に特定の病害虫や雑草を抑制する効果は期待しないことだ。

これらのイネ科植物は、収穫が終わったニラを耕うんするタイミングで散播して生育させ、出穂する前にロータリですき込む。草丈が伸びすぎるとロータリにからまって作業性が悪くなるので、適当な草丈になったらすき込む。

なお、イネ科植物の適正pHはニラよりも低いので、ニラの圃場にまき付けるとpHが合わず、麦等は黄化する事例が見られる。

●圃場作りの際の雑草対策

堆肥や石灰資材、元肥を投入し、その都度耕うんしていると、圃場は雑草も見られず、非常にきれいな状態だ。しかし、雑草の種子は必ず残っていて、すぐに雑草が生えてくる。放置すると種子が増えて、定植後のニラの生育に悪影響を及ぼす（写真5－18）。特に、セル苗を定植する場合は、苗が小さいため、雑草の影響は甚大だ。

写真5－18　雑草に負けてしまったニラ
（写真提供：田崎公久）

非選択性茎葉処理型除草剤はニラの生育期間は使用できない。ニラに登録のあるバスタ液剤も、ニラに微量でも付着すると枯死等の影響があるため使用しづらい。

播種前の育苗床や、定植前の本圃には、バスタやプリグロックスL等の非選択性茎葉処理型除草剤が有効に活用できる。ニラの古株枯死だけでなく、周囲の雑草を種子ができる前に枯死させておくことで、定植後の雑草対策も大幅にラクになる。

前述した土壌病害虫を目的とした土壌消毒剤のうち、キルパーやガスタード（バスアミド）微粒剤は除草効果も認められており、有効である。

●ウネ立て（植え溝掘り・作条）

第3章で解説したとおり、ニラの植え付けの深さは、収量と品質に大きく影響する。苗の植え付けが浅いと分けつが旺盛になり、深いと分けつは抑制される。過度に分けつした株は初期収量こそ多いが、品質低下も早いため、現在のニラ栽培では茎数を抑制する考え方が一般的となっており、分けつ性の弱い品種が主流になっている。

このことを踏まえ、定植時には移植機で植えられる範囲で、できるだけ深く作条（植え溝掘り）し、深植えを行なうことが望ましい。

植え溝掘りは、手押しの管理機で1条ずつ行なうか、溝切りアタッチをトラクタで引いて4条一気に作条する（写真5－19）。

移植機は溝に沿って自走するので、溝が曲がっていると定植されるニラも植え溝に合わせて曲がる。できるだけまっすぐな植え溝を掘るようにしよう。

写真5－19　ウネ立て

上：自作の溝切り。ロータリの後ろに鉄板を溶接したものをセット。条間は固定
中：自作溝切りでできた植え溝。片側4条でハウスを往復すると8条のウネができる
下：自作の筋付け器（木製）で筋を付け、管理機で1条ずつ溝を掘る

8 定植作業

栃木県では、水稲の田植え作業が終了した後の5月中旬から6月中旬にニラの定植作業が行なわれ、定植作業時間が短いセル苗の全自動移植が広く普及している。

●秋まき苗と春まき苗の定植適期

秋まき苗は生育が進んでいるので、地床育苗、セル育苗（苗床に根を張らせるタイプ）ともに、4月頃から定植できるが、晩霜の心配があるので、早くても4月末頃からが定植の適期である。初期生育が稼げるため早期保温が可能となるのが秋まき苗のメリットである。一方で、定植が遅れると分けつが進みすぎて老化苗になり、活着遅れにつながる。田植え前の早期定植をしない場合は春まきでもよい。

播種の解説でも述べたが、春まき苗は定植日を逆算して播種日を決めている。地床育苗・セル育苗ともに、3月上旬の播種では、地床育苗は播種後90日の6月上旬、苗の分けつが始まる頃が定植適期。セル育苗（直置きで苗床に根を張らせるタイプ、遮根して根巻きさせるタイプともに）は、播種後55～60日の5月上中旬が定植適期となる（79ページ図5－5参照）。

また、セル苗は定植後1カ月は本圃で育苗の延長を行なう期間と位置づけ、定植1カ月後に地床育苗のニラと同じ大きさに生育していることが理想である。セル苗は地床苗よりも初期収量が低い傾向があり、原因は定植遅れや活着遅れによる初期生育不良である。適期定植が必須だ。

根巻きさせるタイプのセル育苗は、定植時に根を切る必要がなく、根巻きが進めば糊付け作業（107ページ）も不要で、根を切らないため植え傷みが比較的少ない等の理由から導入する産地が多い。しかし1セル当たりの容積が小さいため、育苗日数を延ばしても根域が拡大できず、生育が停止して老化苗になる。

一方の苗床に根を張らせるタイプは、定植時に根を切るため、活着と初期生育が停滞しやすく、定植後に長めの養生期間が必要になる。遮光資材やかん水設備といった植え傷み防止、活着促進対策が必須だ。

どちらのタイプであってもセル苗は播種後55～60日経過したら、速やかに定植することが必須である。それに対応するように、根巻きさせるセル育苗では、根巻きが不十分でも定植できるよう、固化剤が配合された専用培土を使用することが推奨されている。安価

秋まき直置きセル苗

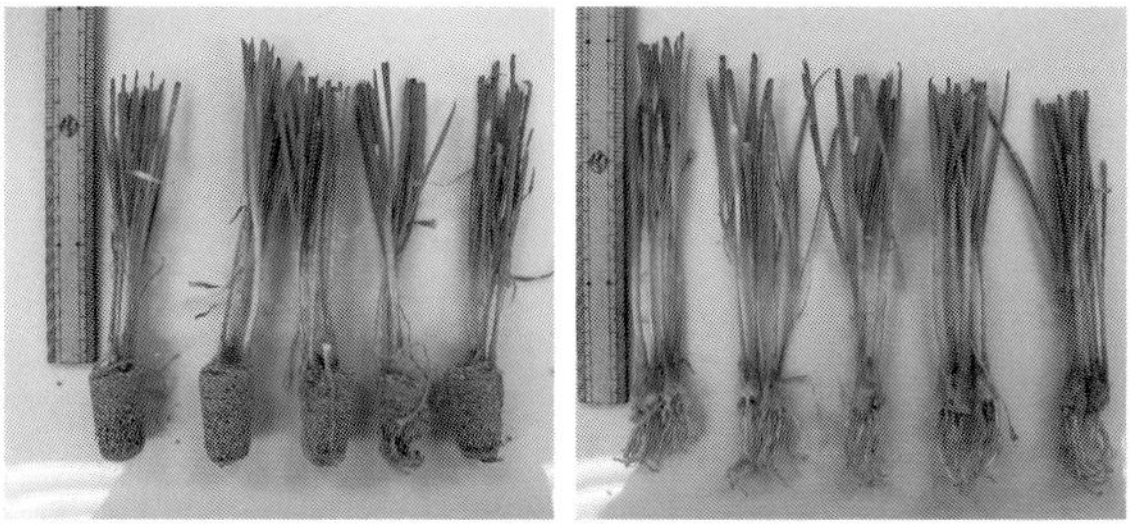

春まき遮根セル苗（糊付けなし）

春まき直置きセル苗（糊付けあり）

写真5－20　定植適期のセル苗（いずれも葉切り後の定植直前の苗。なお、直置き苗は根切り後。右は培土を洗い落とした後。苗重は茎葉部＋根重で、1粒の種子から生育したもの）

上段：9月上旬播種、4月下旬定植、糊付け後。2粒まき、3本に分けつ。根切り後の苗重2.79g、根重0.52g。4月上旬に地上部を一度刈り取り

中段：3月中旬播種、5月中旬定植、糊付けなし。3粒まき、未分けつ。苗重1.08g、根重0.49g

下段：3月中旬播種、5月中旬定植、糊付け後。3粒まき、未分けつ。根切り後の苗重0.53g、根重0.10g

な汎用培土を使い、十分根巻きするまで待って、育苗期間が70日を超える事例が見られるが、明らかに定植遅れであり、初期生育の停滞は避けられない。

●定植適期の苗

地床苗、セル苗とも、春まき苗は標準的な育苗期間がある。苗の生育が遅れた場合、苗床で育苗期間を延長するよりも、目安となる育苗日数が経過したら小さめの苗でも定植するほうがよい。育苗中は密植なので、徒長し、倒伏しやすい。セル育苗では根域が制限され、老化苗になりやすい。温度管理やかん水、追肥、葉切り等の管理を適正に行なって、標準的な育苗期間内に定植できることが理想だ。

秋まきと春まきの直置きセル苗、春まき遮根セル苗（写真5－20）、春まきチェーンポット苗（写真5－21）、秋まきと春まきの地床苗（写真5－

春まきチェーンポット苗

写真5－21　定植時のチェーンポット苗（右は培土を洗い落とした後）

3月下旬播種、5月下旬定植。
3本に分けつ。
苗重0.65g、根重0.24g

秋まき地床苗　　春まき地床苗

写真5－22　定植時の地床苗（いずれも根・葉切り後の定植直前の苗）

左：9月上旬播種、
4月下旬定植。
3本に分けつ。
苗重18.2g、根重5.99g

右：3月中旬播種、
6月上旬定植。
2本に分けつ。
苗重5.05g、根重1.44g

22）の6つの育苗方法による定植適期の苗を示したので参考にしていただきたい。

秋まきの直置きセル育苗では、地床苗より小ぶりではあるが、3本に分けつしている。根を切ってあるため根量は地床育苗に及ばないが、それなりに太い根があり、定植後の植え傷みは少ない。

春まきの遮根セル苗は根を切らないで定植するため根量が多く、定植後の植え傷みは少ない。

春まきの直置きセル育苗は、糊付け前に根を切るため、3種類のセル育苗方法の中で最も根量が少ない。定植後の植え傷みは最も激しい。

チェーンポット苗は根部が紙で包まれているため根鉢が崩れないことから、かなり小さな苗でもそのまま定植できる。植え傷みはほとんど見られない。

地床苗は根域が制限されないで生育

するため、セル苗に比べると苗は大きく根も十分についている。このため植え傷みはしにくく、活着後の生育もセル苗とは比較にならないほど早い。

栽植密度

第3章で述べたように、ニラは栽植密度（株間・条間・条数）、1株当たり植え付け本数（播種粒数）、植え付け深さで「収穫時の茎数」が大きく左右され、この収穫時の茎数がニラの収量と品質を決定する。これらの決定はニラ栽培の中で最も頭を使うポイントの一つである。

収量を増やすには栽植密度を狭めて単位面積当たり株数を増やせばよいと考えがちである。だが、分けつして栽植間隔が過密になると光線競合や根域競合が起きて株当たりの収量が低下し、作業性も極端に悪くなる。1株当たり植え付け本数と同様、品種による分けつ性の違いを加味して決定する。

栃木県における基本的な栽植密度は、間口4・5mの単棟ハウスでは、株間25〜27cm、条間40cm、条数8条である。1株当たり植え付け本数を減らしてやや密植にする事例も見られる（株間25cm、条間37cmの10条植え）。株間と条間は移植機の調整で変えることができる。長年の栽培経験を経て、現在の栽植密度に落ち着いたと考えられる。

地床苗の植え付け本数とセル苗の播種粒数

第3章で述べたように、ニラは旺盛に分けつする。普通、収穫時には15倍以上に分けつする。また、播種粒数を増やすと種子1粒当たりの茎数は少なくなる（1粒まきが30本に増える時、2粒まきは倍の60本にはならず50本程度にしかならない）。このため、播種粒数が多いと抑制的な生育になりやすい。そして、前述したとおり、収量と品質は収穫時に1株の茎数が何本あるかで大きく左右される。品種特性（分けつ性）や株養成時の管理にもよるが、茎数決定の最大要因は定植時の1株当たり植え付け本数（セル苗の場合は播種粒数）であろう。

地床育苗では採苗後に苗の選別ができるため、揃った苗を定植でき、定植時に1株当たり植え付け本数を自由に変えられる。2本に分けつした苗を種子数で2粒、茎数で4本で定植することが一般的であり、分けつの穏やかな品種では未分けつ苗を3粒3本で定植する事例もある。

セル苗では、播種機の設定で1セル当たりの播種粒数が決まる。欠株対策として3粒まきが主流である。4粒まきを行なう事例も見られるが、茎数過剰になり、初期収量が多いだけで高品質安定収穫は望めない。

●移植機と植え付け深さ

ニラは深く植え付けると、分けつが抑制される。現在のニラ栽培では分けつをいかに抑えて適正茎数を維持するかが命題となっているため、品種選定と深植えが重要である。

半自動移植機は植え溝が深くても定植しやすく、手植えにも匹敵する深植えが可能であり、この点は大きなメリットだ。一方で、全自動移植機は植え溝を深くすると定植の精度が低下するため浅植え傾向となり、過剰分けつとなる事例が多い。播種粒数は3粒の産地がほとんどであり、これを減らせないなら可能な限り深植えできるように機械を調整し、植え溝ができるだけ深くなるようにする。そして、深植えした苗は土入れ（113ページ）を行ない、最終的に球根の位置を深い位置にすることで効果的に分けつを抑制する。

●定植前の作業

①地床育苗は採苗

地床苗は、苗床の苗を定植直前に掘り取る。採苗量が多い場合は専用の苗取り機を使い（写真5－23）、少ない場合はスコップやフォークを差し入れて手で抜き取り、苗の分けつ程度や草丈に応じて選別しておく。生育が極端に遅れた苗や葉が黄化した苗は廃棄する。選別した苗は移植機にからまないように葉長を20～25cmに切り、根も同様に適宜切断し、乾燥しないように保管しておく。根は活着促進のためできるだけ切断したくないが、葉は蒸散を抑制して植え傷みを軽減し活着を早めるため必ず切断する。

取り扱いが容易になるよう、100本程度にまとめ、ヒモで束ねておくとよい（写真5－24）。

この一連の作業は、苗がしおれない

写真5－24　地床苗の調製
移植機で植えやすいように葉先や長すぎる根を切り揃え、100本単位で結束しておく

写真5－23　地床苗を苗掘り機で採苗。イチゴの断根機を利用

ように遮光した苗床で手早く行ない、乾燥しないように日陰に保管しておくこと。特に手植えする場合は一度に大量の苗を準備するとしおれてしまうので、定植するハウスに必要な苗を準備し、掘り採った苗は早めに定植する。

②直置きセル苗は根葉切りと糊付け作業

根を張らせて育苗した直置きセル苗は、定植10日前くらいからかん水を控え、セルトレイの培土を乾かしぎみにしておく。培土を固める固化剤を浸透しやすくするためである。

最終の葉切りをした後、定植3日ほど前に、敷いてある根切りネットを抜き取ることで根を切断する。根切り作業後は、セルトレイは苗床から切り離され、移動が可能になる。セルトレイ底部の水抜き穴から出た根が多く残っている場合は、機械による定植がしにくくなるため、包丁やカッターナイフで根をよく切り取っておく。

その後、セル苗の糊付け作業をして培土を固める（写真5－25）。コンパネやビニールシートで固化剤をためるプールを作り、固化剤を調合し、セルトレイを浸す。セルトレイから気泡が出なくなるまで十分に浸し、固化剤を培土に浸透させることがポイントだ。

セルトレイを浸漬させたら一時的に日陰に並べ、乾燥させながら固化を進め、定植準備は完了する。断根しているため、固化後は1～2日の間に定植する。

③遮根セル苗は葉切り

根巻きさせて育苗した遮根セル苗は、最終葉切りを行なった後、根巻きが十分ならそのまま定植、根巻きが不十分な場合は育苗培土がバラけたりして機械で定植しにくいため、若干の糊付け

写真5－25　直置きセル育苗（根を張らせるタイプ）の固化作業

根切りしたセルトレイを固化剤をためたプールに浸す（左）。培土から気泡が出なくなるまで固化剤に浸す

作業を行なってから定植するとよい。固化剤を表層にかん注し、表層付近を固化させるだけでも定植作業の精度は向上する。固化剤によって葉どうしが固着した場合は、熊手を櫛のように通すとよい。かん水管理を適切に行なって、育苗期間内に根巻きさせることが最大のポイントだ。

④チェーンポット苗はそのまま定植

チェーンポットは紙で培土を包んだ状態で定植するため、培土がバラけることなく定植できる（定植後にポットは分解する）。特段準備することはなく、専用の簡易移植機で定植する。

●定植作業

長さ50m、間口4・5mのハウスに8条で定植する場合の所要時間は、半自動移植機で2時間前後、全自動移植機で20分前後、手植えでは半日ほどかかることから、移植機を使用する生産者がほとんどである。だが小面積だからという理由や、可能な限り深く植え付ける目的で、あえて手植えを行なう生産者も見られる。

①地床苗の定植

地床育苗の苗は半自動移植機または手植えによって定植する。50mハウスなら半自動移植機で2時間ほど、手植えでは半日ほどの時間を要する。半自動移植機は乗用で、バックしながら植え付けていく。

定植にかかる時間が長いので、採苗後の苗がしおれないように、一度に多量の採苗をせず、定植までの苗にはムシロ等をかけておき、直射日光を当てないようにし、こまめに補充する。

②セル苗の定植

セル苗は全自動移植機によって定植する。移植機専用のセルトレイ（写真用のフィルムのようにトレイの両端に送り用のスリットが設けられている）を使用することで、定植時間が大幅に短縮されている。1条植え機と2条植え機があるが、2条植えの機械では50mハウスへの定植は15～20分で終了する。移植機にセルトレイを補給するほうが忙しいくらいである。

簡易移植機（ひっぱりくん）はチェーンポットを乗せた移植機を人力でバックしながら引いていくと定植できる（写真5－26）。こちらは50mハウスを1時間ほどで定植できるが、チェーンポット1冊分（水稲育苗箱1枚）は、あっという間に定植できるので、あらかじめ苗箱をところどころに配置しておくと効率よく作業ができる。

●定植時の病害虫防除

ネダニ類、ネキリムシ類、白絹病の

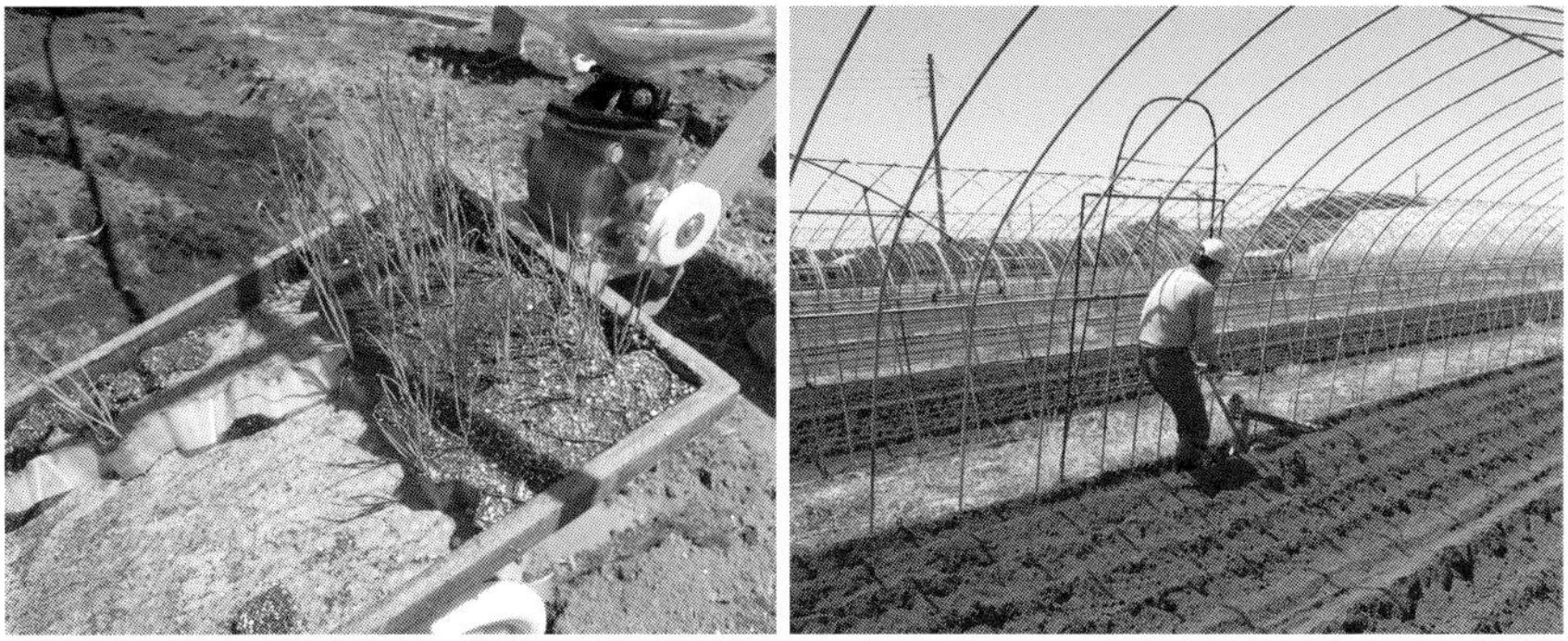

写真5－26　チェーンポットの定植
バックしながら引いていく（右）。移植機には水稲育苗箱ごとセットする（左）

表5－9　ニラの定植時に使用可能な粒剤（2019年6月末時点）

農薬名	RACコード	適用病害虫名	使用量／10a	使用時期	使用方法
ダイアジノン粒剤5	1B	ネキリムシ類	5kg	定植時	作条土壌混和
トクチオン細粒剤F	1B	ネダニ類	6～9kg	定植時	全面土壌混和または植え溝土壌混和
ネマキック粒剤	1B	ネダニ類	10kg	定植前	作条土壌混和
			20kg	定植前	全面土壌混和
アドマイヤー1粒剤	4A	アザミウマ類	4kg	定植時	植え溝土壌混和
モンガリット粒剤	3	白絹病	6kg	定植前	作条土壌混和

対策として、定植時に粒剤の施用が可能である（表5－9）。

特にセル苗は地床苗よりも茎が細いため、ネダニやネキリムシの被害を受けやすく茎数が減りやすい。その対策として播種粒数を3～4粒と多くしているが、播種した3粒すべてが生育すると収穫時に茎数過剰となり、高品質なニラの長期収穫は困難である。4粒ではその傾向がさらに強まる。そこで、前作の古株の枯死処理を行なった上で、定植時に粒剤を施用することで、ネダニや白絹病等による欠株対策が徹底でき、かつ播種粒数を減らすことができる。

粒剤は、定植後の苗が根から薬剤を吸収し、株全体に行き渡って効果が現れるので、生育が進み植物体が大きくなるに従って効果は薄れる。また、雨等による流亡も起きる。このため、効果が持続するのは定植後1～2カ月間

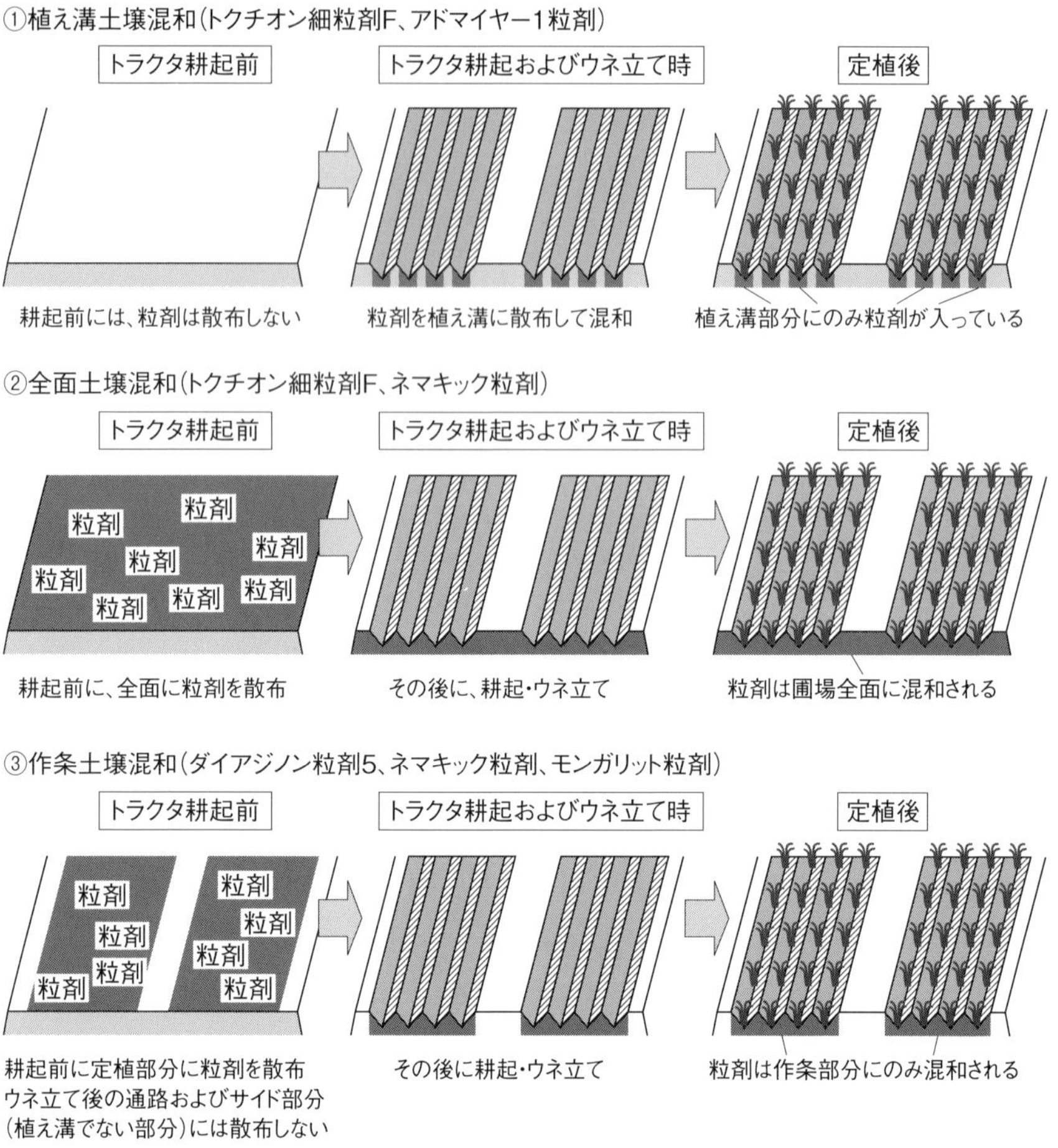

図5－18　定植時の粒剤の使用方法

3通りの使用方法があるので間違えないようにする

とされている。

ここで注意したいのは使用時期と使用方法である。使用時期は①定植前、②定植時の2通りある。定植前と定植時の違いは明確ではなく、ウネ立てから定植までは短期間のうちに一連の作業として行なわれるので、この間に使用すれば問題はない。むしろ、特に注意すべきなのは使用方法である。①植え溝土壌混和、②全面土壌混和、③作条土壌混和の3通りあり、この使用方法を間違えると使用量が適正ではなくなり、農薬残留や薬害等の危険性が高まるので、厳重な注意が必要である（図5－18）。

第6章

定植後から収穫前までの管理

1 定植後の管理

定植作業が終わって苗が活着したら、ホッと一安心。ニラの栽培の中では最も管理が少ない時期となるが、そうはいってもそれなりに作業はある。特に梅雨時期は雨の合間を縫って行なう土入れ作業がある他、気温上昇に伴って病害虫の発生が多くなるので、防除もぬかりなく行ないたい。

●活着促進のためのかん水、遮光

定植後、入梅までの時期は高温乾燥になる。梅雨の合間の晴天日も同様である。高温乾燥はニラの活着と初期生育の停滞につながる。梅雨明けまでに初期生育を確保し、その後の酷暑に耐えられる株に育成するため、定植したニラ苗が早く活着するようにかん水と遮光による養生が必要だ。特に根を切って定植したセル苗は高温乾燥の影響を極端に受けやすいので、手抜きのない養生管理を行なう。

定植後、かん水しないで雨を待っていると活着遅れや枯死の原因となる。ハウス中央の通路に、「スミサンスイR」や「キリコ」等のハウス端まで散水できるタイプのかん水チューブを敷設して、圃場表面が乾いたら遅れずにかん水を行なう（写真6−1）。定植後のかん水は、植え傷み防止、発根促進、葉の展開促進のために必須である。葉水程度に地上部に散水すれば葉面温度が下がり、蒸散抑制が期待できる。地表面に散水されれば蒸発の際の気化熱で地温が下がり、地下部からの吸水が促進され、発根を促進させることができる。かん水の水源は井戸水が理想だが、井戸がない場合は用水でもよい。

写真6−1　定植後のチューブかん水

空梅雨の年や高温時はかん水がないとしおれや枯死の原因になるので、とにかく何らかの方法でかん水を行なう。

かん水と合わせて取り入れたいのが遮光である。晴天日が続くようであれば、遮光資材も活用する。遮光資材は遮光率50％程度のものを使用する。夏期の収穫時に葉先の枯れ込みを保護するために使う遮光資材を併用してもよい。活着後は速やかに除去すること。特に曇雨天が続く条件で遮光を続けると、生育を阻害する要因になる。

　セル苗の定植後1カ月間は育苗の延長であるということを忘れないことが重要だ。定植後の養生ができずに生育不良となる事例も多く、収量の低下につながっている。これではセル育苗は単なる省力技術になってしまう。特に根を切って定植したセル苗は高温乾燥の影響を極端に受けやすいので、手抜きのない養生管理を行なって、スムーズに活着させる。

●排水対策

　ニラは湿害にはきわめて弱く、排水不良の圃場では葉が黄化して生育が停止する。特に、定植後は溝の底に定植されているので、植え溝に水がたまったままだと、病害発生の原因になるため、定植後の排水対策は重要だ。また、ニラは深い植え溝を掘り、苗は溝の底の部分に定植されるので、降水量が多いと溝の部分に水がたまり、過湿による根腐れが発生する。この状態で天候が回復すると、苗がしおれ、ひどい場合は枯死に至る。

　定植後は、梅雨時期の降水対策として、圃場周囲に明渠排水（排水溝）を設置して（写真6－2）、植え溝に水がたまらないようにするとともに、圃場の外に速やかに排出されるようにしておく。

写真6－2　ハウス周囲に排水溝

●土入れ（土戻し）

　ニラは定植前に植え溝を掘り、溝の底に定植される。定植後に溝を埋めるように土を戻し、圃場を平らにする作業を行なう（写真6－3、図6－1）。

写真6－3　土入れ作業

定植前に植え溝を掘り、溝底に定植後、管理機で溝を埋めるように土を戻すこの作業を「土入れ」または「土戻し」と読んでいる（以下、土入れ）。

　土入れの目的は、以下の5点である。①過剰分けつ防止、②葉鞘部の長さを確保、③倒伏防止、④表層の土壌の膨軟化を促進、⑤雑草対策（機械除草を兼ねた意味合い）で、最大の目的は①過剰分けつ防止だ。

　何度もいうように、ニラは球根が地中の深い位置にあるほど分けつが抑制され、浅植えだと分けつが旺盛になる。過剰分けつになると細いニラの割合が増える。一方で茎数が極端に少ないと収量が低くなる。このため、収量と品質のバランスが取れた適正な茎数になるよう、深植えした上で、土入れを行なうのだ。

　以前の主力品種だったスーパーグリーンベルトでは、分けつ過剰と短い葉鞘部が問題となっていたため、土入れはきわめて重要な管理だった。さらに、土を平らに戻した後、さらに土寄

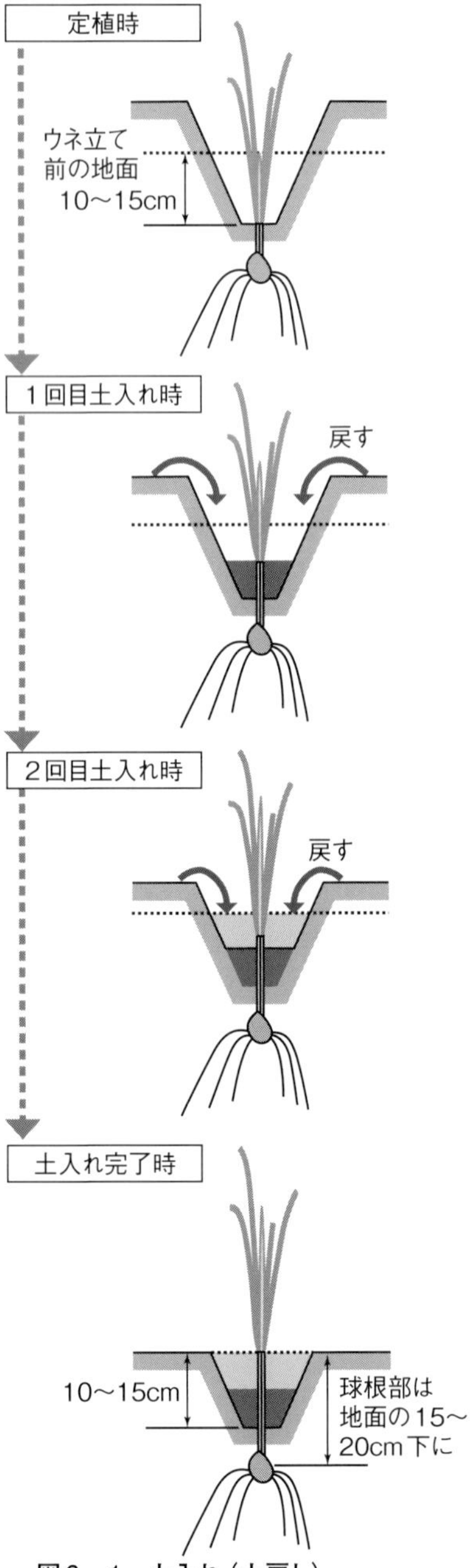

図6−1　土入れ（土戻し）
ウネ立てして定植した苗を埋め戻すように、2回に分けて土を戻す

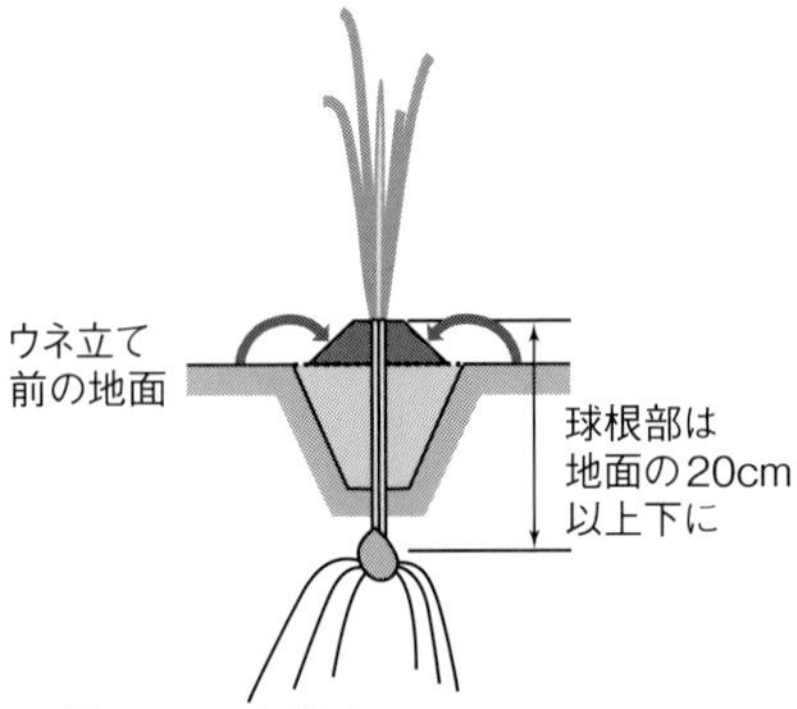

図6−2　土寄せ
平らに土入れした後、土を盛る

せを行なって分けつ抑制を図る事例も見られる（図6－2）。現在主流になっている分けつが穏やかで葉鞘部の長い品種であっても、1作2年間にわたって収穫する関東型の栽培では、いずれの作業も依然として重要な管理であることに変わりはない。過度に土寄せする必要はないが、さらなる分けつ抑制や倒伏防止には、一定の効果が期待できるだろう。一方で、毎年植え替えを行なう西南暖地の栽培方法では、分けつを抑制するという概念がなく、穴あきマルチを張って定植し、土寄せ作業は行なわない。

土入れ作業は、定植から20～30日後、完全に活着し、新葉が2～3枚展開した頃から開始する。おもに7月前半に実施する。一度にまとめて土を戻すと、新葉が土に埋もれて生育が停滞し、病害も発生しやすくなるので、2～3回に分けて行ない、梅雨明けまでには終了させる。

また、土入れ作業によって根が切断され、その後で白絹病が多発することがあるので、土寄せ作業を行なう時はフロンサイド粉剤を用いて白絹病の予防を同時に行なうとよい。また、定植時に散布した土壌処理型の除草剤は土寄せによって表面の処理層が破壊されて効果が落ちてしまうので、土入れが完了したら、再度、土壌処理型の除草剤を散布しておく（図6－3）。

土入れ作業は梅雨の合間を縫って行ない、梅雨明けまでには終わらせるようにする。定植時期が遅れた場合は土入れの時期も遅くなるので、天気予報を参考に計画を立てて、効率よく作業する。

●定植後の雑草対策

ニラに登録のある除草剤は非常に少なく、水田転作野菜として大面積を栽

月旬	6月			7月		
	上旬	中旬	下旬	上旬	中旬	下旬
作業（新植株）	定植	土入れ	土入れ			
除草剤使用体系	定植時にクレマートU粒剤を使用	1回目の土入れ後ゴーゴーサン乳剤を使用	2回目の土入れ後（平らになったら）ロロックスを使用	ロロックス使用後の雑草発生時には、ナブ乳剤を使用		

図6－3　ニラ定植後の除草体系

土壌処理型除草剤は、クレマートU粒剤、ゴーゴーサン乳剤、ロロックスの3種類。使用回数は各剤とも1回のみなので、3つの除草剤を有効活用することが重要
ナブ乳剤はイネ科雑草にのみ効果を発揮する

培する生産者が多い栃木県では雑草対策が悩みの種である。除草剤の登録拡大が切望されている。現時点では、限られた除草剤を効率的・効果的に使うしかない（図6－3）。

前もって、定植前の圃場作りの時点で、バスタやプリグロックスL等の非選択性茎葉処理型除草剤で雑草を枯らしておく。定植後は土壌処理型除草剤のクレマートU粒剤を散布する。粒剤のため降雨後等に散布すると効果が高いので、天候を見ながら利用するとよい。後述するように、土入れによってクレマートU粒剤の効果がなくなるので、1回目の土入れ作業後にゴーゴーサン乳剤を散布する。2回目の土入れによって定植した本圃の土が平らになったら、ロロックスを散布する。ロロックスを散布した後発生した雑草はナブ乳剤で対応する。

土壌処理型除草剤は表層に処理層を形成して、雑草種子の発芽時に効果を発揮する。表土を動かすことで処理層が破壊され抑草効果がなくなるので、土入れ作業直前に土壌処理型除草剤を散布するようなことのないように注意する。また、踏み跡から雑草が発生し

写真6－4　機械除草

上：乗用の機械除草（写真提供：田崎公久）
中央：汎用の乗用管理機に装着できる除草器（キュウホー社製）
下：2条用手押し式除草器（キュウホー社製）

てくることがあるため、土壌処理型除草剤を散布した後はできるだけ圃場に立ち入らないようにする。

また、土壌処理型除草剤は、圃場の土壌条件によって効果が大きく変わってしまう。土壌はできるだけ細かくし、雨上がり等の湿った状態のほうが効果が高い。逆に、乾燥した土壌や除草剤散布後に大雨に降られると効果が低くなる。

除草剤を使用する以外に、機械除草を行なう事例もある。手押しの除草機や乗用管理機に除草機を取り付けたもの（写真6－4）で、ウネ間を機械除草する。定植後、ニラが完全に活着してから行なうが、下葉を傷つけることが多いので、機械除草後は白絹病対策として殺菌剤を散布しておくとよい。

8月以降は分けつが旺盛になり、条間が葉で覆われてくるため、雑草の発生は少なくなってくる。

●新植株の抽苔の処理

新植株は定植後に順調に生育すると、夏に花蕾が抽苔してくる。この花蕾を刈り取る作業が「花刈り」と呼ばれる作業だ。

栃木県のニラ栽培では、春まき苗を使用する生産者が多い。定植時期を極端に早める必要がない場合は春まき苗で十分対応できる。最大の理由は、春まき苗は秋まき苗と比べて抽苔が少ない利点があるためだ。抽苔開始が遅く1本当たり花蕾の数が少ない春まき苗のほうが株の消耗が少なく、花刈り作業がラクなのだ。

抽苔した花蕾は株の消耗を防ぐため放置せず、鎌や草刈り機で何回か刈り取る。絶対に開花・結実させないことがこの時期の重要な管理である（写真6－5）。

ちなみに、1株当たり2粒4本で定

写真6－5　抽苔したニラ

左：この頃までに刈り取るとよい（写真提供：田崎公久）
右：刈り払い機による花刈り作業。展開中の新葉を傷つけない位置で刈り込む。刈り取った花蕾は熊手等で集め、圃場の外へ持ち出す

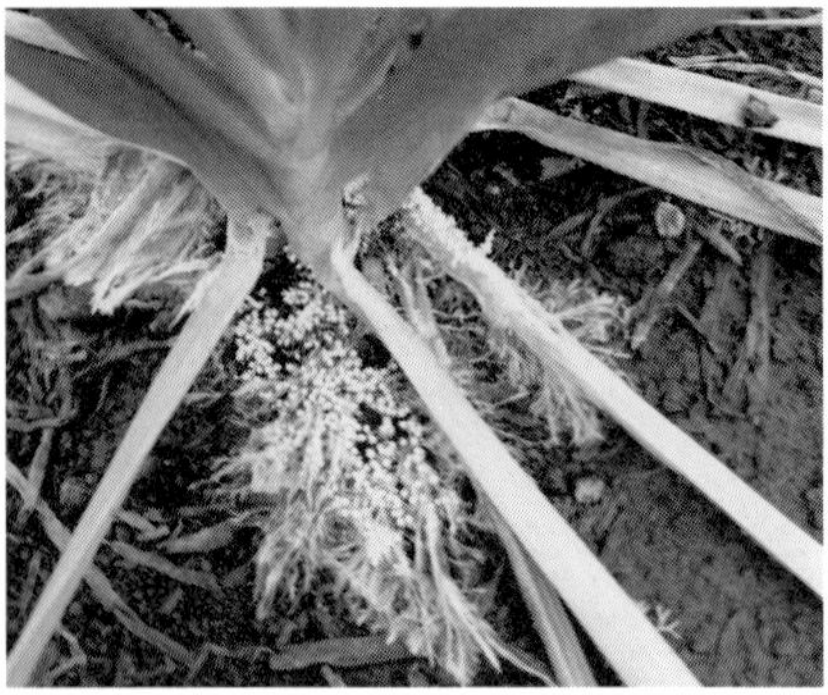

写真6－6　白絹病（写真提供：仁平祐子）

写真6－7　ネギアザミウマの食害

写真6－8　ネギアザミウマが媒介するニラえそ条斑病

写真6－9　ネギアブラムシ

植された春まき苗では、抽苔時期には10本前後に分けつしているので、1株当たり10本程度の花蕾が抽苔してくるのが普通である。

●新植株の病害虫防除

定植時に施用した粒剤は、降雨による流亡で効果が薄れてくるため、定植後の土入れ時期当たりから、病害虫防除が必要になってくる。この時期は、梅雨の長雨で、梅雨開け後は高温多湿で、集中豪雨や台風による湿害が起きやすい。ニラは湿害に弱く、高温で株の消耗が激しいので、病害虫への抵抗力も落ちる時期だ。この先の重要な株養成期に先立ち、健全な生育のために、高温期特有の病害虫の防除を徹底しよう。

最重要の病害虫は白絹病である（写真6－6）。白絹病は欠株に直結し、収量低下の直接の要因になる。土入れ

写真6－10　6月下旬の生育
土入れ作業が終わった時点での生育。定植1カ月が経過しているが、分けつは始まっていない

写真6－11　8月下旬の生育（写真提供：田崎公久）
茎数は10～12本に分けつ。品種はハイパーグリーンベルト

や土寄せ作業によって、表層に張った根が傷つくと白絹病等の病害発生のリスクが高まる。発生後の防除は困難なので、土入れの際は予防的に殺菌剤を散布しておくとよい。同様の病害として軟腐病がある。こちらも株が腐敗して欠株になるので減収要因になる。大雨時に圃場が冠水した後で多発する。防除薬剤がないので排水対策を徹底することで発生を抑制するよう心がける。

害虫では、5月から9月はアザミウマ類（ネギアザミウマ）が多発する時期だ（写真6－7）。アザミウマ類は葉の表面を削るように食害するため葉が白くなり、光合成能力が著しく低下する。また、ネギアザミウマによってニラえそ条斑病ウイルス（IYSV）が伝搬される（写真6－8）。収穫期のニラではこれらの症状が大問題となるが、株養成中のニラでは防除が後手に回ることが多い。しかし、アザミウマ類の食害やえそ条斑病の多発は生育を大きく阻害するため、アザミウマ類の防除はとても重要だ。この他の害虫としては、アブラムシ類の発生に注意する（写真6－9）。

●株養成前の生育の目安

1株当たり4本（種子数は2粒）で6月上旬に定植された春まきの地床苗を例に、生育の目安について述べる。

定植からしばらくの間、生育は緩慢である（写真6－10）。葉の展開が進むと分けつが始まり、梅雨が明ける7月下旬には6～8本に茎数が増え、株養成を開始する8月下旬に10～12本（定植時の2・5～3倍）に茎数が増加していれば、生育はおおむね順調だといえる（写真6－11）。

定植から株養成開始までは、株のボリュームがなかなか増えず、収量が上がるニラに生育するのか不安になるが、植え溝の底に定植して土を戻す管理によって、この時期に過剰に分けつするのをむしろ抑制している。この時期の分けつは比較的穏やかであり、この時期に追肥して茎数を無理に多くする必要はない。

2 株養成

株養成は、東日本型の無加温の冬ニラ栽培や、自発的休眠を持つ夏ニラ専用品種を用いた露地栽培で行なわれる栽培管理だ。株養成の優劣で収量と品質が左右されるといわれるほどの重要なものである。一方で、加温を行なう西日本型のニラ栽培では株養成という概念はない。

収穫開始以降、収穫を休ませて追肥を行なって株の力を回復させる期間も株養成と呼ばれているが、ここでは収穫開始以前の、定植1年目の秋に行なう株養成について説明する。

株養成の期間は稲刈り時期と重なり、台風等の自然災害も多い。計画的に、適正な管理を行なう必要がある。

●ニラの作型と株養成

昔から、関東地方の冬ニラ栽培は12月から2月の厳寒期が収穫のメインだ。単価のよいこの時期に、品質のよいニラをできるだけ多く収穫することが、儲かるニラ栽培には何よりも大切だった。しかし、関東地方の冬は寒く、地温が低いため追肥（液肥＋かん水）ができない。このため、9～10月の約2カ月間、集中的に株を充実させ、低温や短日といった悪条件下の収穫に耐えられるように株を養成しておく栽培技術が編み出された（図6－4）。

また、夏ニラ専用株では、定植した年はまったく収穫せず、6カ月間ほど

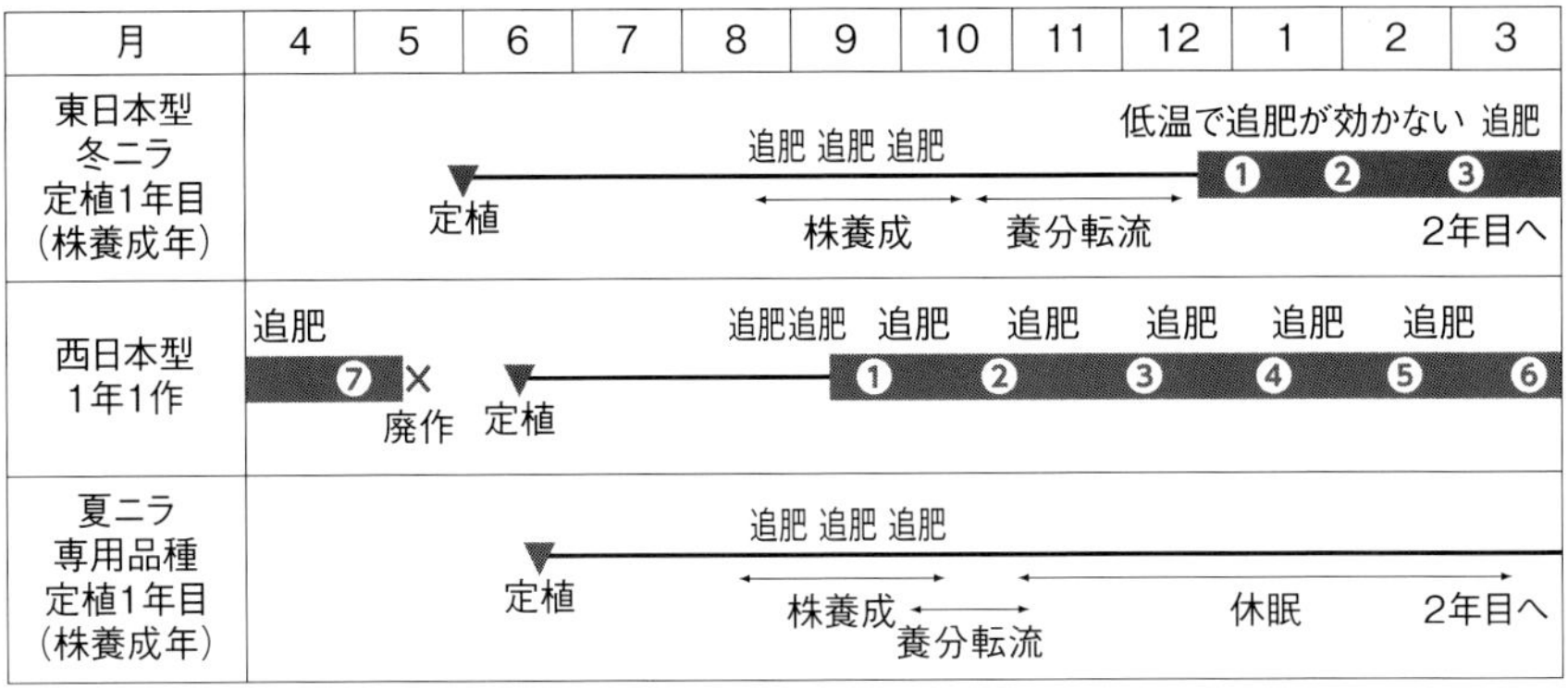

図6－4　ニラの作型と株養成の考え方

収穫の丸囲み数字は収穫回数
厳寒期に追肥ができるか否かで株養成の考え方が異なる

かけて翌春以降の収穫に向けて株を育成する。これも一種の株養成である。

西日本型ニラ栽培では、冬の温暖な気候に加温を組み合わせた栽培で、厳寒期でも追肥が可能だ。さらに、収穫ができない秋の株養成期間を設定せず、代わりに収穫と収穫の間の生育日数を長く取ることで株の充実を図る。この方法なら反収を向上させられるので、秋の株養成という管理は必要ないのだ。

●株養成＝追肥ではない

定植後のニラは、盛夏期までの生育は緩慢だが、夜温が低下する8月下旬頃から旺盛な生育に転じる。特に、短日となり夜温が下がる9〜10月は、葉の伸長と分けつが最も旺盛な時期で、分けつは降霜が始まる11月上旬頃まで継続する。それに呼応するように吸肥も旺盛になる。

この分けつが旺盛な時期に合わせて追肥を行ない、株の充実を図ることが、品質のよいニラを多収穫するためにはきわめて重要とされている。そのため、「株養成とは追肥をすることだ」と思われている。確かに、目に見えて茎数が増えるこの時期に追肥を行なうことで収量が明らかに増加するので、「株養成＝追肥」と考えるのも無理はない。

一方で、茎は追肥をすることで太くなるわけではなくて、展開葉の枚数が多くなることで太くなる。また、根から吸収した肥料がそのまま球根部に蓄積されるわけではなく、吸収した肥料（チッソとカリ）は、葉の展開や根の伸長のための養分として使用されている。そして、根から吸った水を使用して光合成を行ない、葉で作られた同化養分（炭水化物）が球根部に転流されて蓄積し、株が充実する。

第3章で述べたとおり、ニラ1年株の養分蓄積量は、株養成期の9月以降に増加し続け、12月には1株当たり200mgを超える養分（デンプンや糖等の炭水化物）が蓄積される。2年株では、1年目の収穫終了後の株養成（収穫休み）期間の蓄積があるものの、1年株同様、9月以降、養分含有量は増加していく。株養成期は気温、特に夜温が低下するので、夜間の株の消耗が少なくなる分、養分の効率的な蓄積ができる時期といえる。

また、葉から球根部への転流は、短日と低温遭遇時間とも密接な関連があるといわれている。特に、葉から球根部への転流には一定の時間が必要で、5℃以下の低温遭遇時間で500時間以上経過すると、株の充実が図られる。

デンプンや糖等の炭水化物は、追肥

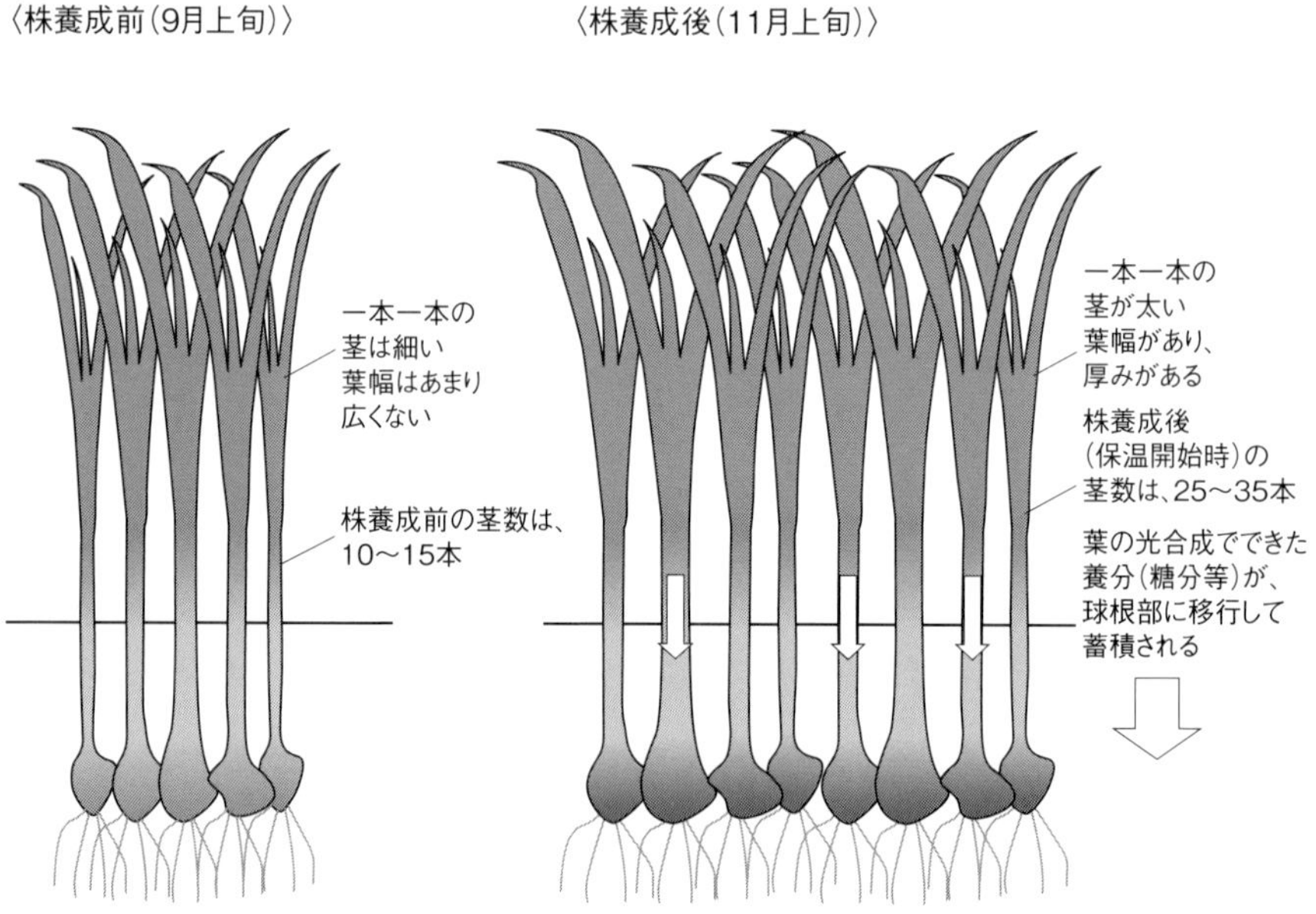

図6－5　ニラの株養成期の養分蓄積のイメージ

株養成開始期は分けつが旺盛になり始め、一本一本の葉や茎は細く、球根部分の養分蓄積は少ない
株養成期間には分けつが進み、追肥によって葉幅と厚みのある葉が繁茂し、十分に光合成を行なう
株養成後半には、葉で生産した光合成産物が地下の球根部に転流し始める
株養成が完了した11月中旬以降は、葉の同化養分は完全に地下部に移行し、外側の葉から徐々に枯れ始める

によりもたらされたものではなく、葉において光合成で生成されたもの（原料は水と炭酸ガスと光）である。そして、球根部の貯蔵養分は葉から球根部への転流によって蓄積されたものであることを理解しよう（図6－5）。

このことからも、株養成の本質とは、「追肥で葉と根を作り」、「葉で十分に光合成をさせて」、「そこで作られた同化養分を地下の球根部にロスなく転流させる」、これら一連の流れであるということを理解する必要がある。

したがって、株養成＝追肥ではなく、追肥は株養成の手順の一つということになる。

●管理目標その1　生産力の高い葉を育てる

株養成期は、生育期間中で最も旺盛に分けつする。分けつ直後のニラの茎や葉は細い。葉の展開を停滞させず、幅が広く厚みのある生産力の高い葉に育成し、できるだけ多くの葉の枚数を確保することが株養成の最初の目的である。そのために追肥を行なう。

ニラの葉は、生育に最適な秋の時期であっても、5～7日に1枚の比較的ゆったりとした速度で展開する。追肥によって展開速度が速くなることはないが、次の展開葉の原材料としても追肥は欠かせない。台風後の過湿で根の活性が停滞した場合は、液肥や葉面散布剤の使用も有効で、効果が期待できる資材は積極的に利用したい。

追肥とあわせて、さび病、白斑葉枯病、ネギコガといった病害虫の防除を徹底し、葉の枚数と葉面積を減らさないことも株養成期の重要な管理だ。

●管理目標その2　根の伸長を旺盛にする

追肥は、地上部の茎葉だけでなく、根の旺盛な生育のためにも重要だ。葉と同様に、根の原材料としても追肥は欠かせない。

排水対策を強化し、湿害を防止することも忘れないようにしたい。ニラの根は湿害にはきわめて弱く、株養成期に湿害を受けると、株出来に大きなダメージとなる。台風や長雨等で湿害が起きやすい時期であり、梅雨時に掘った圃場周囲の排水溝は埋もれていることが多い。排水溝の補強と、圃場外への排水対策を講じておこう。

●管理目標その3　倒伏させない

分けつが進み、追肥によって葉幅が広くなると、ニラは繁茂して株間や条間は見えなくなってくる。このような状態になると、ニラは徒長傾向となり、倒伏しやすくなる。特に、チッソを過剰に吸肥して軟弱に生育すると、軟らかい茎が重くなった上部の葉を支えられなくなり、少しの雨や夜露がつくだけで倒伏が始まり、雨を伴った強い風を受けると折り重なるように倒伏する。

ニラは倒伏によって株の充実度が低下する。倒伏による悪影響は2点あり、一つ目は転流阻害、二つ目は同化能力低下である。

転流阻害とは、維管束が折れ曲がるために起きる障害で、根から吸収した養水分の葉への供給と、葉で生産された同化産物の地下部への転流の両方向の流れが阻害される。

同化能力低下は、倒伏した下層の葉が日光を遮蔽されて光合成が阻害され、葉自身の呼吸量をまかなえない状態となり、徐々に葉が黄化し、新展開葉を含めて枯死に至る。また、葉の蒸散が阻害されるため、根の吸水活動も停滞する。

この二つの悪影響が相互に作用し、充実した株養成ができず、結果的に収量と品質が低下することとなる。さらに、折れ重なるように倒伏した下層の葉には腐敗性の病害が発生し、株養成は著しく悪化する。

このため、倒伏させないことは、株養成期間中の重要な目標となる。

葉幅を広くするために追肥をしつつ倒伏させないということは、とても矛盾する管理目標なのだが、とにかく倒伏を避けることが株養成管理の中では重要だ。

具体的な倒伏防止対策としては、追肥のやり方を加減することと、葉を切り詰めることである。

●追肥のやり方

追肥を始める時期は地域によって異なるが、北関東なら夜温が低下し始める8月末くらいからが適期である。高夜温時は株の消耗が激しく、根の活性が停滞している。夜温、地温、ともに下がってこないと追肥の効果は低い。また、分けつが旺盛になる9月上旬くらいから肥効を得たいので、8月末頃からが追肥の開始時期として適している。これより早い時期の追肥は行なわない。

追肥の間隔は、生育や降雨による流亡等を考慮しながら、状況に応じて決めるが、おおむね10~14日に1回とする。

1回の追肥の量は、10a当たりのチッソ成分で2・5~3kgとする。これ以上の量を追肥すると倒伏の原因になる上に、吸肥できない分は流亡して無駄になるので過剰に追肥しないこと。カリはチッソと同様に重要な成分であり、チッソと同量を追肥する。リン酸は追肥する必要はない。

最終追肥は、地温が確保できる（吸収できる、肥料が分解する）時期で、かつニラの生育に寄与する時期（低温で枯れ込むかなり前）ということで、10月初旬には終了する。遅い時期に追肥するとニラが吸収できずに残肥となり、春以降に意図せずに肥効が現れることになる。

株養成期間内に3～4回に分けて追肥を行ない、追肥量の合計はチッソとカリ、それぞれ10ａ当たり10kgとなる。

追肥は雨の前（ただし、大雨の前は肥料が流されてしまうので避ける）、雨の直後、または追肥後にかん水する等、土壌水分がある条件で行なうこと。速効性の化成肥料を追肥しても、乾燥状態では肥料成分が溶出しないので、追肥時の土壌水分には留意すること。

追肥のコツは、いつまでもダラダラ効かせないことである。追肥は、ニラの生育ステージに合わせて速効的に肥料の効果を得るために行なうものである。「いつ効くかわからない」、「いつまでも効いている」というのは、追肥として不適切である。「サっと効いて、スパっと切れる」のが理想的で、緩効性肥料は追肥には適さない。溶けやすい速効性の粒状肥料か液肥が適している。

●倒伏し始めたら葉先刈り

倒伏の前兆として、葉がもとのほうから垂れるような「なびき」が見られる。なびきがひどい状態を放置すると倒伏に至る（写真6－12）。ニラの葉は向日性が強く、ハウスのサイド部分等は少しなびいても再度立ち上がるが、ハウス中央部分等は倒伏に至りやすく、将棋倒しのように倒伏し始める。

倒伏し始めたら、葉の先端を切り詰めて茎の重心を下げる「葉先刈り」を行ない、絶対に倒伏させせない。光合成の能力を考えると、できるだけ葉面積を多くしたいので葉先は切りたくないのだが、倒伏させるよりは葉先を切ったほうが絶対によい。

新展開葉を傷つけないように注意しながら、葉先の1／4～1／3を鎌等で切り詰める。葉先を刈り詰めたニラは一時的に生育が停滞し、病害への抵抗性が落ちるので、葉先を刈り詰めた後は殺菌剤を予防的に散布しておくとよい。

写真6－12　倒伏したニラ

この他にも、倒伏防止に効果が期待できるケイ酸を含んだ葉面散布剤等の資材を使う事例があるが、効果のほどは不明だ。効果が期待できるものを試してみることはよいが、一番大切なのは適正な追肥や葉先の刈り込み等の基本的な管理を行なうことだ。

前項で記載したが、倒伏防止のために土寄せを行なう事例も見られる。土入れで平らになった圃場で、倒伏防止の他に雑草対策や過剰分けつ防止等の効果をねらってニラの株元に土を寄せる作業だ。葉鞘部を支えて倒伏防止効果を期待したものだが、生育停滞や土壌病害多発のリスクもある。土寄せを行なう場合は表層の根を傷つけない程度にとどめ、過度の土寄せは避けたほうがよい。

●もし倒伏してしまったら？

万が一、ニラが完全に倒伏してしまったら、追肥（特にチッソ分）の施用を控え、慎重な追肥を行なう。

あわせて、1株ずつニラの株を起こしながら、草丈が半分くらいになるように葉先を切り詰め、株が起き上がるように促す。葉の重心が下がれば、数日後に株は起き上がってくる。その後は再度倒さないように、半月程度は葉先刈り作業を何回か続けて、再び倒伏しないように管理する。

倒伏株は株の充実度がきわめて悪化してしまうので、早期保温株には使用しないで、株養成期間と転流期間を十分にとった上で、保温開始を遅らせて使用するとよいだろう。

●台風への備え

株養成期の9〜10月は台風の被害が多い時期である。株養成期の湿害は、株の充実に甚大な悪影響を及ぼす。

ハウスとハウスの間や圃場周囲に明渠排水を掘る、用水の詰まりをなくす等、事前の備えが重要だ。また、圃場に水がたまってしまう場合は揚水ポンプ等で強制的に圃場外に排水を行なう等、しっかりと排水対策を講じておく。

台風が通過した後はさび病等の病害が発生しやすいので、予防のため殺菌剤を散布しておくとよい。

●株養成期の病害虫防除

株養成期の栽培管理で最も重要な目的は、しっかりと光合成する葉をできるだけ多く残し、葉面積を多く確保して同化養分を生産し、球根部に転流させることである。株養成期のおもな病害虫であるネギコガ、さび病、白斑葉枯病は、葉に直接的な被害を与える。株養成期の管理の中で、病害虫防除は追肥と並んで非常に重要な管理である。

写真6－14　さび病

写真6－13　ネギコガの食害

①ネギコガ

春と秋に発生し、8月後半から10月までに特に多発する（写真6－13）。

幼虫が葉に潜るように葉肉を食害すると、葉折れや食害部位からの腐敗によって葉面積が減少し、養水分の転流が阻害されるため、株出来が悪くなる。老齢幼虫でも1cm前後と微細で、色も緑褐色でニラに紛れると見つけにくいため、発見が遅れることが多い。

防除薬剤はアグロスリン乳剤のみなので、アザミウマ類と同時に防除する。

②さび病

葉の表面にオレンジ色の病斑を形成し（写真6－14）、光合成能力を低下させる他、葉の同化産物が消耗する。さび病によって株が枯死するようなことはないため防除が手薄になりがちだが、株出来に悪影響を及ぼす。夜温が低下し始める前の盛夏期、病斑が見られる前から蔓延しているとされ、気温が低下する頃から病斑が見え始める。保温開始以降には発病は見られない。

発病の程度には品種間差が見られ、夏ニラ専用品種の「パワフルグリーンベルト」で特に発生が多く、発生し始める時期も早い。次いで「ミラクルグリーンベルト」がさび病に弱いようだ。これらの品種を作付けしている場合は、発生前から殺菌剤による予防を行なう。

③白斑葉枯病

葉の表面に白灰褐色の紡錘形の病斑を形成し、病状が進行すると病斑は大きくなって結合し、葉は枯死に至る。夜温が低下して、夜露の付着が多くなる頃から多発するようになる。

さび病と同様、光合成能力の低下や葉の養分の消耗によって、株出来不良となる他、収穫期の白斑葉枯病の発生源になる。結露が見え始めたら、予防を始めることが重要だ。

●株養成期の生育目標

株養成期終盤の11月上旬の株の姿を見ると、管理のよしあしが判断できる。繁茂した茎葉で株間や条間がふさがって地面が見えない状態が望ましいが、茎数が過剰になった場合でもこの状態はあり得る。1株の茎数は25〜30本に収まり、一本一本の茎が太く、葉は葉幅と厚みがあり、倒伏がなく、病害虫の発生がない状態が理想である。11月上旬にこの株姿であれば、高い収量と品質は半分以上約束されたようなものだ。

株養成期を終えて、降霜が続く11月中旬を過ぎると、ニラは株の中心部分の新展開葉を残し、外葉から枯れ始める（写真6−15）。これは病害や寒さで枯れたのではなく、葉の光合成養分が地下の球根部に順調に移行した証拠

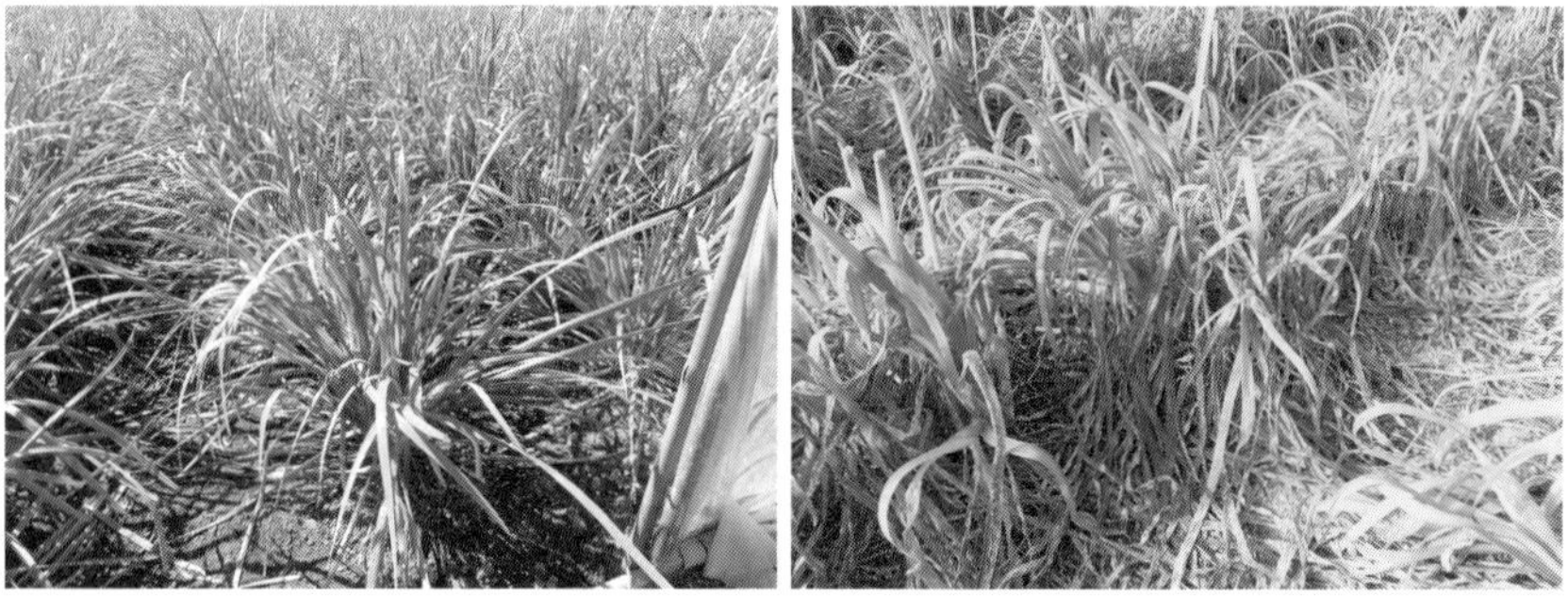

写真6−15　株養成期後半と株養成後の生育

左は株養成期後半（10月上旬）の生育、右は株養成後（11月中旬）、低温に遭遇し始めると葉から地下部に養分転流が進み、葉は外葉から徐々に枯れていく

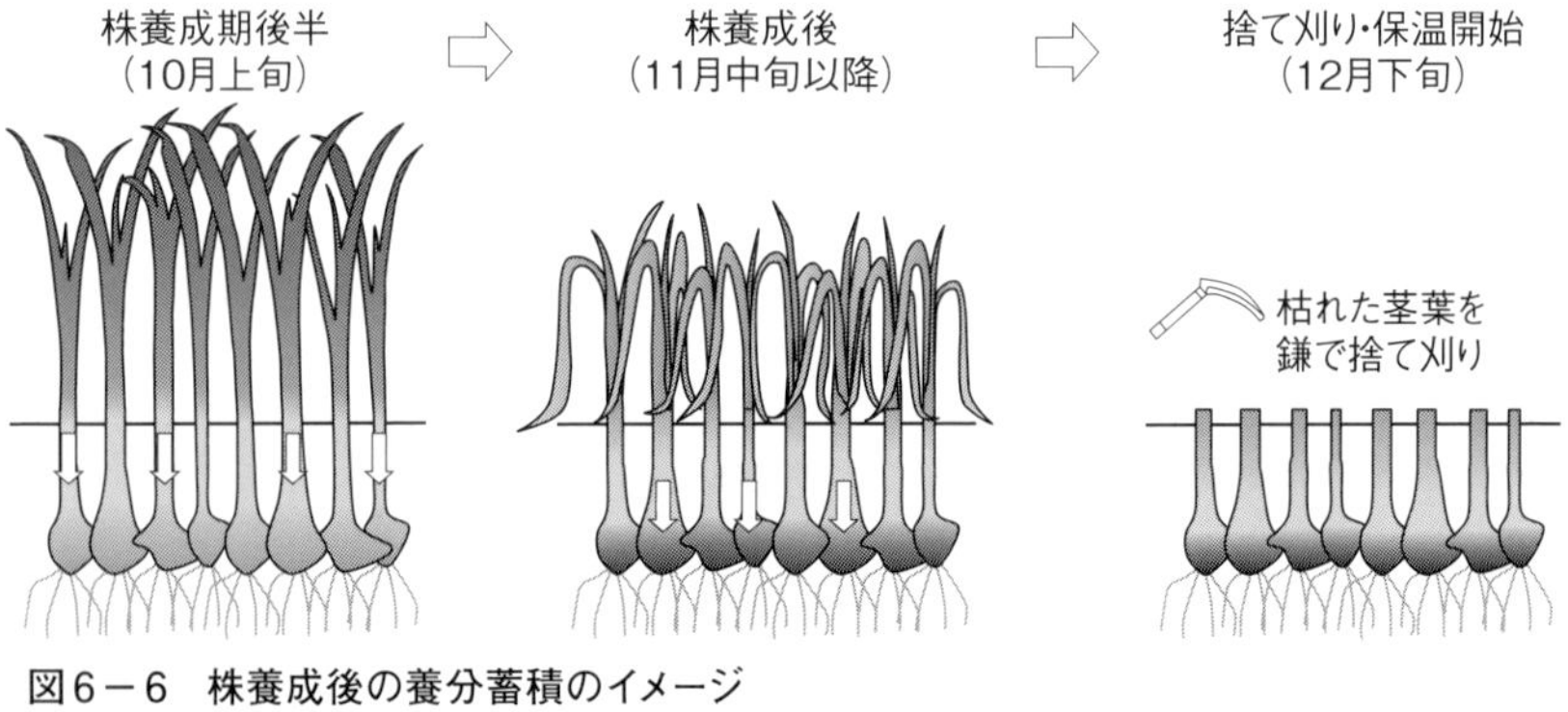

図6−6　株養成後の養分蓄積のイメージ

葉から地下部への養分転流が終わると、降霜も相まって外葉から徐々に枯れる
球根部には糖分等が蓄積。その後で捨て刈りするのがベスト

で、養分が移行しきった葉から枯死していく（図6－6）。

3 保温開始

●保温開始とは？

保温開始とは、株養成と同様、関東型のニラ栽培に特有の栽培管理で、収穫パターンや収量、品質を決定づける。

定植から株養成期を経て充実したニラの株は、地下部への養分転流が進むと、霜等の低温によって外葉から枯死し始める。このまま無加温の状態で経過するとニラが休眠（外的休眠）し、春に気温が上昇するまで伸長しないため、ハウスをビニールで被覆し低温期に保温することで伸長を促進させる。冬期に無加温栽培でニラを収穫するために、きわめて重要な管理作業である。

ニラは作型のバリエーションが乏しいが、保温開始時期の違いが作型のような意味合いを持つ。

早めに保温開始すれば、その分収穫回数が増えて収量が向上すると考えがちだが、後から述べる理由から連続収穫が困難になり、結果的に収量と品質が低下することになる。一方、保温開始時期を遅らせると連続収穫が可能で、収量・品質ともに良好だが、早期出荷による高単価はねらえない。

新植株の保温開始作業は、早いもので10月から始まり、春先まで随時行なわれる。休眠性や低温伸長性、株出来を考慮して計画的に行なうことが、安定した出荷を継続するために重要である。

●低温遭遇時間と休眠

第3章で述べたように、保温開始時期の決定に重要なのは、ニラの株が遭

写真6－16　低温遭遇時間ゼロでの捨て刈り、保温開始（9月下旬）

茎葉は青々とした状態

写真6－17　低温遭遇時間500時間経過後の捨て刈り、保温開始（1月上旬）

茎葉は完全に枯れている

遇した低温の積算時間とされ、具体的には5℃以下の低温に500時間経過してから保温開始することが望ましいといわれている（写真6－16、6－17）。第3章の図3－9～3－11で示したとおり、保温開始時期の違いは低温遭遇時間の違いなのだ。

以前は低温遭遇によって休眠が明ければ、生育速度や収量、品質が向上するといわれていた。しかし、現在の周年どり品種は基本的に休眠がないため、低温遭遇時間は、葉の同化養分が地下部に転流し、株の充実が図られるまでの時間と考えたほうがよい。

低温遭遇時間は保温開始の時期によって変わるため、収穫パターンや栽培管理の難易度が変わる（図6－7）。

低温遭遇時間は年によっても変化するので、気象データを把握して保温開始時期を決定する。

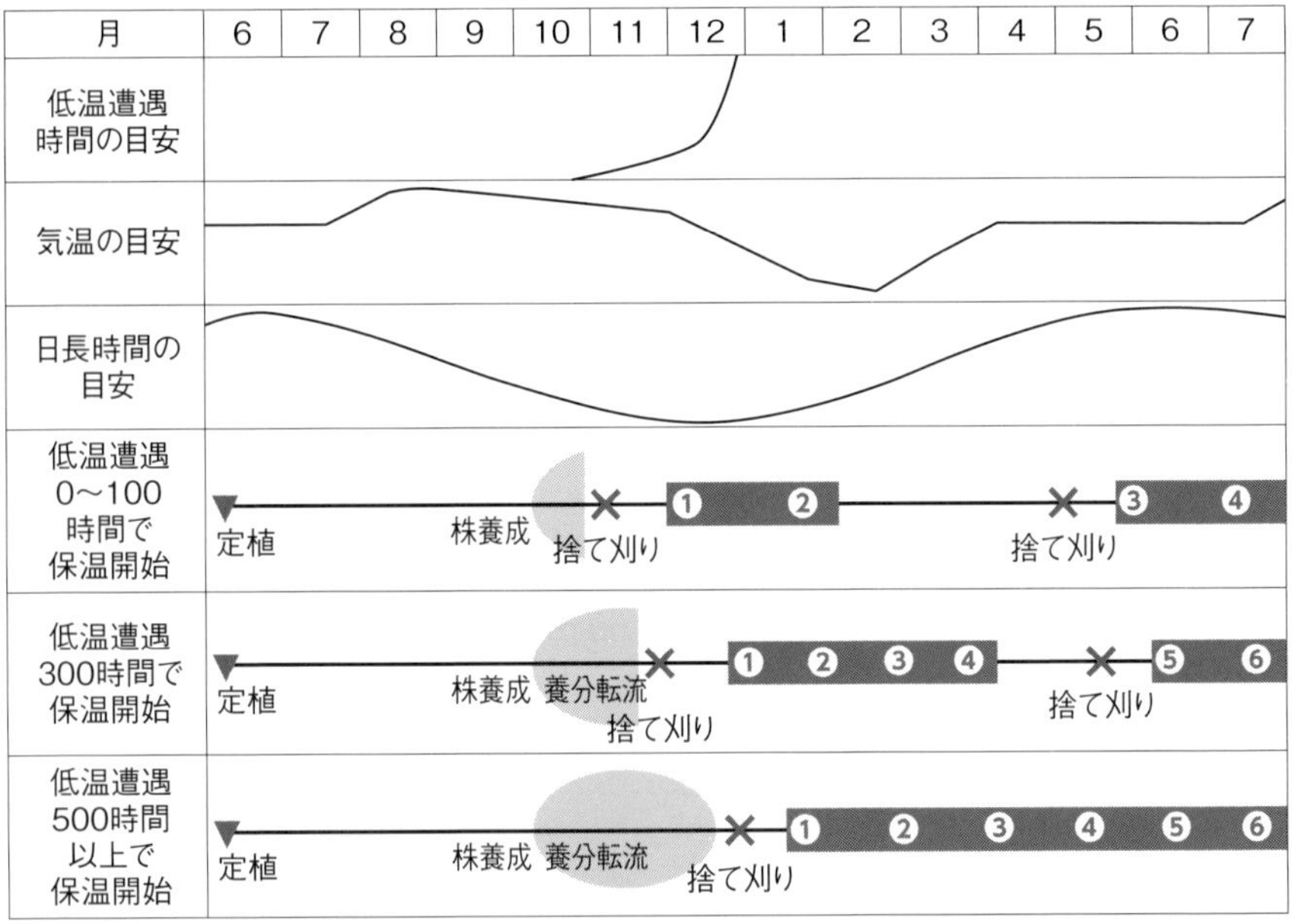

図6－7　低温遭遇時間と気温と日長、捨て刈り時期の関係（模式図）

株養成後の養分蓄積には低温遭遇時間500時間とほぼ同じ期間がかかる。この期間を十分経過した茎葉は地下部への養分転流を終えて枯死する

早期保温開始すると、養分蓄積が途中で強制終了されてしまう。またこの時期は日長時間が短く、気温も低下していく

低温遭遇時間が500時間の場合は、葉から球根部への養分転流が十分に行なわれる。捨て刈り後、気温は下がるものの日長時間は延びていく

保温開始後の収量と品質、連続収穫の可否は、株養成後の養分転流が十分かどうかに大きく左右され、気温や収穫までの日数、日長時間等の収穫までの条件も影響する

株養成が十分でなくても地温が高い条件なら、追肥による生育促進効果が期待できる

●10～11月の保温開始

10～11月に保温開始する場合、低温遭遇時間がゼロから100時間の頃の保温開始となる。収穫開始は11～12月となり、比較的単価の高い年内に1～2回の収穫ができる。

新植株を年内に収穫する場合は、これから地下部に転流されるはずの同化養分が残った茎葉を刈り捨ててしまうため、株の充実に乏しく、株養成期までの株出来が収量と品質を左右する。また、この時期は日中の気温が高いため、捨て刈りから1番刈りの収穫までの生育速度が速く、収穫まで日数は20～25日程度と短い。このため、収穫までの光合成の期間も短くなり、生育中の株の回復が望めない。

保温開始後の生育は順調で、1番刈りの収穫ではそこそこの収量と品質が得られるものの、2番刈り以降の生育はきわめて遅くなり、2番刈りでの収量と品質は急激に低下する。

この時期の収穫は、本来ならば新植株ではなく、2年株を用いることが望ましい。新植株は安定した収量と品質を確保するために保温開始を遅らせることが一般的である。しかし、分けつ過多によって茎数が多く葉幅が細い2年株ではなく、年内の高単価期に葉幅の広い新植株からニラを収穫したい場合や、大規模栽培で早期から保温開始を始めないとならない場合等には有効である。

この時期に新植株を保温開始する場合は、初期収量が一番の目的になるので、できるだけ分けつして茎数が多いものを利用するとよい。また、2番刈り以降も収穫できることが理想なので、低温伸長性がある品種が望ましい。そして、トンネル保温ではなく、できればもっと地温の上がる方法（加温やウォーターカーテン保温）で追肥を組み合わせることが理想である。しかし、無加温で低温条件の場合、この時期に保温開始したものは、ほとんどが1～2回収穫したら収穫を休んで株を養成し、3月下旬頃まで収穫しないことが多い。

●12月の保温開始

低温遭遇時間が300～500時間の頃の保温開始で、収穫は年が明けた1月中旬からとなる。

12月上～中旬に300時間程度で保温開始すると、10～11月の保温開始と似たような生育経過となり、2番刈りや3番刈りでの品質低下が見られるが、何とか連続収穫ができる。低温遭遇時間が500時間に近づく12月下旬以降の保温開始では、収量と品質は安定し、連続で収穫することが可能になる。同じ12月の保温開始といっても、低温遭遇時間の違いで、生育経過はまったく異なったものとなる。近年は暖冬傾向が強まっており、地域によっては低温遭遇時間が500時間に到達するのが年明けの1月となることも多い。時期ではなく、低温遭遇時間で保温開始時期を決定することは、安定した収穫には重要なのである。

●1～2月保温

この時期の保温開始は地下部が充実した株を利用するため、安定した収量と品質が得やすく、失敗が少ない。低温期のため1番刈りの収穫まで日数は30～35日と日数がかかるため、その分、光合成する期間が確保できる。さらに、日照時間と気温は徐々によい条件になっていくため、株の消耗が少ない。このため、翌年7～8月の抽苔まで5～6回の連続収穫が可能な作型であり、新植株は1～2月の保温開始が望ましい。また、低温伸長性の弱い品種でも対応できる。

問題点としては、露地状態で低温に長期間遭遇するため、降雪や降霜による影響で細菌性の株の腐敗が発生しやすい。

●保温開始はまず捨て刈りから

保温を開始するにはまず、繁茂している、あるいは枯れ込んだニラの茎葉を1株ずつ鎌で刈り取り、圃場外に持ち出して処分する（写真6－16、6－17参照）。この作業は「捨て刈り」と呼ばれる。出荷せずに捨ててしまうため、このような呼び方になったものと推察される。

捨て刈りした茎葉をハウスとハウスの間に放置すると、白斑葉枯病等病害虫の発生源となるので、大変でも、圃場外に持ち出して処分することが望ましい（写真6－18）。また、茎葉の残渣（枯れ葉の破片等）が株の周囲に散らばっていると、これも白斑葉枯病の発生源となるので、熊手等でかき集めたり、ブロアーで吹き飛ばしたりして、できるだけ取り除くことが重要だ。遅い時期の保温開始なら、やや深めに捨て刈りした後で、バーナーで焼くと病害発生が少なくなるという話もある。

写真6－18　ハウスの脇に捨てられた残渣
このように茎葉を捨てると病害虫の発生源となる

捨て刈り時のニラは露地状態となっていることが多く、結露や降霜によってニラの茎葉が濡れていると、ニラ茎葉の重量が増すため持ち出しが大変だ。捨て刈り作業の数日前に、屋根部分だけビニールを展帳しておくと、結露や降霜が避けられ、捨て刈り作業がラクにできる。

捨て刈り作業が終わったら、その後でハウスを完全に被覆する。屋根、ハウスサイド、入り口の順に被覆をし、外張りの保温ができるようにする。次に内張り被覆を準備し、かん水チューブを敷設する。次にマルチ（穴なし）を全面に展帳し、最後は小トンネルを設置して、保温開始の準備は完了する。

●かん水チューブの敷設

厳寒期は地温が低いため、ニラの吸肥や吸水はさほど旺盛ではなく、かん水による地温低下もあることから、かん水はあまり行なわない。一方で、温度が上昇し日射量が増え、生育が旺盛になる春以降はかん水の重要性はきわめて高く、水分要求量は非常に多くなり、かん水の有無が収量と品質を大きく左右する。

一般的には、ハウス中央の通路、マルチの上に散水チューブを1本敷設し、ハウスサイドまで散水する方式が多く取り入れられている。これだと散水ムラが大きく、病害発生を誘発することもある。また、草丈が伸びてくるとニラに散水がぶつかり、ハウスのサイドまでかん水が届かなくなり、生育ムラの原因にもなる。

茎葉を濡らさずに空気中の湿度が上昇しにくく、病害発生を低減できる理想的なかん水方法として、マルチ下に少量を点滴かん水できるドリップチューブを敷設する方法がある（写真6－19）。この方法はマルチを張る時でないと敷設できないが、良質なニラの安定多収のためには強く推奨したい。この方式なら、厳寒期であっても晴天時は地温を低下させない程度の少量のかん水ができるし、液肥による追肥にも使用できる。

マルチ下にドリップチューブを敷設する場合は、この後にマルチを切ってニラの株を切り出す作業の時にチュー

写真6－19　ドリップチューブと水圧計

マルチ下にドリップチューブを敷設。的確な水圧だと手前と奥のかん水量が均一になる

ブを切らないよう、条間の中央部に固定具で正確に敷設することがポイントである。

●マルチはどんなものを使用する？

マルチを張る理由は数多く、保温開始から春までの厳寒期は、何といっても地温確保が最大のねらいである。この他に土壌水分の安定的な保持、収穫するニラへの土汚れの付着防止等にもなる。また、厳寒期とはいえ、保温によって発生する雑草を抑える目的もある。春以降は雑草対策としてマルチは必須である（写真6－20）。

写真6－20　マルチ張り作業

2.5m幅の黒マルチを使用

最大の目的である温度保持のためには透明マルチが最も適しているが、春以降は地温が上がりすぎる上に雑草が発生しやすいため、一般的には価格が比較的安価な黒マルチを使用することが多い。この他に、地温確保を優先した光線透過率がやや高い緑色マルチや紺色、紫色のマルチ、厚みを持たせた保温性の高いマルチ等を使用する事例も見られる。一方で、銀や白黒ダブルといった地温を抑制するマルチは厳寒期の保温性に乏しいため、夏ニラ専用株ならよいが、厳寒期から収穫を開始する周年どり作型には向かない。

間口が4・5～5・4mの単棟ハウスの場合、マルチは5m幅のものを全面に展帳する事例もあるが、一般には作業性を考慮し、2・5m程度のマルチを2枚使用して全面を被覆することが多い。内張りパイプの幅に応じて、ハウスサイドまでマルチされるように、合わせ目には余裕を持たせた幅のマルチを用意しよう。

マルチを張ったら、押さえ具で固定し、マルチ張りは完了である。

●小トンネルの設置と温度確保

外張り（屋根やハウスサイド、両妻面）、内張り、マルチの順に設置が終了したら、最後に小トンネルを設置する（図6－8）。鉄パイプのトンネル支柱か樹脂製ポールを挿して、その上に透明ポリ製のトンネルを被覆する。支柱の間隔が広すぎるとトンネルがたわむので、支柱は1・5～2m間隔に

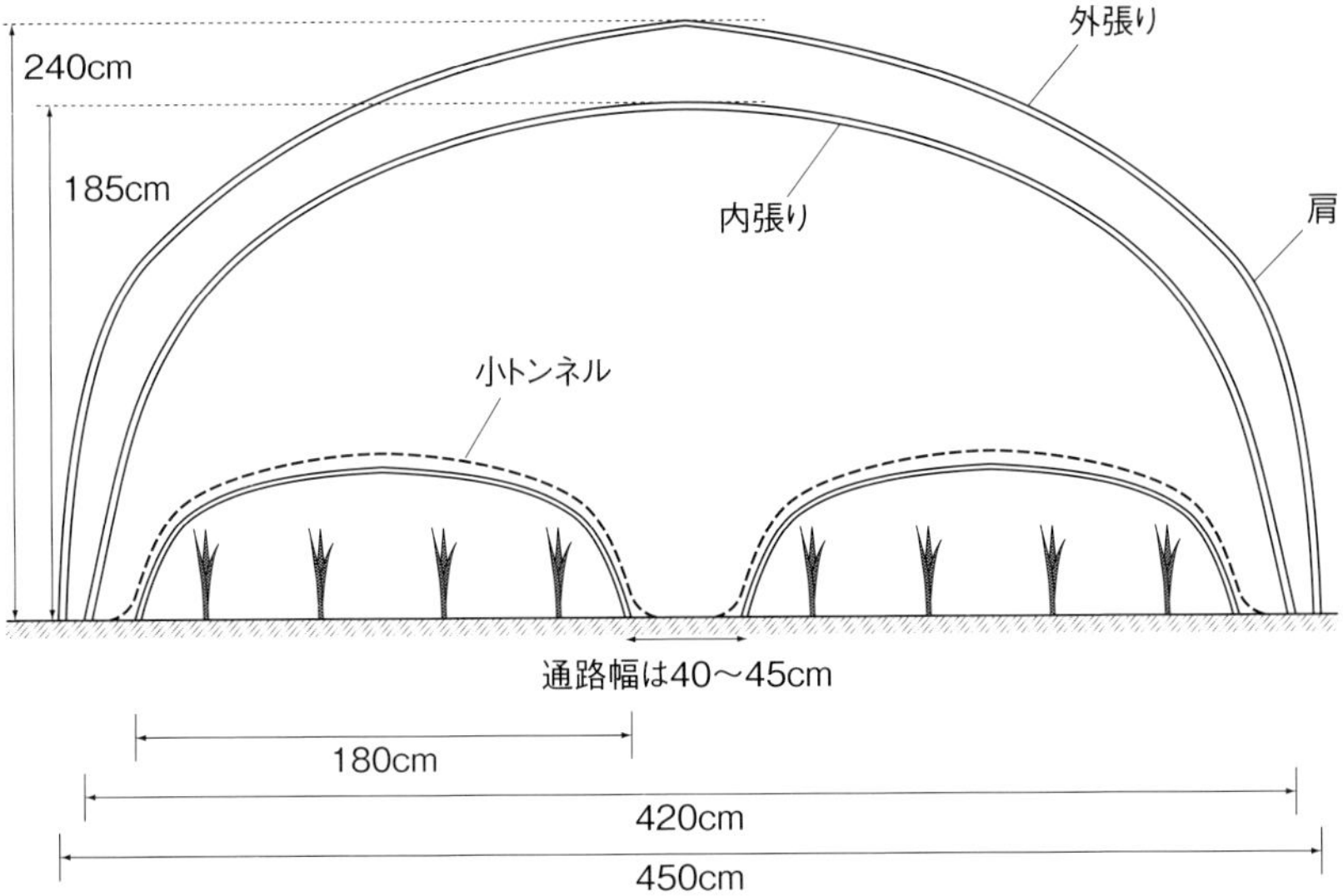

図6－8　保温開始準備が完了した三重被覆ハウス

外張りは暑さ0.1mmの農ビ（農業用塩化ビニールフィルム）が使われることが多い。肩から上の屋根部分と両サイドの3枚で合わせることが多い。両サイドは裾換気または肩換気で、裾換気の場合は裾ビニールを設置した上で両側または片側に巻上げ機を設置する。肩換気の場合は肩部分を手でまくって換気することも多い
内張りは暑さ0.075mmの農ポリ（農業用ポリエチレンフィルム）が使われることが多い。1枚もので尾根部分を固定して巻上げ機を設置するか、または3枚合わせで天井部分を換気する等、いろいろな方法で行なわれている
小トンネル被覆は厚さ0.075 ～ 0.05mmの農ポリが使われる。小トンネルの裾部分が10cm程度地面にかかるよう広めの幅のものを使う

挿すとよい。

小トンネルは換気と保温のため毎日開け閉めするので固定はしない。裾部分に余裕を持たせるよう、ポリの幅は小トンネル支柱の外周よりも余裕を持たせる。

●保温開始時の病害虫防除

保温開始時は、白斑葉枯病、ネダニの防除を重点的に行なう。捨て刈りして株の茎葉部がなくなった状態で、マルチを展帳する前に、かん水を兼ねて薬剤のかん注処理を行なう。

白斑葉枯病予防にはトップジンM水和剤を、ネダニ対策にはトクチオン乳剤、スプラサイド乳剤、アプロードフロアブル等を所定の使用方法でかん注する。各薬剤とも、収穫まで日数やかん注量が定められているので、所定の使用方法を遵守すること。

連作圃場では、ネダニの被害がひど

くなっている。ネダニの防除を徹底することが重要だ。捨て刈り後の薬剤かん注は、ていねいに、地表面から地下の球根部まで薬液がよく浸透するようにかん注する。

●ハウス保温作業の完了

関東型の保温栽培は、パイプハウスを用いた多層被覆で保温を行なう。厳寒期の低温の程度や保温時期により、小トンネルを用いない二重被覆（外張り＋内張り）ですませることもあるが、12～2月は三重被覆（外張り＋内張り＋小トンネル）で保温しないと、低温でニラの生長が遅延したり、ニラの葉に凍害が発生したりする。

外張り、内張り、小トンネルを使用した三重被覆を設置し、保温開始作業は完了だ。以降は、保温（被覆の密閉）と換気による温度管理で、収穫を迎えることになる。

第7章

収穫開始から収穫終了までの管理

1 収穫期（厳寒期）の管理

春まきの播種から10カ月ほど経過し、保温を開始すると、いよいよニラの収穫を迎える。ここまで、さまざまな管理作業を行なってきたが、それらの集大成が収穫までの管理だ。収穫開始の時期は厳寒期であり、温度管理がとても難しいが、収穫に向けて適正な管理を行なおう。

●無加温栽培（三重被覆）の保温効果

単棟パイプハウスは、日中は温度が上昇しやすく、日没後は徐々に温度が低下し、明け方に最も温度が低下する。この温度変化をできるだけ減らし、最低温度を保持するために、関東型の無加温栽培では多層被覆が行なわれている。

パイプハウスは外部への放熱によって内部の気温が下がる。できるだけ保温性の高い資材を使用し、ハウスや小トンネルの隙間をなくすことが、保温のためには重要だ。

また、被覆の多層化は、外側と内側の被覆フィルムの間にある空気の層で外部への放熱を緩和し、保温力を高めている。

また、保温のための熱源は、日中の蓄熱で得た地温からの放熱である。地表面からの放熱による夜間の保温には、容積が大きすぎないほうが有利である。放熱する空気の容積が大きいと、それだけ地温の低下が早い。日没前から小トンネルを密閉することで、翌朝の温度上昇時まで、ニラが接する部分の空間（小トンネル内）の温度を保つことで、ニラの生育に支障がない最低限の環境を確保している。

厳寒期の三重被覆保温の実際の温度の変動を計測したデータは図7－1のとおりで、多層被覆による保温効果が理解できると思う。

保温効果を高めるための被覆の多層化を進めると、当然のことだが保温時は遮光率が高まり、光線量が減少する。また、葉からの蒸散で放出される水分が滞留すると湿度が高まり、病害が多発する。光線量の確保と湿度を下げるための換気が必須だが、換気を派手にやりすぎると温度を確保できない。

厳寒期の管理の一番の難しさは、温度確保と換気である。地温確保はマルチの重要な目的の一つだ。さらに、暖房機やウォーターカーテン等で地温が放熱される空間自体の温度を高めるか、小トンネル保温で放熱される空間の容積を小さくすることで、地温保持の効果がより高まる。

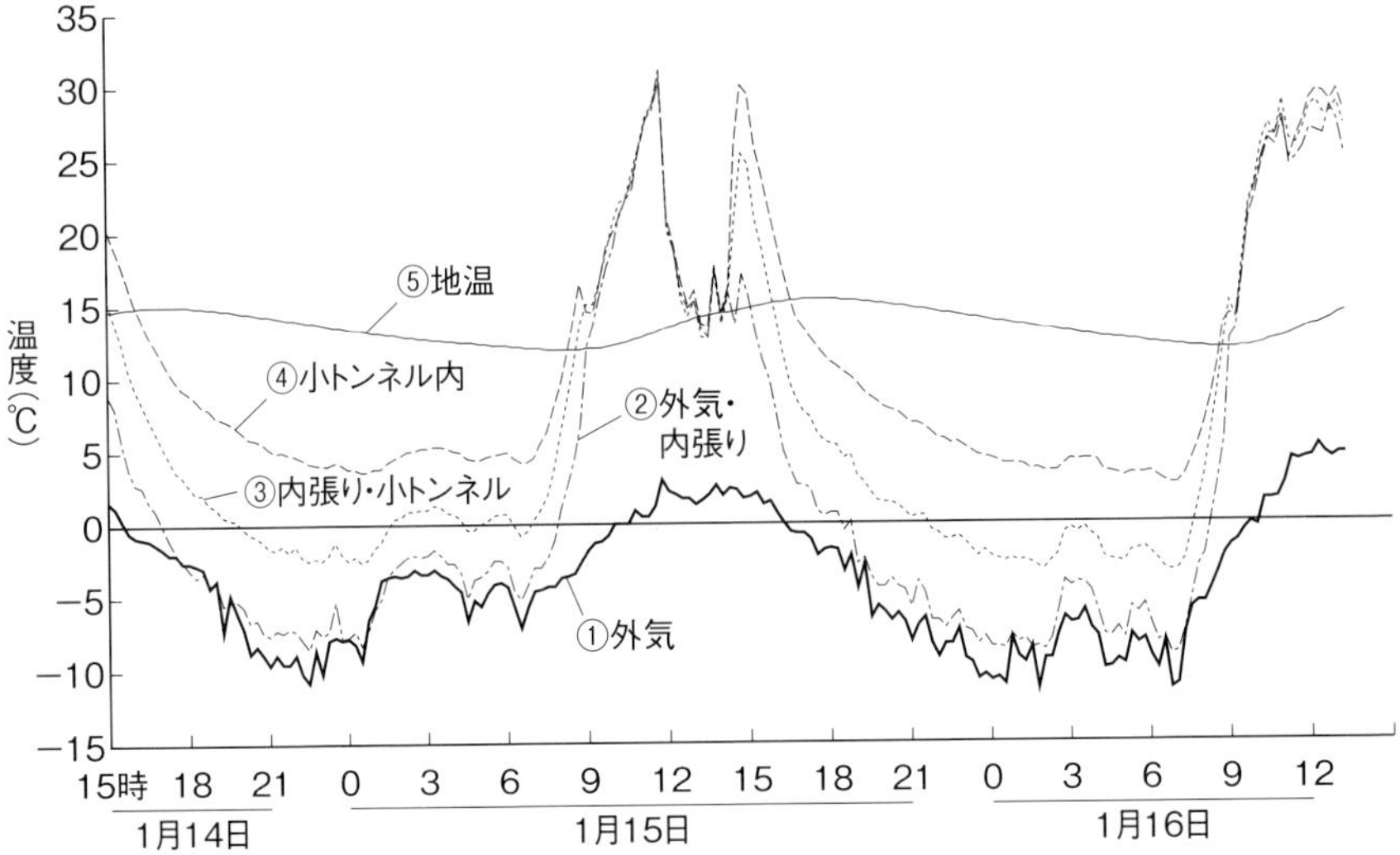

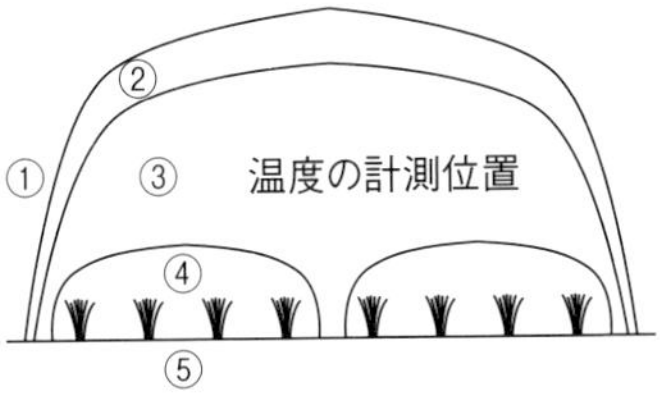

図7－1　三重被覆ハウスの温度

（2018年1月14日15時～16日13時、栃木県鹿沼市で計測）
左の三重被覆ハウスの①～⑤の位置で温度を計測した結果である
②の温度は、ドアの隙間や裾からの放熱で①と同じになりやすい
②と③の温度が①より少しでも高くなるように保温することが④の温度を保つ
④の温度は地温の放熱により確保されるので氷点下を切ることがない
⑤の地温は13～15℃で推移している

●保温開始後の温度管理

厳寒期の温度管理の目安は図7－2のとおりである。保温開始から萌芽までは、やや高めの温度管理で葉の伸長を促進するとよい。その後は温度を落として日中の温度は25～30℃、収穫が近くなったらさらに温度を落とす。夜温は全期間を通じて5℃以上を保つことが目標である。

夜温を確保するために日中に換気せずに高温管理を続ける「蒸し込み」を行なう事例が見られるが、これはニラにとっていろいろな面で好ましくない。株が激しく消耗し、葉幅の減少が顕著になるからだ。萌芽後は換気を励行し、日中の温度上昇を抑制するように心がけよう。

ポイントは、昼はやや低め、夜温は高めとし、昼夜間の温度格差をなくすことである。最もニラによくないのは、

作業	〈捨て刈り〉 萌芽・生育を促進	〈換気開始〉 日光を十分に当て、葉色を濃く、葉を厚く・硬く	〈収穫〉
	0日 → 7～10日	7～10日 → 20日	20日 → 25～35日
昼間の温度	やや密閉ぎみの管理 （最高で35℃）	昼温 25～30℃	昼温 25℃前後
夜間の温度	←	最低5℃を維持する	→

図7－2　ニラの温度管理（目安）

保温開始から萌芽までは、やや高めの温度で萌芽を促進する。ただし35℃以上にはしない
収穫10日前くらいからは日中の温度をやや低めにして、葉の厚さを持たせ、葉色が濃くなるようにする

日中に密閉して温度を高く蒸し込み、深夜以降に温度が極端に低下し、昼夜間の温度格差が大きくなることだ。

再び図7－1の温度管理の一例を見ると、晴天日の温度の推移で、日中は30℃で換気しており、ニラの位置で15℃まで下がっている。最低夜温は外気温が氷点下10℃になっているがニラの位置でプラス4℃程度を保っている。無加温の温度管理としては良好な温度管理がされている事例である。

●温度管理と生育日数

生育日数とは、捨て刈りから収穫まで、あるいは収穫から次の収穫までの日数を指す。出荷規格でニラの葉長は決まっており、その長さで収穫することになるので、生育日数は昼と夜の温度管理に大きく影響を受け、高温管理では短縮され、低温管理では多くの日数を要する。30～35日の生育日数で収穫できるような温度管理が理想的だ。

低温期の生育日数は、その時生育しているニラではなく、次回収穫するニラに大きな影響を及ぼす。1番刈りの収穫までの日数は2番刈りの収量と品質に影響を及ぼし、2番刈りの収穫までの日数は3番刈りの収量と品質に影響を及ぼす。前の回の生育日数が30日より短いと、次回収穫するニラの収量と葉幅は低下する。光合成する期間と、球根部へ養分転流する期間が短くなり、株が消耗するためである。

図7－3は、昼夜温管理の違いが生育日数と収量に及ぼす影響を示したものだが、生育日数が短いほど、収量の合計は低くなっている。また、日中に高温管理を行なうと収量は総じて低くなっている。このことから、ニラの生育に影響しない範囲で、日中の温度管理は低めを心がけるほうがよい。

図7－4は、生育日数と地下の球根

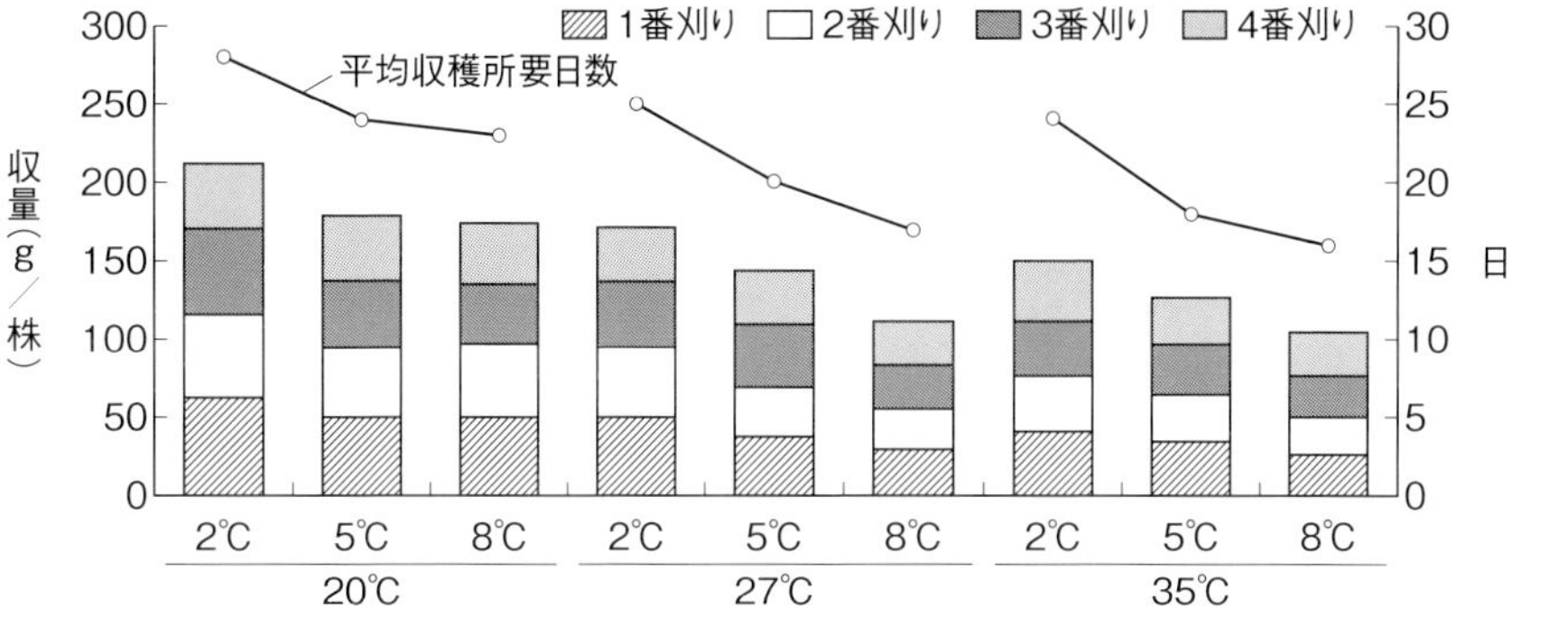

図7－3　昼夜温管理の違いと生育日数、収量の関係（栃木農試，1984）

12/26保温開始。昼温20・27・35℃と、夜温2・5・8℃の9段階の比較

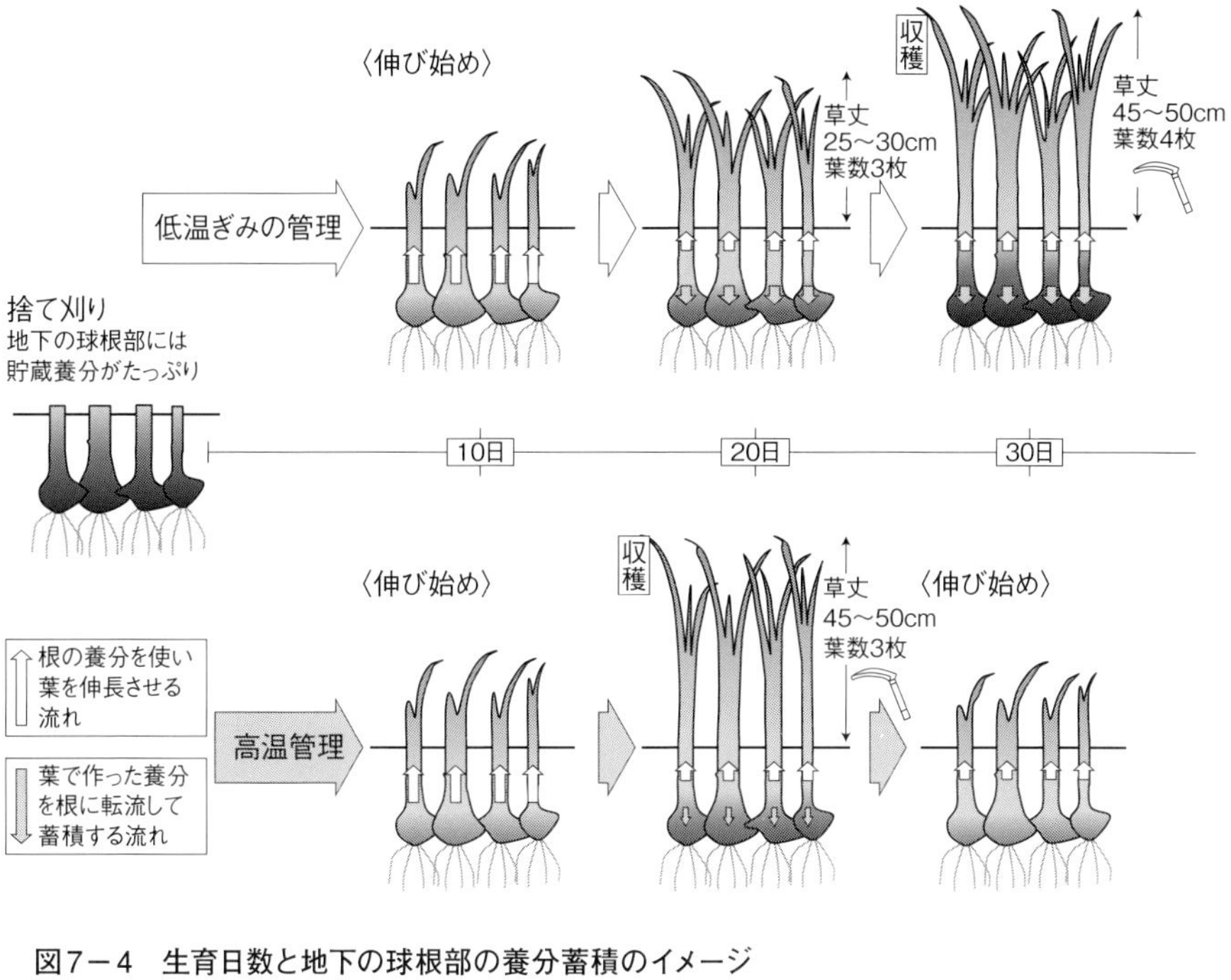

図7－4　生育日数と地下の球根部の養分蓄積のイメージ

捨て刈り時には、秋の株養成によって養分が蓄積されている

捨て刈り後、保温開始されたニラは球根部に蓄積した養分で葉を伸ばす

高温管理をすると、葉が収穫できる長さに早く伸長し、20日で収穫となる。葉の枚数は3枚（1週間に1枚展開）、光合成できる期間が短いため、球根が消耗する

低温ぎみの管理では、収穫できる長さになるまで30日かかる。葉の枚数は4枚（1週間に1枚展開）、光合成する期間は高温管理より10日多いため、球根部に養分を蓄積することができ、消耗が抑えられる

部の養分蓄積をイメージした図である。捨て刈りされた株から伸長する1番刈りの葉は、株養成の際に貯蔵された養分で葉を伸ばす。図の下段のように、この期間の温度管理が高いと生育日数が短縮される。しかし、葉長が早く長くなるため展開葉数が少ない状態で収穫する葉長に到達してしまう。さらに、1番刈りの生育日数が短いと、光合成を行なう期間および葉の同化養分を地下部に転流する期間が短縮され、少ない葉面積も相まって、地下部の充実度が低下した状態で1番刈りを収穫することになる。

一方、図の上段のように、低温ぎみの温度管理をした場合（高温管理した場合と比較して10日遅く収穫した場合）、展開葉数は1枚多くなり、光合成する期間および葉から地下部への養分転流期間が長くとれる。こうした生育日数の違いが、次に伸長してくるニラの収量と品質に影響を及ぼす。

なお、3番刈り収穫以降（4月以降）は日長時間がさらに長くなり、気温と地温は上昇、昼夜温は徐々に自然条件に近づくので、温度管理が生育に及ぼす影響は薄くなる。

●換気のやり方

無加温のニラ栽培における生育期間の調節は、日中は換気で、夜間は保温資材によって行なう。日中の換気では、晴天日の午前中に一気に換気をしたり、強風の中で一気に外気を導入したりすると温度は下げられるが、葉先が枯れる障害が発生する。換気は小刻みに行なう必要がある。熟練の技が求められる非常に難しい作業だ。内張りビニールや小トンネルを外気のクッション代わりに使う等、工夫して換気をするとよい。

換気の目的は温度調節以外にもあり、湿度を下げるためにも換気は重要だ。ハウス内の多湿状態は、白斑葉枯病の多発に直結する。できるだけ湿度を低い状態にするために、換気を励行する。

ハウス内の湿度が上昇する原因はいくつかあり、薬剤散布や土壌表面から蒸発する水分等があるが、最も大きな要因は、光合成に伴って葉から蒸散する水分である。厳寒期、夜間は小トンネルを密閉することもあり、湿度はおおむね100％と高いまま推移する（図7－5）。日中は温度と換気によって湿度は変動する。気温が上がると見かけ上の湿度（相対湿度）は下がり、温度を下げるための換気によって湿度が抜ける。

もう一つの換気の役割は、炭酸ガスの取り込みである。炭酸ガス（二酸化炭素）は光合成で使われる。光合成で生成される養分（炭水化物）の原料となる。肥料（チッソやカリ）と同じく

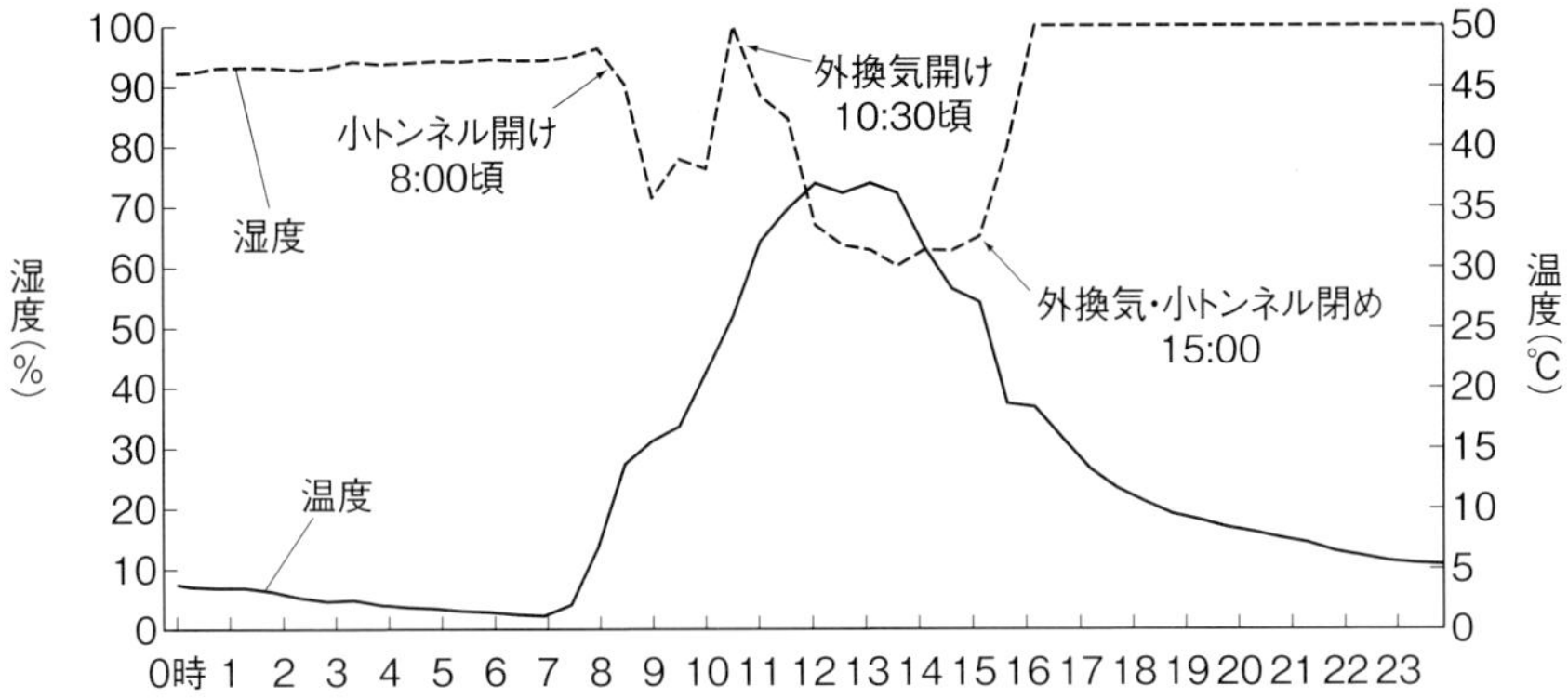

図7－5　晴天日の換気と湿度の推移（栃木県鹿沼市2017年12月29日）

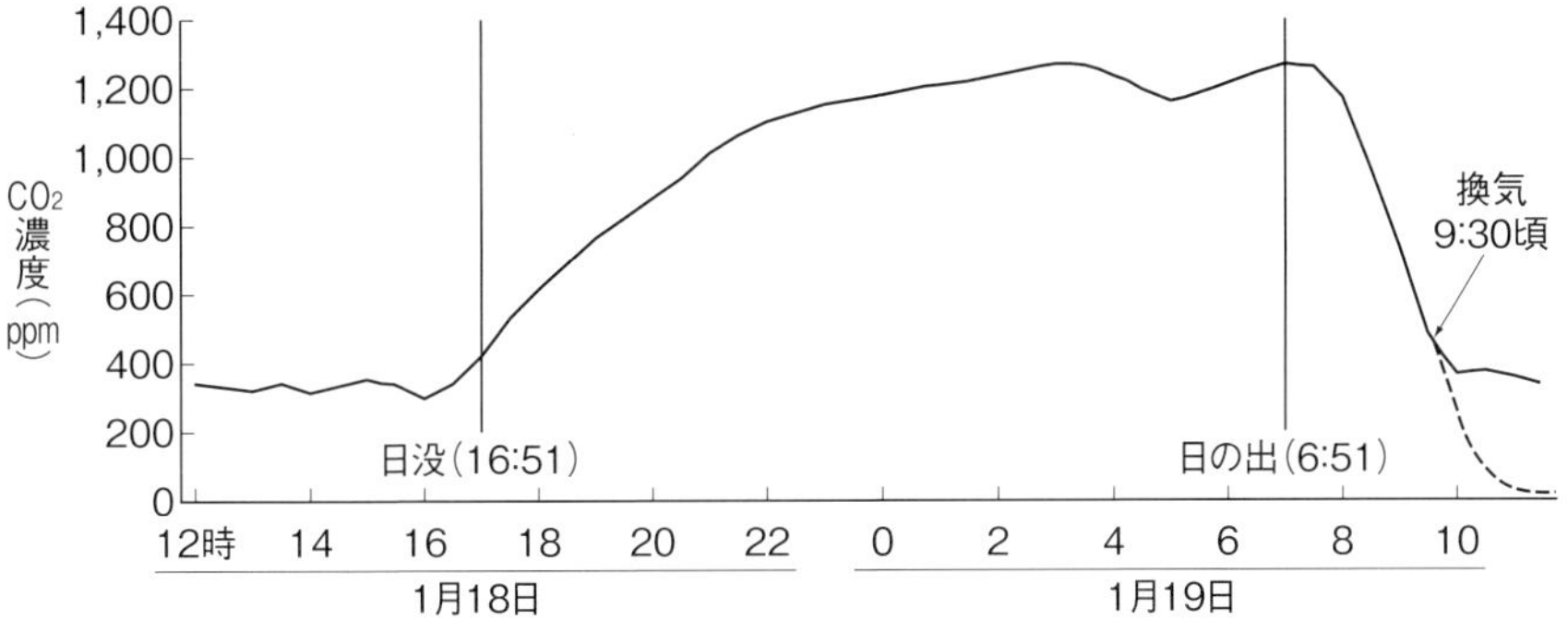

図7－6　晴天日のハウス内の炭酸ガス濃度（栃木県鹿沼市2018年1月18～19日）
換気をしないと炭酸ガスはゼロになってしまう（点線）

らい重要な成分であるが、見逃されがちだ。炭酸ガスの供給源は、土壌中の堆肥で、微生物の活動で堆肥が分解され、炭酸ガスがハウス内に放出される。日射がない夕方から早朝にかけて、ニラは光合成をしないため炭酸ガスが吸収されない。夜中から明け方にかけて、炭酸ガスの濃度が上昇する（図7－6）。日の出の後は光合成が始まり、ニラは炭酸ガスを吸収するため、濃度はどんどん薄くなる。ここで換気を行なうと、大気中に400ppm含まれている炭酸ガスが供給される。しかし、換気を行なわないと炭酸ガスはゼロになってしまい、光合成できなくなるため、株の消耗が早まるのだ。炭酸ガスを補給するためにも、午前中の早い時間から換気を始めることが重要だ。薄明かりでもニラは光合成をしている。温度が上がりにくい曇りの日でも、少しでもいいので外気とハウス内の空気を入れ換えるとよい。

実際の換気作業は図7―7のように行なう。厳寒期は北風や西風が吹くことが多いので、外張りは風下の南側や東側といった、直接風が当たらない面を少し開ける程度から換気を開始する。内張りは外張りと逆側を、こちらも少しずつ開けて空気を入れ換える。この換気のやり方は「逆サイド換気」と呼ばれている。3月以降、気温が上昇し始めたら、換気の幅を広く取るようにしていき、さらに気温が上昇する時期になったら、両サイドを換気して温度上昇に対応する。

パイプハウスに小トンネルを組み合わせた無加温栽培では、日中の温度調節は換気のみで行なわれており、換気の幅や開閉のタイミングで温度が変化し、換気のミスは葉先枯れ等の障害発生に直結する。目標とする温度管理の目安は140ページ図7―2に示したとおりなのだが、ハウスの立地条件や風の当たり具合、ハウスの保温性の違い等で、換気のやり方は千差万別となる。産地では「換気3年」という言葉があり、ニラ栽培を初めてから換気のやり方を会得するまで3年はかかるという意味なのだが、それほどに厳寒期の換気は難しい。自分のハウスの温度推移と換気の相関は、自記温度計等を用いて把握してみるとよいだろう。

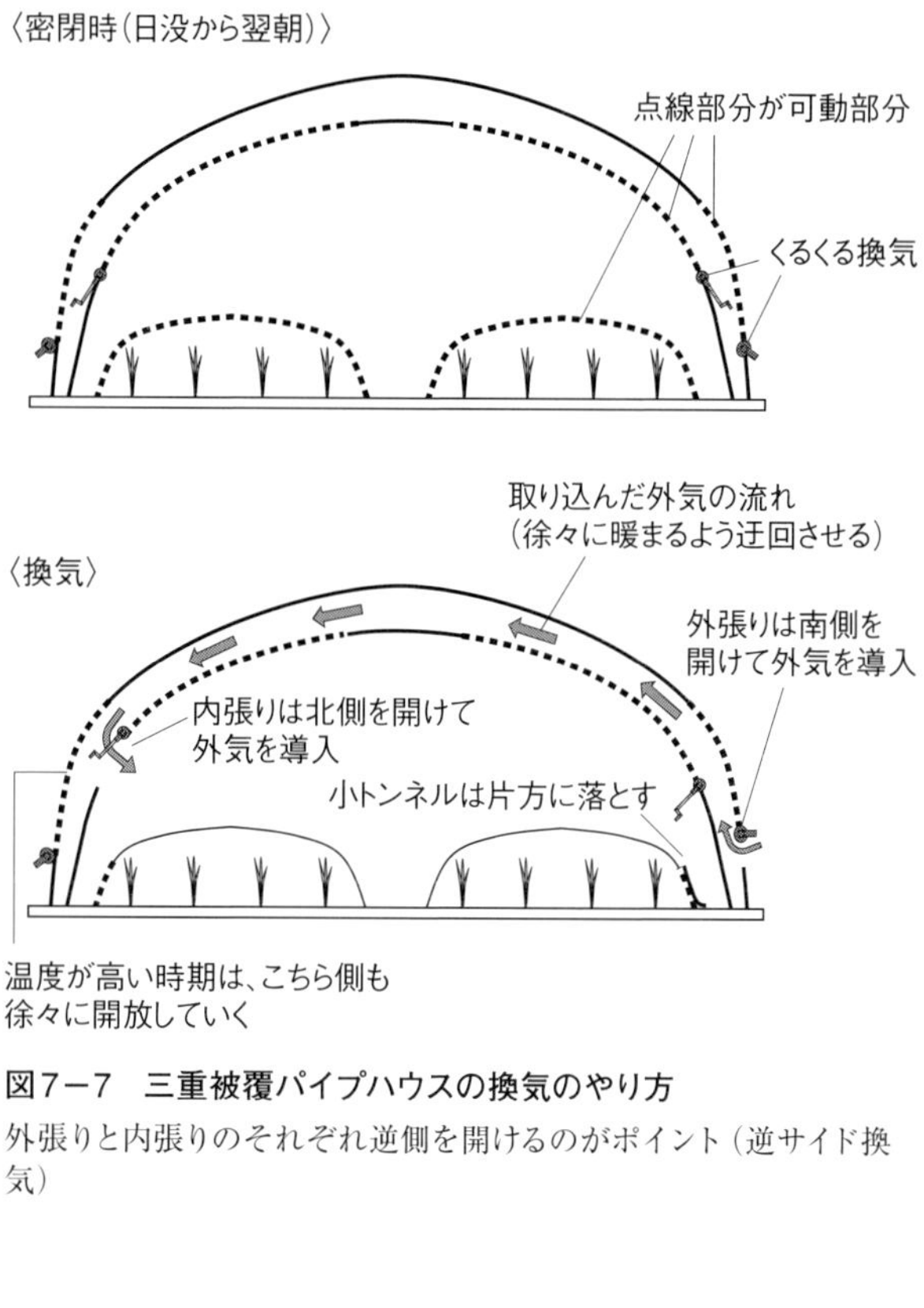

図7―7　三重被覆パイプハウスの換気のやり方
外張りと内張りのそれぞれ逆側を開けるのがポイント(逆サイド換気)

●蒸し込みはしない

厳寒期とはいえ、晴天日は換気をしないとパイプハウス内は40℃から50℃まで気温が上昇する。

ニラは、35℃以上では葉幅等が低下することがわかっている。また、ニラの葉が最も効率的に光合成を行なうのは20℃前後であり、高温による蒸し込みは、炭酸ガスの欠乏も相まって、ニラの株の消耗を招く。

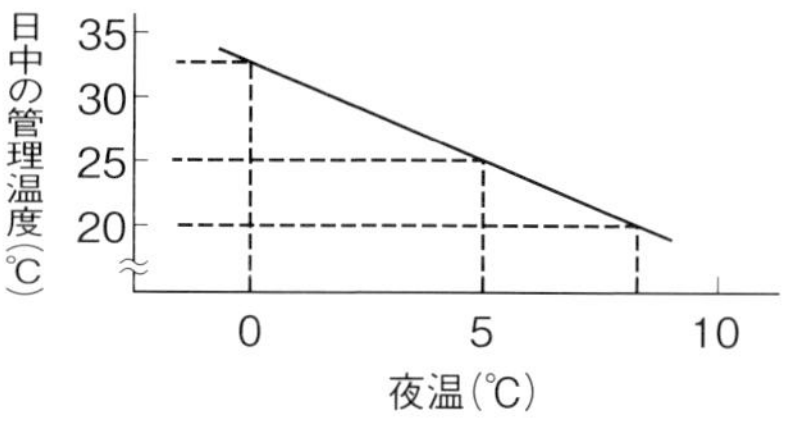

図7－8　ハウス栽培の昼夜温管理の目安（栃木農試, 1984）

収量と品質を両立させる温度管理は斜線のような管理が目安
たとえば、最低温度5℃なら、日中は25℃がベスト。夜温が低い場合は昼をやや高めに管理する

ニラの生育は昼温と夜温の管理で決定され、収穫まで日数や収量、品質が左右される。収量と品質は1日の平均気温が一つの目安で、図7－8はその目安を示したものである。夜温を何度確保できるかに応じて昼の管理温度を設定することで、収量と品質を確保できる。しかし、夜温が高く確保できているのにもかかわらず昼温を高めると収穫まで日数が短縮されて減収になり、夜温昼温ともに低いと収穫まで日数が長期化することになる。

また、蒸し込みによって午前中に高温になると、葉の蒸散に伴う水分と、地表面からの蒸発した水分により、ハウス内は高温多湿状態となる。この時、温度を下げるために一気に換気を行なうと、乾燥した冷たい外気の流入により、葉先が枯れ込む生理障害がより激しく発生する。ハウスの温度が上昇してから一気に換気するのは避けるべきで、朝の早い時間帯から、少しずつ換気を開始し、蒸し込み管理はしないことが望ましい。

●地温確保

地温の変動は気温の変動と異なり、きわめて緩やかに変動するが、曇雨天や降雪後は1～2℃の範囲で低下する。

光合成により、葉で合成された同化養分（デンプンや糖）が地下部に転流するためには地温が重要である。また、光合成を行なうためには土壌から水分を吸収する必要があり、葉や根を作るためのチッソやカリを吸収する必要がある。そのためには、根が健全に活動できる地温の確保が重要だ。しかし、地温と生育の関係について調査した知見はない。筆者は、地温の計測等を継続する中で、ニラの根が健全に活動するためには、13℃以上の地温が必要だと考えている。

地温を積極的に高く維持するために電熱線や温湯管を利用してベッド加温を行なうにはコストが必要で、ニラの営利栽培で取り入れている事例はない。地温は日中の直射日光で温められ、夜間に放熱されるのをマルチや小トンネルで抑制することで保持している。さらに、暖房機による加温やウォーターカーテン保温で、地温が放熱される空間自体の温度を高めることで、地温保持の効果がより高まると考えられる。

つまり、厳寒期の夜温確保が収量と品質を維持するのだ。

●株の切り出し

保温開始後3日程度すると、ニラは萌芽してくる。伸び始めた葉先が展帳したマルチを持ち上げてくるので、マルチの上から目視で確認できるようになったら、遅れないよう速やかにマルチを切って株穴を開ける。これを「切り出し」と呼んでいる。切り出し作業は、カミソリ等で1株ずつ手作業で切り取るか、ガスバーナーを用いた専用の切り出し機を用いて1株ずつ行なう(写真7－1)。

切り出し作業が遅れると、マルチに接した葉先が高温で枯れる等の障害を受けるので、遅れずに行なう。

写真7－1　株の切り出し作業
上はガスバーナーを使用。下は切り出された株。黒マルチの下だったため、まだ緑化していない。切り出しが遅れると葉先が枯れる

●厳寒期の追肥とかん水

収穫期に株間の土を掘ると、枯れて表皮だけになった根の残骸が大量に出てくる。株養成期は、株間にスコップを入れると、根がバリバリと音を立てて切れるが、厳寒期は「サクッ」とスコップが入る。収穫期にニラの根が減少することはよく知られている。

1～2番刈りが伸長する厳寒期は地

温が低く、新たな根の発生と伸長が停滞する。その上、前段で説明したとおり、株養成で根株に貯蔵した養分でニラの葉を伸長させるため、球根の貯蔵養分が消耗する。球根の消耗に伴って、根の中にある養分や水分までも使って葉を伸長させていると考えられており、それに伴って根が枯死し、結果的に収穫するにつれて根量が減少する。

図7−9は、収穫前と4回収穫した後の、土層ごとの根量の推移を示している。表層から10cmまでにニラの根は多く分布している（80％程度）が、厳寒期に収穫が進むにつれ、25％以上も減少している。根の量が減少しているため、追肥をしても、その効果が期待どおりには得られないのだ。

また、図7−10は10月保温開始株に収穫直後に硫安でそれぞれ0・5kg／a追肥を行なった試験の結果である。保温開始後、低温期の追肥は、無追肥と収量的に差は見られず、地温が上昇して根の量が増加した以降の収穫7回頃（気温上昇期以降）から収量に差が見られるようになる。

これらの知見から、関東地方の無加温栽培では、厳寒期には収穫中のニラへのかん水や追肥は行なわない。

根量の減少だけではなく、厳寒期は地温が低く、追肥した肥料が有効化しないことや、かん水によって起こる地温低下や湿度上昇に起因する病害多発を避けるという側面もある。追肥やかん水は、気温の上昇と日長の伸びを考慮して開始することが望ましい。

その一方、ニラの95％以上は水分で、重量のあるニラを収穫させるため

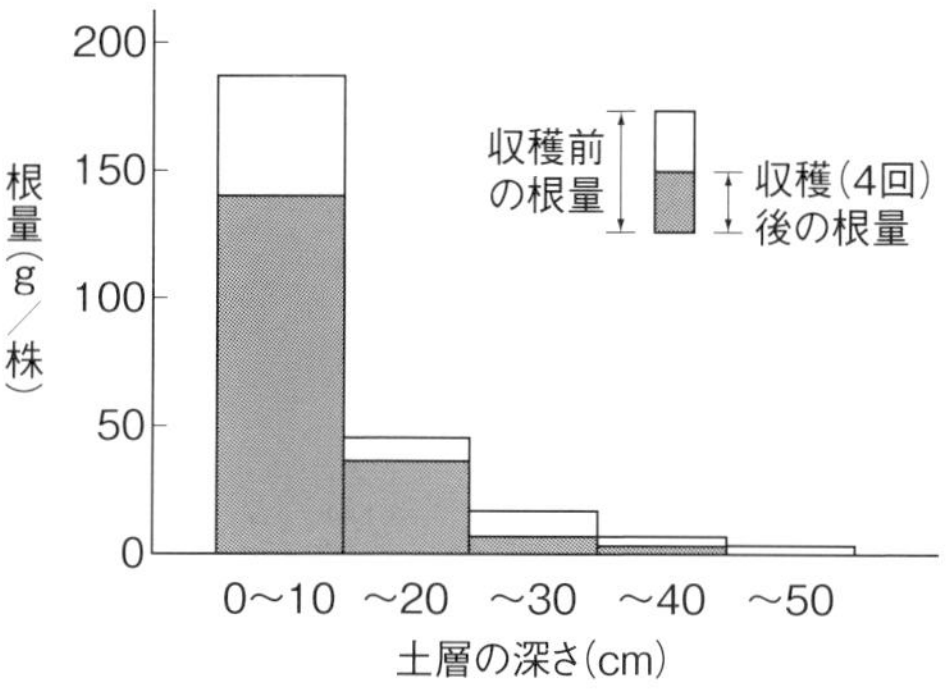

図7−9　根の分布と収穫による根量の減少
（栃木農試，1983）

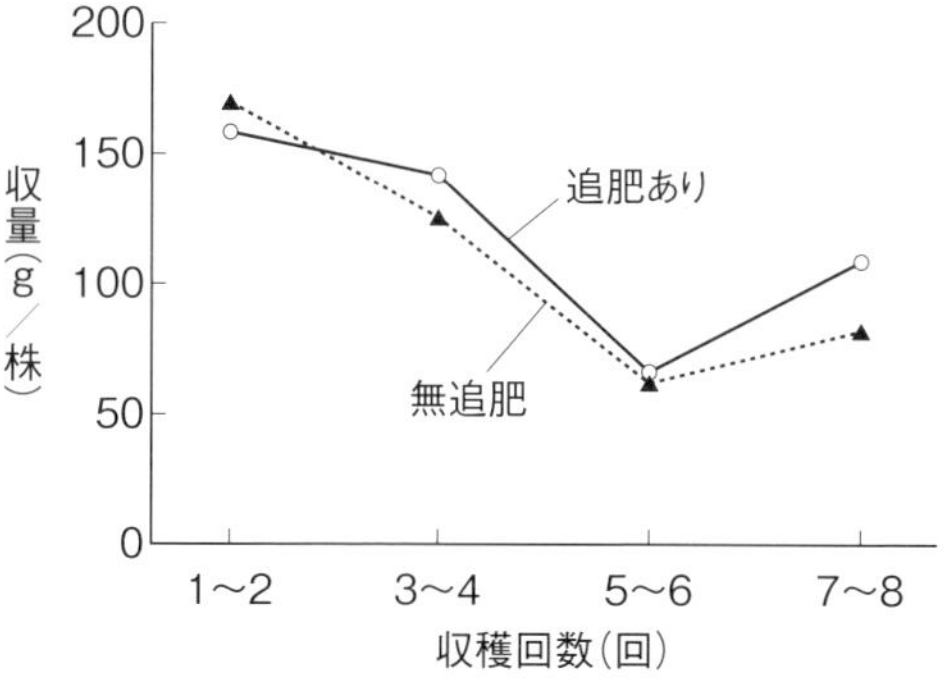

図7−10　収穫中のチッソ追肥の影響
（栃木農試，1970）

には水分は不可欠である。一般的に保温開始時に薬剤かん注を兼ねてたっぷりかん水し、その後は春の地温上昇期まで、かん水を行なわないのだが、本来ならばかん水を行なって、収量と品質の向上をめざしたい。このためには、地温を高めに維持して根の活性を維持し、吸水を旺盛に維持することと、換気によって空気中の湿度を高めずにかん水することが必須となる。このことは、追肥に関しても同様で、実際に高知県等では、厳寒期の収穫期間中であっても、地温を確保した上で液肥を用いたかん水が一般的技術として行なわれており、追肥の量は多い。この点は、高知県と栃木県の反収の差として明らかで、厳寒期の地温確保が重要なことの表れだと感じる。

厳寒期のかん水に有効なのは、マルチ下にドリップチューブを敷設する方法で、ハウスの手前と奥のかん水量が比較的均一で、地温を低下させない程度の少量をかん水でき、マルチ下にかん水するため湿度上昇も穏やかである。ドリップチューブは高知県では普及率が高く、必須の装備となっているようだ。

近年、栃木県内で導入が進んでいるウォーターカーテン保温では、通常の三重被覆保温と比較して地温が高く維持できる。ドリップチューブを敷設し、かん水を兼ねた追肥を収穫期間中を通じて行ない、良好な成績を上げる事例も見られるようになってきた。

●収穫作業

捨て刈り、保温開始から約1カ月、ついに待ちに待った初収穫である（写真7－2、7－3）。

収穫作業の詳細は第8章で解説するが、調製後の品質保持のため、ニラがしおれていたり、結露で濡れていたりする時間帯を避けて収穫する。一般に冬ニラと呼ばれる期間（11～4月）は、葉が結露している早朝の時間帯には収穫せずに夕方に収穫し（夕刈り）、夏ニラ期間（5～10月）はしおれが軽微な早朝の時間帯に収穫している（朝刈り）。ともに、日中はしおれが著しいため収穫は行なわない。

収穫作業は手作業で、1株ずつ鎌で刈り取り（写真7－4）、しおれ防止のためビニール袋で密閉してハウスから搬出し、予冷庫にて保管する。

●収穫期の病害虫防除

収穫期に最も警戒が必要な病害虫はネダニ、白斑葉枯病、黒腐菌核病である。

①ネダニ

ここ数年、東西を問わず、多くのニラ産地でネダニの被害が深刻化してい

写真7－3　収穫開始期のニラ
保温開始30日前後。草丈45 ～ 50cm

写真7－2　生育途中のニラ
保温開始15日前後。草丈20 ～ 25cm

写真7－4　ニラの収穫作業

る。第3章でも触れたが、ネダニの被害によって収量と品質が低下し、調製作業は煩雑になってしまう。さらに、ネダニの食害痕から黒腐菌核病や白絹病が二次的に感染しているとされ、相乗的にニラの反収が低下する。ネダニはニラ生産者にとって最大の難敵なのだ。

生態　ネダニの密度が高い圃場では、定植後すぐにネダニの食害で欠株になることもあるが、高温期はネダニの活動は停滞する。さらに、ニラの生育が旺盛で盛んに分けつするため、ネダニの被害をニラの旺盛な生育が上回り、一般的な圃場ではネダニの食害は気にならない程度で推移する。しかし、気温が下がり始める秋以降、ネダニは密かに増殖を続けている。

捨て刈り、保温開始を経て収穫が始まる厳寒期、ハウス内の地温は10～20℃で、保温開始時にたっぷり散水されて土壌は多湿状態となっているが、これはネダニの増殖に好適な環境である。一方で、低温期のニラはじっくりと生育してくるため、ネダニの被害が生育を上回り、ニラが伸長してくると、ネダニの被害が顕在化してくるのだ。

被害のようす　ネダニの被害としてわかりやすいのは、葉のねじれや歪曲だ（写真7－5上）。ネダニが葉鞘基部を食害すると、葉の葉脈が破損し、葉が曲がって伸びてくる。この症状は外葉に多いが、ネダニの食害が深刻化すると内側の葉にも発生することがある。

次に発生するのはニラの葉に発生する筋状の黄化で、これも葉鞘基部をネダニが食害することで養水分の供給がなくなった葉の一部が筋状に黄化する症状だ。葉の中央部や端部等、発生箇所は不規則である（写真7－5中央）。

さらにネダニの食害が進むと、株が全体的に外葉から腐敗してくる（写真7－5下）。葉は最初、黄化しながら腐敗するが、緑色のまま急性的に萎凋して悪臭を伴って腐敗することもある。現場では「トロケ」と呼ばれているが、研究機関で原因菌を同定しようとすると多くの種類の菌が検出され原因は不明とされる。ネダニの食害痕から複数の糸状菌やバクテリアが侵入するため

写真7－5　ネダニの被害

上：外葉の湾曲
中央：葉に発生する筋状の黄化
下：株全体に発生する黄化腐敗症状

表7－1　ニラのネダニ防除に登録のある殺虫剤（2019年6月末時点）

農薬の名称	使用時期	希釈倍数	散布液量	使用方法	使用回数	成分	系統	RACコード
ランネート45DF	収穫21日前まで	1,000倍	1ℓ/m^2	かん注	2回以内	メソミル	カーバメート	1A
スプラサイド乳剤40	収穫30日前まで	2,000倍	3ℓ/m^2	株元かん注	1回	DMTP	有機リン	1B
トクチオン乳剤	収穫21日前まで	2,000倍	3ℓ/m^2	株元かん注	1回	プロチオホス	有機リン	1B
アプロードフロアブル	収穫14日前まで	500～1,000倍	1～3ℓ/m^2	株元かん注	1回	ブプロフェジン	IGR脱皮阻害	16

アプロードフロアブルは使用条件によっては薬害が発生することがあるので、使い方は指導機関に確認するとよい

上記4剤ともに、使い方はかん注。株元の地中によく染み込むようにかん注する

で、悪臭を伴うのは軟腐病菌によるものと推察されている。

この症状が発生すると、収穫作業の際に収穫鎌がベタつき、収穫後の調製作業時には腐敗葉を除去する作業が必要となるため作業が繁雑になる。さらに、出荷物に混入すると出荷後の腐敗の元になるため、入念に除去する必要がある。そのため、ハウスごと収穫を諦める事例も見られる。

この株全体が腐敗する症状は、ネダニが原因と思わずに病害と判断されることがある。しかし、殺菌剤を散布しても発生は止まらない。ネダニの防除を何度か続けていくと、徐々に症状は改善してくるが、完全に症状が回復するためには、食害を受けた葉鞘部が老化枯死し、その後に生長してくる葉鞘部が食害を受けないことが必要なので、完治にはかなりの期間を要する。

防除対策　ネダニの防除には、定植時に粒剤散布が一般的に行なわれているが、定植から収穫までに半年程度経過していて薬剤の効果は消滅している。株養成期に薬剤かん注を行なう事例もあるが、防除の本番は捨て刈り時や収穫直後の薬剤かん注である。この時期に使える、ネダニに登録のある薬剤は表7－1のとおりである。

薬剤によって収穫まで日数が異なるので、収穫まで日数が長い厳寒期と、生育日数が短い暖候期で薬剤を使い分ける必要がある。なお、ニラは収穫ごとに薬剤使用回数がリセットされるので、収穫回数と同じ回数の薬剤使用が可能であるが、ネダニの密度が高い圃場は、収穫ごとに3回は薬剤かん注を継続しよう。

登録薬剤のうち、ランネート45DF、スプラサイド乳剤40、トクチオン乳剤は幼虫、第1・第3若虫、成虫に効果

を示す（図7−11）。脱皮阻害剤のアプロードフロアブルは卵から第3若虫だけでなく、耐久態のヒポプス（第2若虫）にも効果を示す。さらにアプロードフロアブルの影響を受けた成虫が産卵した卵は孵化しにくくなる効果もあるため、アプロードフロアブルは、速効性はないものの、定期的にかん注するとネダニの密度低減に高い効果が期待できるだろう。

ネダニを目的に薬剤かん注を行なう場合は、株元に所定の薬量をしっかりとかけ、葉鞘部を伝って地下の球根の位置まで薬液が染みるようにかん注する。ここまでしないと防除効果は得られない。手を抜かず、しっかりと薬剤かん注をしておけば、後がラクになる。

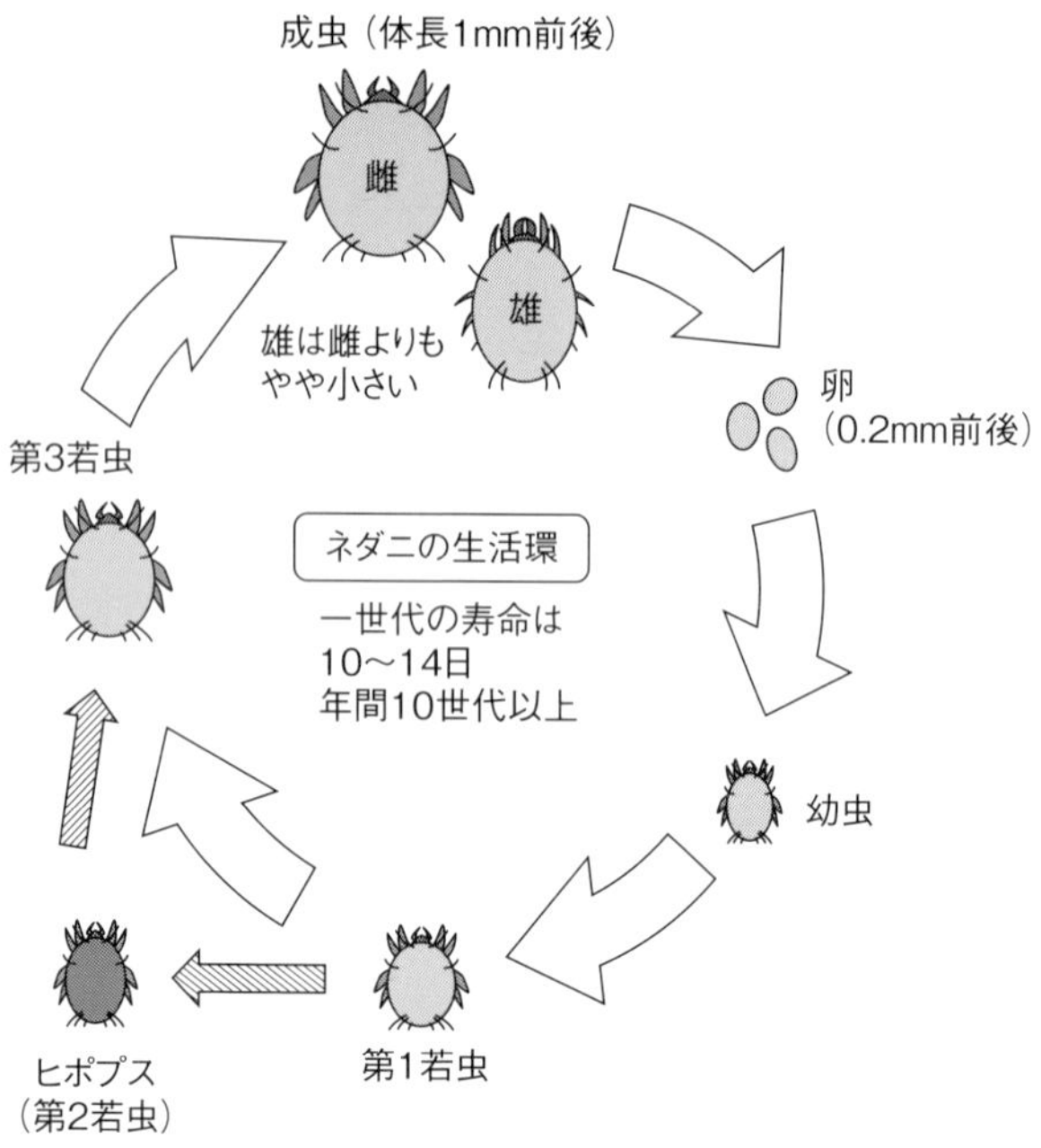

図7−11　ネダニの一生

ヒポプスは高温や乾燥、食物がない等の生育に不適な条件で発生する。耐久態で、餌のない状態で長時間生存できる

②白斑葉枯病

白斑葉枯病は、やや温度の低い多湿条件で多発する収穫期の重要病害である。出荷物に混入すると、出荷後にも菌が増殖し、品質を著しく低下させるため、クレームの対象になる。

被害のようす　葉に白色の小斑点を生じ、後に灰白色で円形ないし長紡錘形の病斑となる（写真7−6）。厳寒期に換気が十分にできない条件で多発し、防除が後手に回ると、ハウス中に蔓延し収穫が皆無になることもある。小トンネルや内張り被覆の結露による水滴が集中して落ちる箇所等では、常態的に発生する。また、捨て刈りしたニラの残渣がハウスの近くにあると、換気によって胞子が飛び込んでくるため、薬剤散布を続けても発生が止まらない。圃場周辺の衛生状態を改善することも重要な予防対策である。

防除対策　捨て刈り時や収穫直後に、トップジンM水和剤をかん注することと、生育中に予防的に薬剤散布を行なうこと、換気を励行し、ハウス内の湿度を低く抑えることで発生を未然に防止することが重要だ。

写真7－6　白斑葉枯病

③黒腐菌核病

黒腐菌核病は、地表面から下の葉鞘部が腐敗する病害で、その名のとおり、黒色の菌核が付着することが特徴である。

被害のようす　葉鞘部の外側から感染し、症状が進むと、葉鞘部の表面内側に黒色の菌核が明瞭に確認できる（写真7－7）。ネダニもそうなのだが、地上の葉の症状だけでは判断できないので、株を掘り上げて診断することが必要だ。

黒腐菌核病はネギ属野菜全般に発生し、温度の低い時期に発病が多く、被害が大きい。高温期は菌核の状態で経

写真7－7　黒腐菌核病

地上部は熱湯をかけたように灰緑色にしおれた後、黄化枯死する。地下の葉鞘部の表皮には黒色の菌核が無数に付着（下写真提供：佐藤良徳）

過し、発病しない。

防除対策　本病害に対しては、予防を含めてニラに登録のある薬剤はないので、発病を軽減する栽培管理を取り入れることで予防するしかない。具体的には、ネダニの防除を徹底して黒腐菌核病の侵入機会を減らす、チッソの過剰施肥を控える、酸性土壌で発生が多いので土壌のpHを適正に管理する等の管理である。3月後半から4月になると、気温上昇に伴って黒腐菌核の発生は軽微になり、完全に腐敗しなかった株は収穫できるまでに回復することもある。そのまま2年株の収穫も可能だが、10月頃に気温が低下すると再び発生してくる。さらに、菌核の状態で4年以上残存するといわれており、一度発生すると、年々発生が増えていく。このような場合は、新しい圃場に移動させるか、作付けを休止して土壌消毒をするしかない。

2 厳寒期の生理障害

厳寒期の外気は低温乾燥、ハウスの中は低温多湿となり、日照時間は短い。ニラの株は消耗し、地温が低いので肥料も水も思うように吸収できない。こんな環境の中でニラは生育を続け、何とか草丈を伸ばしたかと思うと、生産者に刈り取られて売りに出されてしまう。本当に過酷な環境の中で、ニラは春を待ち焦がれながら、必死に頑張っている。

厳寒期の悪条件下では、ニラに生理障害が発生することが多い。生理障害は養分の過不足や気象変動によって引き起こされる生理的な障害である。病害とは異なり、伝染することはないが、病害と同様に、出荷物への混入を防ぐために選別作業に余分な手間がかかってしまう。また、葉先の枯れ込み等の症状は二次的な病害の侵入を引き起こすため、注意が必要だ。生理障害の多くは、栽培環境を改善することで発生を軽減できる。

●表皮剥離とは

被害のようす　表皮剥離は、新たに展開する葉が、すでに展開している葉の表皮を持ち上げるように伸びて、葉の表皮が剥けてしまう障害である（写真7－8）。厳寒期にのみ発生し、暖候期には発生はほとんど見られない。

表皮が剥けた茎葉は傷みが早く、商品価値を低下させるので、調製時に取り除いて廃棄する必要があり、調製の手間が著しく煩雑になる。ハウス全体に発生した場合は収穫せずに収穫1回分を丸ごと廃棄することもある。

発生には品種間差が明らかに認められ、低温伸長性の強い品種（ワンダーグリーンベルトやタフボーイ等）で多発する。また、発生するのは早期保温株（12月上旬くらいまで）の2番刈りから3番刈りで特に多い。また、高温管理で短期間に伸長させた時や、昼夜間の温度格差が激しい時、換気が不十分でハウス内が多湿になっている時に多発する。さらに、ハウス内を見渡してみると、湿害や病害等で障害を受け、株の充実が悪い場所ほど発生が多い。

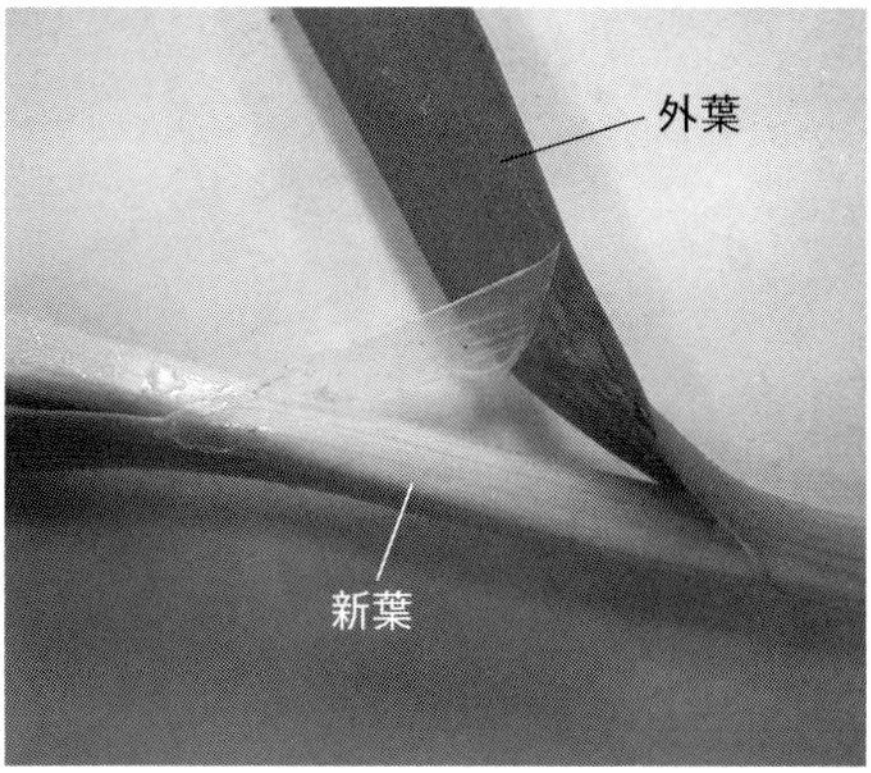

写真7－8　表皮剥離

要因は解明されていない部分が多いが、蒸し込みや昼夜間の温度格差、早期保温による株の消耗が激しいことで外葉の伸長が停止し、低温伸長性がある品種ほど新葉の展開が続き、多湿条件が加わって葉の表皮を剥がすように新葉が伸びていくことが原因だと、筆者は推察している（図7－12）。

防止対策　対策としては、早期保温を避けることが第一だが、やむを得ず早期保温を行なわなければならないことも多い。そのような場合はできるだけ充実した株を早期保温に使い、外葉の伸長が停滞しないようにすることだ。

この症状は、保温開始が遅い作型であっても、厳寒期の栽培環境が悪いと発生する。根本的な対策としては、温度管理をニラの生育に合うように最適化することに尽きる。日中は換気を励行しハウス内の湿度上昇を抑えた上で、

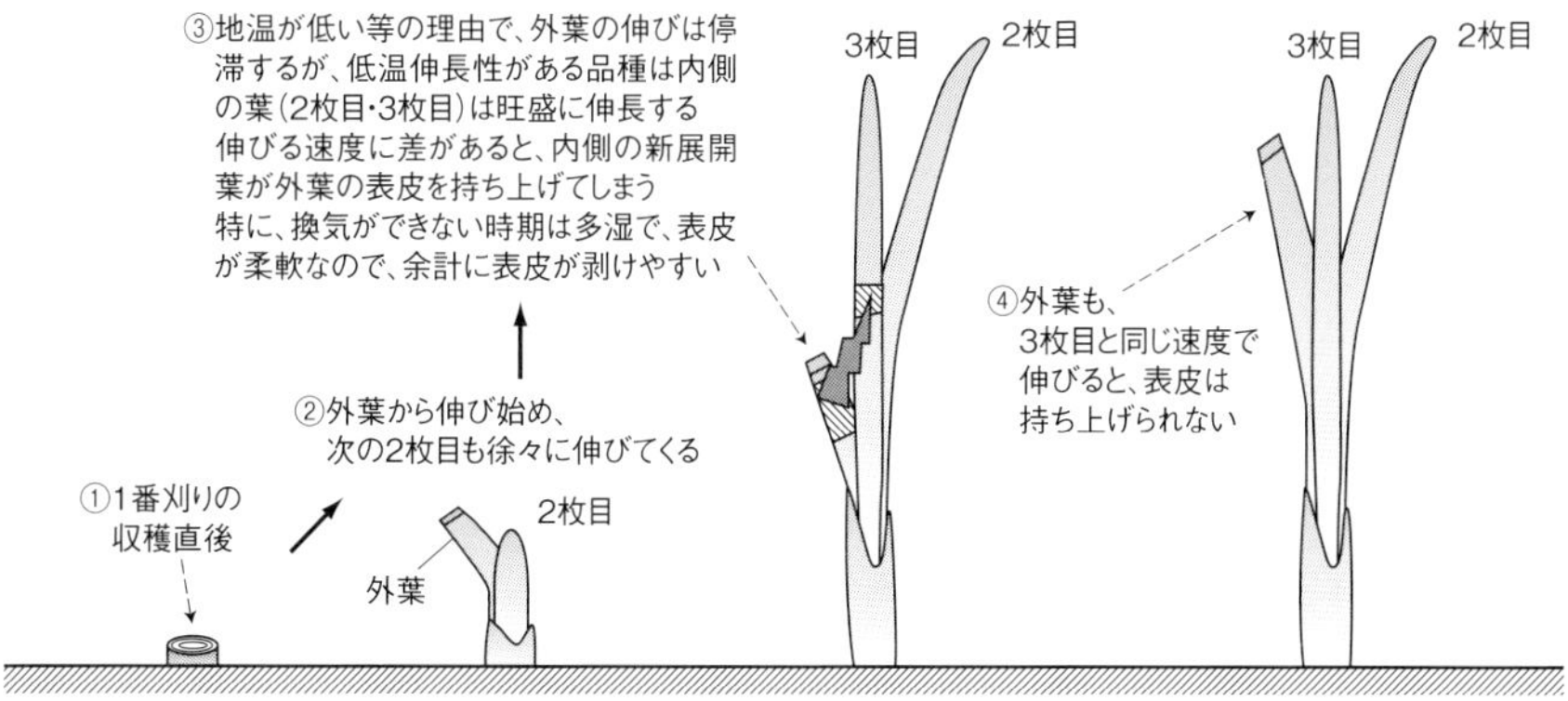

図7－12　表皮剥離の発生模式図（推察）

夜温の確保に努め、昼夜間の温度格差をなくし、株の活性を維持できる適正な生育日数を確保すること。さらに、地温を十分に確保し、根の活性を低下させないことが重要だ。

表皮剥離によって表皮が欠損した葉は、出荷された後で腐敗しやすく、店頭に並ぶまでにグチャグチャに腐敗することもある。表皮剥離が発生した場合は、発生の多少にかかわらず、調製時に徹底的に除去しよう。

表皮剥離は、3月後半になると発生はほとんどなくなる。地温上昇に伴って根が活性を取り戻し、外葉と新葉の伸長が同時に旺盛になることと、換気が常態化して湿度が下がって葉の表皮が締まってくるためだと筆者は推察しているのだが、いかがだろうか?

●葉先枯れ

被害のようす　ニラの葉先が白化して枯れ込む症状で、最初は葉縁部が薄く黄化し、2～3日経過すると葉先が白化して枯死する（写真7－9）。発生が少ない場合は調製時に葉先を摘除して出荷することが可能だが、等級を落とす原因となる。さらに圃場全面的に発生すると葉先の摘除が著しく煩雑で、収穫せずに株養成に回してしまう事例も見られる。

この症状は、高温期の蒸散が多い際に地温が上昇し、表層の根が障害を受ける際にも発生するが、むしろ多いのは厳寒期である。雪や曇雨天が連続した後に急に天気が回復して日射が多くなる時や、蒸し込みで温度を上げた状態で一気に換気をして冷たく乾燥した外気が流入して葉に直接当たると発生する。また、3月に日射量が急に増える時期にも多発する。

写真7－9　葉先枯れ

直接の原因は低地温や根量減少に伴う吸水の停滞で、管理面では換気の不手際（急激に低温で乾燥した外気を導入した場合等）が発生を増大させる。

蒸散と吸水のバランスが崩れて葉先からの蒸散が増えることで、葉先に集中的に障害が発生する。その理由は、ニラの葉先には気孔が集中しているためである。葉先は蒸散が最も激しい部位であり、根から最も遠い位置にある。根の吸水は蒸散が激しくなってから若

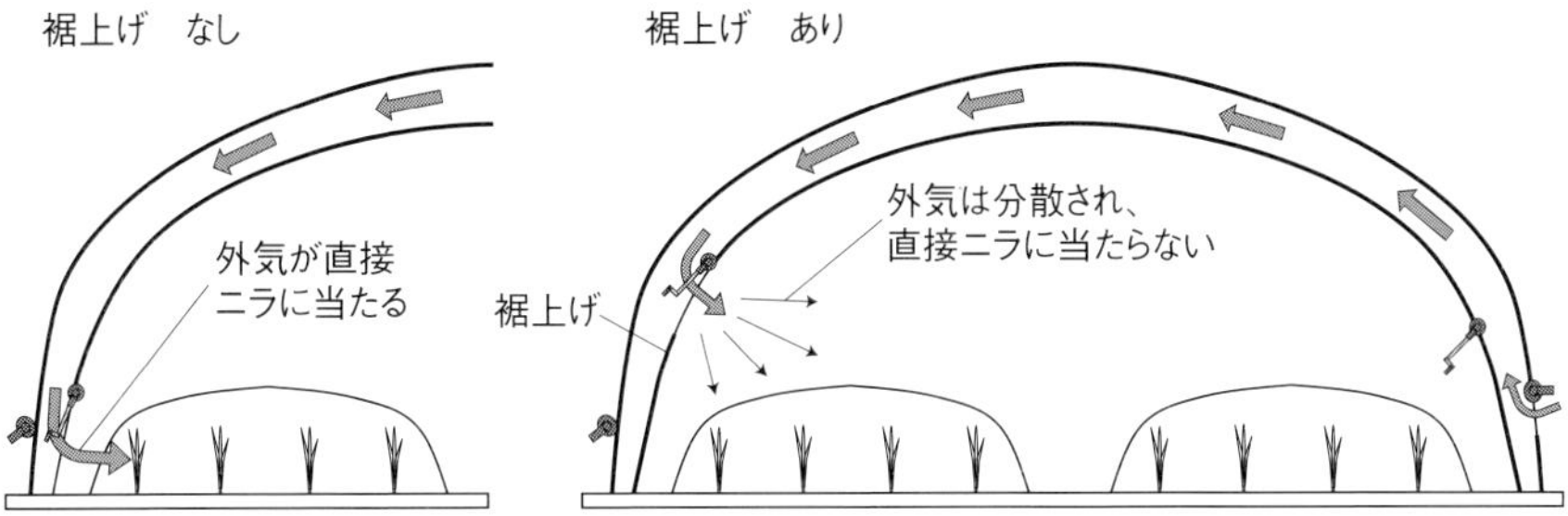

図7－13　内張りの裾上げによる換気の改善
逆サイド換気（図7－7）をする場合は、内張りの裾を高くし（裾上げ）、外気がニラに直接当たらないようにする

干遅れて始まるため、低地温による吸水の停滞が加わると、蒸散と吸水のバランスが崩れ、葉先の枯れ込みが多発するのだ。

防止対策　葉先枯れへの基本対策としては、曇雨天後の急な晴天に注意し、地温が低下しないよう保温に努めることと、日射量が多くなる3月後半からは遮光資材を使用し、かん水を行なうとよい。

最も重要な対策としては、①ハウス内の温度が高温になってからの急激な換気は絶対に行なわず、温度が上昇する前から極弱い換気を徐々に始めて温度変化を和らげること。②外気が直接ニラに当たらないように、逆サイド換気（144ページ）や天井換気を励行すること。③その際は、内張りの裾部分を衝立て状に裾上げするとよい（図7－13）。

●炭酸ガスの濃度障害による葉先焼け

ニラの葉先に発生する焼け症状で、先端部が赤褐色に枯死する「赤焼け」と、葉の縁から黄化する「白焼け」がある（写真7－10）。炭酸ガスの高濃度施用や低夜温で発生が多いが、堆肥の過剰施用によって施設内の炭酸ガス濃度が極端に高まった時にも発生することがある。

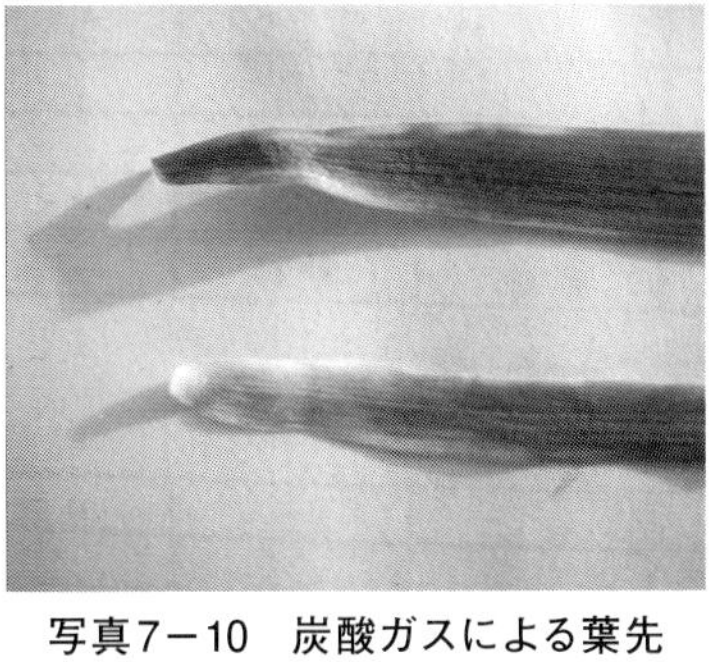

写真7－10　炭酸ガスによる葉先焼け（写真提供：栃木農試）
上が赤焼け、下が白焼けと呼ばれる症状

反収向上を目的に炭酸ガス施用する中で問題となったが、原因は判然としなかった。

葉で生成された同化養分（糖分）が低温で球根部に転流できず、葉に蓄積することで細胞が破壊されてしまうためと推察される。

地温を高めに維持することと、曇天日であっても日中は換気をして炭酸ガス濃度を極端に高めないこと、循環扇でハウス内の空気を攪拌することが対策となる。

●凍害による葉の障害

ニラの葉は糖度が高く、通常の温度管理をしていれば寒さで凍結することはないが、外気温が氷点下10℃以下になった時等に、小トンネル被覆に隣接した老化葉から障害を受けやすい。特に、ハウスのサイド側に発生が見られる。

症状としては、葉が破裂するように断裂し（写真7－11）、気温上昇とともにしおれる。出荷物に混入すると腐敗を招き著しく品質が低下するので、調製時に取り除く必要がある。

気象情報に留意し、強い寒波が襲来する時は、前日午後にハウスのサイドを早めに閉めて夜温確保に努める他、保温性の高い保温資材を利用することで対処する。

●低温による葉先の赤化

この症状は炭酸ガスによる「赤焼け」と酷似するが、慢性的な低地温による根の障害が原因で、ハウスサイドに多いのが特徴だ。特に、生育日数が40日を過ぎた時に外葉から葉先が赤化することが多いため（写真7－12）、葉先の老化が原因ともいわれている。凍害対策と同様、夜温を確保することで地温を高めることが必要だ。調製時

写真7－11　低温による葉の断裂

（写真提供：和氣貴光）

かなりの低温時に発生（矢印）

写真7－12　低温による葉先の赤化

地温の低下で発生。ハウスのサイドに多い

には葉先を摘み取って出荷する。

3 厳寒期の保温資材利用

厳寒期に温度を確保してニラの健全な生育を維持することは重要だが、無加温栽培では温度が思うように確保できずに生育停滞を招く事例が多い。

保温性を高める対策として、保温性の高い資材を活用するとよい。なかにはマユツバ的な資材や高額な資材も散見されるが、コストと効果を見極めながら資材を選び、効果が期待できるものは積極的に取り入れたほうがよいだろう。

●光線透過率の高い被覆資材を使う

内張り被覆用や小トンネル被覆用に使用される農ポリは、ビニールと違ってベタつかず軽量なので、気温上昇期には折りたたんで保管しておき、複数年使用されることがある。しかし、ほこりや泥の付着で光線透過率が低下し(写真7－13)、結果的に保温性を悪化させていることが多い。複数年使用したポリで透過率が4割下がった事例もある。コスト削減のつもりが、収量を下げる原因になっているのは本末転倒だ。

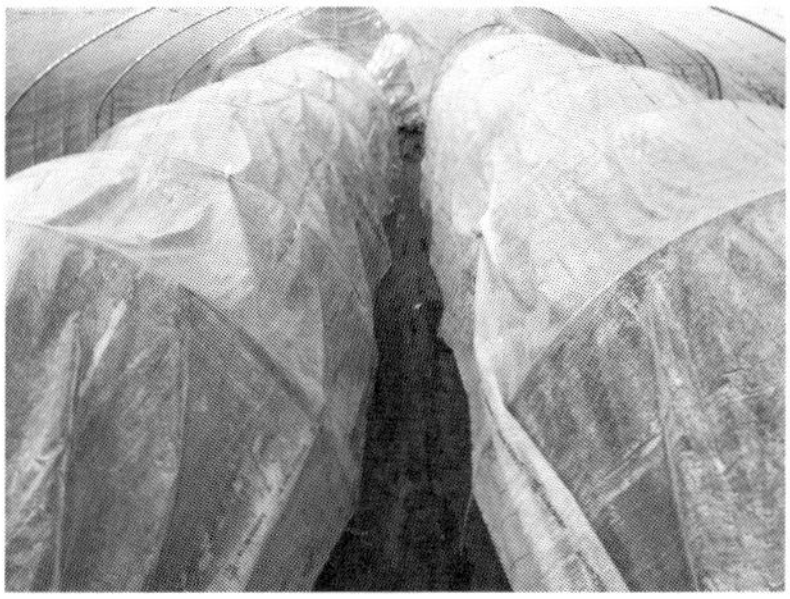

写真7－13　古い小トンネル被覆
(写真提供：田崎公久)

かなり光線透過率が落ちている。これでは地温が上がらない

厳寒期のニラの健全な生育のためには、資材費をケチらずに、新しい被覆資材に更新することが第一で、これを怠って保温性の高い資材に手を出しても、思ったような効果は得られない。

●ハウス・小トンネルの隙間をなくす

ニラ三重小トンネル栽培は、被覆を多層化することで外気とニラを3段階で遮断し、ハウスからの放熱を防いで保温している。厳寒期の生育は三重被覆を可能な限り密閉できるかどうかで左右されるが、ハウスからの放熱のうち、改善が図れるのは隙間からの伝熱である。

日々の保温管理では、隙間をなくし、密閉する。被覆資材の破れ箇所や被覆面の隙間は直ちに補修を行ない、機密性を高める。特に隙間ができやすいのは入り口のドア周囲で、外張り、内張

写真7－14　ドア部分の隙間対策

左はドアのビニールを延長（点線部分）してパッカーでパイプにとめている。入るときはパッカーを外してドアを開ける。右はつっかい棒と小石を詰めた肥料袋で強風時のドアのバタつきを防いでいる

りともドア部分の隙間対策を徹底するだけで保温性は格段に向上する（写真7－14）。被覆資材を閉じた際に隙間があると、空間内の上下の空気がかく乱されて保温性が低下するので、隙間をなくしハウスの気密性を高める。また、外張りの裾部分は土で埋める等、しっかりと固定して外の冷気が室内に入り込まないようにする。

●反射資材のサイド展張

日中に直射日光が当たらないハウスの北側または西側にアルミ蒸着シート（商品名ポリシャイン）や、タイベック等の白色シートのような反射資材を展張し、日光を反射させて地温を高めるのもよい（写真7－15）。

完全に遮光になるので、東西棟の北側に使うのはよいが、南北棟の西側に張るのは避ける。また、ハウスとハウスの間隔が狭い場合は、隣のハウスが光線不足になる恐れがあるので注意が必要だ。

副次的な効果として、隙間風を防ぐ効果も期待できる。

写真7－15　反射資材の活用

ハウスサイド部（点線部）に1m幅のポリシャインを展張

●保温資材のサイド展張

空気の層が熱を遮断する特性を利用した気泡緩衝材（商品名エコポカプチ等）は、断熱性を表す数値が農業用フィルムの1・7倍あるとされる。

使い方は前述の反射資材と同様である（写真7－16上）。固定の仕方次第では、隙間風を防ぐ効果が期待できる。そこそこの光線透過率は確保されているが、多少の光線透過率低下はあるので、南北棟の西側に使用すると、夕方の温度確保にマイナスとなることもある。また、素材の特性から耐久性はあまり高くないので、長期間の使用には向かないようだ。

●水封マルチ

水を封入した透明ダクト（湯たんぽ）を小トンネル内の端部に設置してもよい（写真7－16中央）。透明ダクトに入った水温は日中25℃まで温まり、夜間は8℃までしか下がらない。温水の放射熱によりトンネル内を2℃ほど高めることができる。また、地温低下を防止する効果も期待できる。

水の入っているダクトを収穫時に鎌で切らないように注意する。

●保温性の高い資材でトンネル被覆

小トンネルの被覆資材に、保温性が高いアルミ蒸着シートを使い、夜間から早朝にかけての保温力アップを図る事例もある（写真7－16下の左のウネ）。トンネル内の気温を農サク

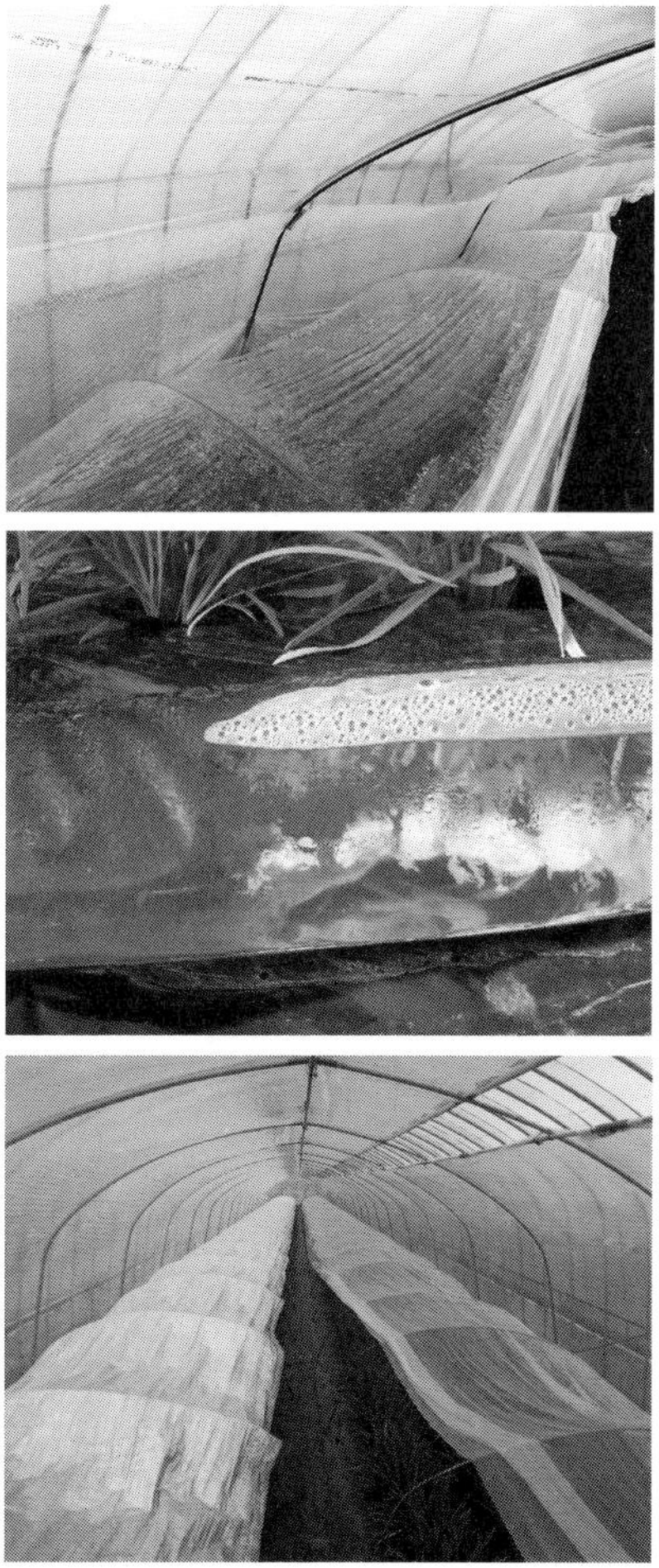

写真7－16　保温資材の活用

上：ハウスサイド部に1m幅のエコポカプチを展張
中央：水を封入した透明ダクト
下：ポリシャイン保温
左のウネのポリシャイン小トンネルは右の農サクビ小トンネルより最低温度が1～2℃高くなる

ビ（農業用エチレン酢酸ビニールフィルム）の小トンネルよりも1～2℃高めることができる。たった1～2℃の差であるが、積算すると生育に大きな差が出てくるので、利用価値は大きい。なお、アルミ蒸着シートは光線透過率が皆無なので、降雪時であっても日の出とともにトンネルを除去することが必須となる。

●雪への対策

一般的なパイプハウスは、雪質によっても異なるが、10～20cmの積雪で倒壊し始めるといわれている。天井部の積雪で荷重が増すと、肩部が押しつぶされてM字型に倒壊する。特に古い外張りビニールを使用している場合や、土埃の付着が多い外張りビニールでは、雪が滑り落ちにくくなって積雪量がさらに増えてしまう。

対策としては、屋根のビニール破損に注意しながら雪下ろしを行なうことと、内部から天井部を支える補強を行なう。雪を溶かそうとして散水すると、雪が水を吸って重さが増してハウスの倒壊を助長するので、絶対にしてはいけない。

また、ハウスとハウスの間に雪が落ちてたまると、サイドの換気ができずにハウス内が高温になりニラに障害が発生したり、ハウスサイド部分の地温が下がってニラに生育差ができやすくなったりする。砂やもみ殻くん炭、粒状苦土炭カルを散布してできるだけ早期に溶かすようにしよう。

積雪への備えは、北関東では3月末頃までは注意が必要で、春先の重く湿った雪には特に警戒が必要である。

●強風への対策

パイプハウスは強風による倒壊の被害を受けやすい。特に、季節風が強い厳寒期から春先に被害が集中する。

換気している際に風が一気に入り込んでハウスごと持ち上げられたり、ダウンバースト（下降気流）でハウスごとつぶされたりすることもある。春先だけでなく台風の際にも注意が必要だ。

対策としては、マイカ線を固定する「らせん杭」をしっかりとねじ込むことと、マイカ線のゆるみをなくすこと、強風時は一時的に換気を閉めてハウス内への急激な外気の流入を防ぐことが重要だ。

4 春先の管理

●春先の栽培管理の考え方

1月後半から2月前半の厳寒期は1年で最も温度が低い時期で、ニラの生育はきわめて緩慢であるが、日長時間は12月下旬の冬至から徐々に伸び始める。この時期のニラは、茎数は保温開始時より若干増加していることが多く、35本前後となっていることが標準的な生育だ。しかし3月以降は、緩慢な生育から、根の伸長が再開し、葉の伸長が徐々に早まり、分けつも始まる時期となる。

2月後半以降は、気温が極端に下がる日もある一方で、晴天日は気温が上昇し、ハウス内が高温になることも多くなる。季節風が強く、葉先の障害が気になって換気がとても難しい時期でもある。

徐々に暖かい日が多くなる3月以降は、厳寒期から春の管理に切り替える時期となり、天気予報を見て、ハウスの温度を確認しながら、きめの細かい温度管理を行なう必要がある。

●温度管理

春先の温度管理は、厳寒期の温度管理（140ページ図7－2参照）と変わらない。最低温度5℃以上を維持するように夜温の確保に努める。厳寒期の温度管理と変わってくるのは、日中の温度管理である。パイプハウスは空間の容積が連棟ハウスと比較して少ないため、春先の強い日射で一気に温度が上昇し、換気が遅れると50℃以上に上昇することも珍しくない。日の出の時間は少しずつ早まり、北関東の3月中旬の日の出は6時まで早まっている。朝のハウスを開ける換気のタイミングは徐々に早めて、ハウス内の温度が上昇しすぎないように注意しよう。

●追肥とかん水

3月に入ると、ニラの根が再び旺盛に伸長し始める。それと同時に分けつも始まる。

元肥や追肥の残りと堆肥は地温上昇とともに再び有効化してくるが、生育の回復に合わせて、ハウス内の平均気温が15℃を越える2月下旬頃から追肥を再開するようにする。

ニラは春に再び分けつ期を迎える。過剰分けつしないように、追肥の量には注意が必要だ。春に過剰に追肥すると、チッソを一気に吸収し、過剰分けつを招く。2年株の過剰分けつは、倒伏を招く他、葉幅減少による品質低下に直結する。

追肥の量は10ａ当たりチッソ成分で1～2kg、半月に1回くらいから再開して様子を見る。

液肥を薄めに希釈してドリップチューブでかん水を兼ねて追肥することが理想的だが、ドリップチューブを敷設していない場合は速効性の粒状化成肥料を散布してから散水するか、液肥を薄く希釈してマルチ上から散水する。

●収穫と病害虫防除

気温が上がって日長時間が伸びることでニラの生育が旺盛になってくると、葉の伸長が早まり、生育日数が短くなってくる。当然、収穫適期が狭くなり、収穫作業が忙しくなってくる。葉の長さは出荷規格で決まっているので、伸びすぎないように、適期収穫を心がける。収穫ローテーションに狂いが生じるようなら、生育が悪いハウスは収穫を停止して繁茂させ、株の充実を図るために株養成に回すとよい。

病害虫は、夜間も換気が開放されるようになる4月頃までは、白斑葉枯病が発生するので、警戒を続ける。白斑葉枯病は徐々に発生が終息していくが、反面、害虫の発生が増えてくる。ニラの生育期間が短くなるので、農薬の使用時期（収穫までの日数）には留意する。収穫を休むハウスを重点的に防除して、収穫を継続するハウスは収穫前使用可能日数が短い農薬を使用するようにしたい。

5 細くなったニラは株養成

●収穫を休んで株養成する効果

ニラは収穫開始以降、基本的には何回でも刈れるが、葉幅が細くなり、収量と商品価値が低下していく。葉が細くなる理由はいくつかあるが、一番の原因は分けつの進行による光線競合と根域の過密化による揚水分の競合である。

この他に、少日射条件と低温によって根の活性が低下すると、吸肥吸水が停滞して生育も緩慢になる。さらに収穫回数が増えるにつれて根量が減少すると、生育が極端に停滞し、中休みのような状態となる。秋の株養成が不十分な早期保温株ではこの傾向が顕著で、2～3回収穫すると生育がきわめて緩慢になってしまい、葉幅も極端に細くなる。

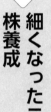

こうなった場合は、収穫を休止して株養成する管理が一般的である。収穫を休んで株養成する期間をとると、その間は葉が繁茂して光合成を行なうため、地下部への養分蓄積が回復する。また、前段でも述べたが、この期間に追肥とかん水を行なうと、さらに地下部の充実が早まる。

収穫を1カ月半～2カ月休んで株養成を行なうと、葉幅がだんだん回復してくる。特に、2月下旬以降にかん水と追肥を行なって株養成すると、3月以降、地温が上昇し、新しい根が伸びてくるため、吸肥、吸水ともに旺盛になり、効果を実感しやすい。

また、3月以降は日長時間が延びて、日射量が強くなる。光合成能力が高まるし、光合成する期間も長くとれる。葉での光合成と球根部への養分転流が遅滞なく行なわれ、樹勢回復の効果を一層感じられるようになる。

●株養成に回した株の管理

収穫を休んで株養成に回した株の温度管理は、収穫株と同様に、日中は蒸し込まず、30℃以下で管理することが理想である。株養成するニラは、収穫調整等の作業が忙しいため放置されている事例が多く、換気されず、日中かなりの高温状態で放置されていることが多いようだ。ニラが最も旺盛に光合成を行なうのは20℃前後である。40℃以上の蒸し込みでは、株の消耗が激しく、炭酸ガス飢餓の状態にもなり、株養成の効果が薄れてしまう。適正な温度管理と、炭酸ガス補給のために、晴天時の日中は換気を励行する。

また、葉先の枯れ込みに注意する。日中に高温蒸し込み管理をすると、一時的に蒸散が激しくなり、土壌中の水分はかん水をしないと不足してくる。また、地温が高くなりすぎることで根の活性が低下すること等から、葉先が一気に枯れ込む事例が多く見られる。葉先の枯れ込みが起きて、夜温が一気に低下すると、湿度は上昇し、白斑葉枯病や白色疫病の多発を招く。特に白色疫病は薬剤防除が不可能であり（登録薬剤がなく、現在ニラに登録されている殺菌剤では防除は困難）、途中で捨て刈りする事態となる。これでは、株養成の意味がなくなる。

6 高温期（5月以降）の管理

●高温期管理の考え方

3月前半まで停滞していた生育は、日照時間の拡大や気温の上昇とともにさらに回復し、4月後半からは急激に旺盛になる。厳寒期に減少した根量は再び増加に転じ、分けつが再び始まり、収穫までの生育期間は短くなる。

5月以降は夜温も上昇してくるためハウスの開閉は行なわずに開放したままの管理となる（写真7－17）。この頃になるとアザミウマ等の害虫が増加して収穫するニラの品質に影響を及ぼすようになるので、定期的な防除が必要だ。

水稲の田植え作業が始まり、新植ニラの定植準備も始まる忙しい時期である。ポイントをつかんだ適切な管理を行なうように留意したい。

●かん水と追肥

ニラの生育はすっかり回復し、収穫も順調になる時期で、収穫中のニラの葉幅低下、葉先の枯れ込み、葉の老化を防ぐため、追肥とかん水は重要な管理となる（図7－14）。また、分けつが再開するため、追肥を行なって、増加した茎の葉幅を確保する必要がある。

一つのハウスの収穫が1回終わるごとに、速効性の化成肥料や液肥で10a当たりチッソ成分で1～2kg程度を追肥する。その目安としては、収穫したニラの0・5～1％のチッソおよびカリを収穫のたびに追肥する。1ハウスで50箱（200kg）収穫したら、チッソとカリそれぞれ成分で1～2kgが追肥量となる。

土壌が乾燥した状態で追肥すると肥効が弱く、根も傷むので、追肥後には必ずかん水する。液肥を使う場合には、粒状化成肥料よりも肥効が早く流亡も早いので、一度にやらず、2～3回に分けて、同じ成分量をかん水を兼ねて施用する。

●遮光資材の活用

3月以降、日長時間は延び続け、南中高度が高くなるにつれて直射日光は強くなる。このため、マルチ面が熱せられて表層のニラの根が障害を受けることで、葉先の枯れ込みが目立つよう

写真7－17　抽苔前の2年株（7月下旬）

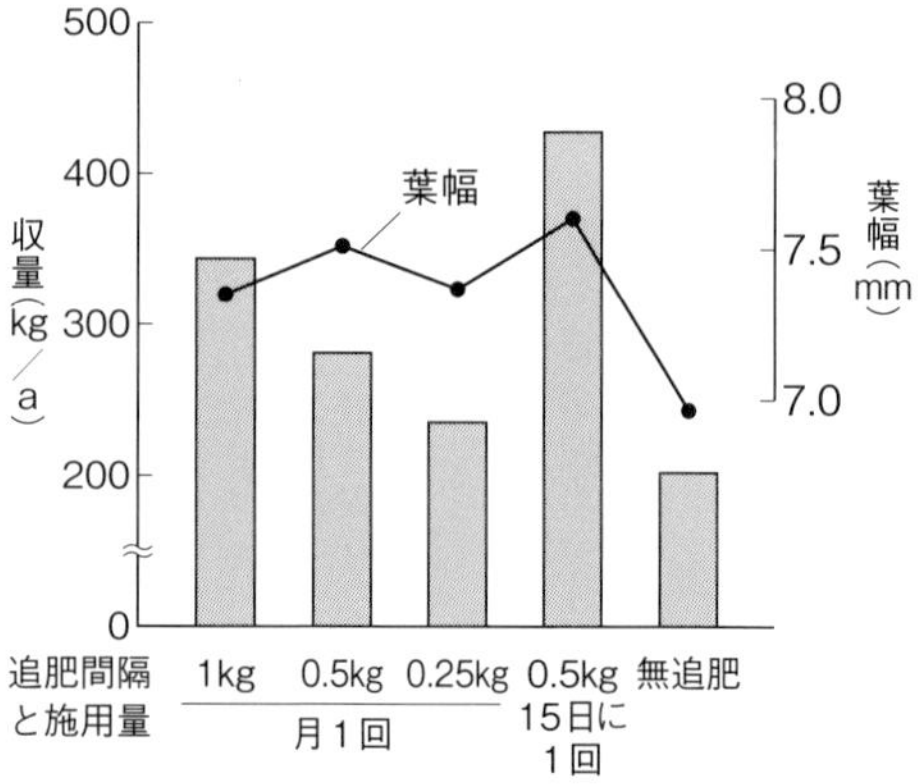

図7－14　夏の追肥の効果（栃木農試，1979）

4月下旬に各区とも1kg/aを施用後、5～7月に追肥、収穫期間6/21～8/10で、葉幅6mm以下になった時点で収穫中止。月1回より、半月に1回少量の追肥が収量・品質とも優れる

写真7－18　遮光資材（ふあふあシルバー）

遮光率は50%。軽くて耐候性があり、5～10年は使える。紫外線で劣化するので保管時は直射日光に当てないこと

になる。根の吸水量が低下する一方で、蒸散量が急激に増加し、水分バランスが崩れることが原因だ。厳寒期の換気の項で解説したように、ニラの葉先には気孔が多く集中しており、根から最も遠い部分でもあるため、葉先の枯れ込みが顕著に発生する。

高温期の葉先枯れは、厳寒期の葉先枯れと症状は似ているが、葉先のみ枯れて縁までは枯れないことが多い。厳寒期は根量の低下や、低温で乾燥した外気の影響で発生するが、春以降は根量が増加した中で葉先が枯れ込む。出荷時には枯れ込んだ葉先を摘み取らねばならず、調製作業に時間がかかってしまう。

対策としては、遮光資材を活用して地温上昇を抑えることが一般的だ。具体的には、遮光率50%の遮光ネットを屋根部分に展張し、直射日光を制限する（写真7－18）。遮光は光合成を阻害するので、生育のためには好ましくない。理想的には、収穫1週間前頃から遮光を開始して、収穫後は遮光をはずすとよい。しかし一度展張した遮光資材の移動は大変な作業であり、遮光資材を展張したら8月末頃まで張りっぱなしという生産者がほとんどだ。生育のマイナス面と葉先の枯れ込みを比べると、後者のほうが損失は大きいので、遮光資材を張ったままにしているようだ。

葉色の淡い品種では、遮光によってさらに葉色が淡くなる等の影響もあるので注意が必要だろう。また、遮光資材によって温度抑制効果が異なるようなので、効果的な資材を選択するようにしたい。

さらに、遮光資材の使用と合わせて、こまめにかん水を行なうことが重要だ。遮光資材を使うだけでは葉先の枯れ込みは軽減できない。かん水によって、根からの吸水が促進され、合わせて地温が抑制できるので、高温期はかん水を定期的に行なうようにしたい。

●高温期の病害虫防除

高温期の収穫中のニラに発生する病害としては、白絹病、軟腐病が問題となる。これらは前年の定植後の防除（118ページ参照）と同様で、排水対策をしっかりと講じ、発生前から薬剤による予防を行なう。雨よけ栽培の場合、雨水の流入がないようにすると白絹病や軟腐病の発生は比較的軽微である。露地栽培の場合は、降雨によって白絹病や軟腐病が多発しやすいので、排水対策をしっかりと行なうことが重要で、可能ならば雨よけをするとよい。なお、白絹病に使う殺菌剤は収穫するニラに使うと薬品臭が残ることがあるので、収穫株には使用しないほうがよい。

写真7－19　アザミウマ侵入を軽減する防虫ネット

左は銀色の糸が等間隔で編んであるもの。右は赤色のネット。目合い2mm程度で、通気性が確保されている

写真7－20　アザミウマ侵入を軽減する防虫ネット

商品名スリムホワイト。銀色の糸に白い帯状のタイベックが編み込んである。細長い目合いとアザミウマが嫌う素材を組み合わせて通気性と防虫効果を両立

害虫は、ハウスの換気が開放になるため、飛び込みが多くなり、特にアザミウマ類が厄介だ。アザミウマ類はニラの葉を白くカスリ状に食害し、出荷するニラの商品価値を著しく低下させる。微細な昆虫で発見が遅れやすく、葉に障害が見えてからでは防除が困難で被害が拡大しやすいため、発見を早めて早期に防除を行なう。黒色の下敷き等を使うと発見しやすい。

パイプハウス等の施設栽培であれば、防虫ネットをハウスサイド等に展張することでアザミウマの侵入を減らすことが期待できる（写真7－19、7－20）。ただし、ネットの目合いによっては通気性が悪くなってハウス内が高温になりやすいので、通気性と防虫効果を両立したネットを使用するとよい。

この他、4～5月は有翅アブラムシの飛来が多い時期なので、合わせて防除を行なう。

●高温期の生理障害

高温期の生理障害として最も多いのは、前述した葉先枯れである（写真7－21上）。地温が上昇しすぎると表層の根が高温で障害を受け、吸水量が減少する一方、葉先からの蒸散は増加するため発生する。遮光資材の活用と、こまめなかん水によって発生を防止する。

写真7－21　高温期の生理障害

上：葉先枯れ。厳寒期の葉先枯れと似ているが、高温期は葉先のみが枯れる
中央：ブルーム葉（写真提供：田崎公久）。葉の表面が白緑色になり、こすると表皮が取れてしまう
下：葉先の波打ち。黄化し、波打つように曲がる

また、葉が白っぽくツヤが消えたような状態になる通称ブルーム葉（写真7－21中央）や、葉先が黄化して波打つ症状（写真7－21下）が発生することがある。これらの発生要因は不明な点が多いが、高温期の多肥や乾燥条件で発生し、特にチッソが過剰だと多発するようだ。これらの対策としては、過剰な追肥を避けることと、葉先枯れと同様に、遮光資材とかん水を組み合わせて根の活性を維持するとともに、吸水と蒸散のバランスを保つことで対処する。葉先枯れと同様、症状が見られる葉は日持ちが悪いので、調製時に除去する。

7 2年株の抽苔の処理

春まき新植株の抽苔期は8月後半から9月前半で、1本の茎からの出蕾数は1本だけで終わることがほとんどである。秋まきの新植株ではそれよりも抽苔始期が早く、1本の茎からの出蕾数も多いが、2年株は分けつ数が格段に多いこともあって、新植株と比較にならないほど抽苔が多く、期間も長い（写真7－22）。早いものでは7月前半から抽苔し始めて、その後もダラダラと出蕾が続き、9月後半まで続く。

2年株は花芽分化時点での植物体が大きく、分化する花芽の量が多いため1本の茎から3～4本の出蕾がある。これを放置すると株の消耗に直結し、葉幅が低下し、調製作業が繁雑になるだけでなく、最終的な収量の減少にもつながる。

さらに、開花、結実まで放置すると種子が落ちて雑草化する等厄介だ。

第3章（42ページ）でも解説したとおり、10～15日に一度くらいの間隔で、こまめに蕾を刈り取って、株の消耗を最小限に抑えるようにしよう。

写真7－22　2年株の抽苔

白いじゅうたんのようできれいだが、こんなに咲くまで放っておいてはいけない

8 夏ニラ専用株の管理

夏ニラ専用株として、自発的に休眠する品種（パワフルグリーンベルト、大連等）を作付けした場合、定植年の秋には休眠に入り、地上部は枯死して

写真7－23　山形県における露地ニラ栽培（写真提供：品川淳）
定植翌年の収穫開始年の生育状況。品種はパワフルグリーンベルト

越冬する。翌年の春（4月上旬以降）に気温上昇によって自然に萌芽してくるが、これを一般に「ゼロ番刈り」と呼んでいる（写真7－23）。これは、前年の休眠前に球根に貯蔵した養分を使って伸長してくるもので、葉幅があり収量も高いため、萌芽と同時に雨よけ被覆をして（露地ニラの場合は、そのままの状態で）、収穫、出荷されることが多い。

しかし、本来であれば「ゼロ番刈り」として伸長した葉が光合成を行なって根株がさらに充実するので、収穫してしまうと、急激に葉幅が細くなる等の悪影響が見られる。

周年どり品種のニラを補完するために導入されている夏ニラ専用株は、抽苔時期の違いを利用して周年どり品種の抽苔時期に抽苔のない高品質なニラを収穫する目的で作付けしているものである。できれば「ゼロ番刈り」は収穫せずに生育させるほうがよい。「ゼロ番刈り」を収穫した場合は、その後に伸長した葉を収穫せずに繁茂させ、抽苔が終わるまで株養成する。

夏ニラ専用株は分けつ性は弱く、過剰分けつによる葉幅の低下は少ないが、「ゼロ番刈り」収穫の有無にかかわらず、定期的に追肥とかん水を行ない、収穫終了まで継続する。1回当たりの追肥量は周年どりニラと同様、チッソとカリを成分で10a当たり1～2kg程度、10～15日の間隔で、月に2～3回追肥する。

この他の管理は、周年どり品種の管理に準ずるが、さび病の発生には注意が必要で、周年どり品種よりも発生が早く、夏ニラ専用品種から発病して伝染源になることが多い。夏ニラ専用株を作付けしている場合は、8月上旬頃からさび病の予防を開始し、発生を未然に防止するようにする。

9 収穫はいつまで続けられるのか

周年どりニラの収穫は、理論上は何度でもいつまでも続けられるが、2年株は春に分けつし、さらに新植株と同様に秋に大幅に分けつする。春の分けつ前に35本前後だった株は、春の分けつ後には40～45本に増加し、秋にはさらに分けつする。

ニラの分けつは不規則に広がっていき、株の外側だけでなく中心方向にも向かって茎が増殖していく。株の中心部は茎が密集し、根域が過密になり、受光態勢が悪化する。株の消耗が深刻化し、一本一本の茎がきわめて細くなり、最終的には密集部分に枯死する茎も見られるようになる。

この過密化現象は、分けつの弱い品種を1株当たり植え付け本数を制限して定植したり、定植時に深植えしたり、土寄せしたりすることで軽減されるものの、2年株の分けつ抑制は容易ではない。

最終的な茎数は60本を超えてくるが、こうなると葉幅はきわめて狭くなり、葉幅が回復する見込みはない。さらに、10月後半からの短日と低温により生育も緩慢になる。こうなってくると、収穫の継続は困難になる。

一般的には、2年株は11月後半から12月前半の収穫を最後に終了し、新植株の収穫にバトンタッチして廃作とされることが多い。

10 収穫終了・後片付け

●マルチ、ビニールの除去

収穫を終えたハウスは、収穫終了直後にマルチを除去する。収穫から時間をおいて葉が伸長してしまうとマルチが剥がしにくくなる。

降雪の恐れがある時期なので、収穫が終了したハウスは、内張り、外張りとも、ビニールを除去する。ビニールを除去する前に降雪の恐れがある場合は、外張りのパイプに竹等を支柱として付けて（つっかい棒）、積雪によるハウスの倒壊を防止する。

●古株の枯死対策

後片付けの最大の目的は、第5章（98ページ参照）でも解説したとおり、いかに適切に、前作のニラの残渣を処分するかだ。球根部に残留するネダニ、黒腐菌核病や白絹病の菌核を次作に持ち越さないために、できることなら古株を掘り取って持ち出すことが望ましい。古株を根菜類の掘り取り機を使って拾い上げて、圃場の外に持ち出し

写真7－24　耕うん後に再生したニラ（写真提供：田崎公久）

ネダニの最大の伝染源になる

写真7－25　ロータリにからまったニラの古株（写真提供：西村浩志）

ネダニが他の圃場に伝染する原因の一つ

ている事例もあり、実際にネダニの蔓延防止に効果を発揮している。しかし、機械類でも重労働となるため、実際に行なうのは無理な面がある。

そのため、実際には、ロータリやドライブハローで古株をできるだけ粉砕するように耕うんしながら、土にすき込む方法が行なわれている。しかし、多くの場合、株は粉砕されずに散らばって根付いて再生してしまい、ネダニや土壌病害の伝染源になっている（写真7－24）。また、ロータリにからんだ古株を介して、他の圃場にネダニや土壌病害が広がるともいわれている（写真7－25）。

このため、古株を枯死させる目的で土壌消毒を行なうことを推奨したい。土壌消毒はネダニや土壌病害対策のため、絶対に取り入れるべき技術である。ニラに使える土壌消毒剤は多いが、特にネダニ対策を重視するなら、圃場準備ではなく後片付けの一環として、収穫終了後にキルパーによる古株枯死処理を行なうとよいだろう。非選択性茎葉処理型除草剤による古株枯死と異なり、ネダニに直接作用するのもキルパーの利点である。

キルパー処理は、第5章（98ページ参照）で解説した流し込み処理の他に、トラクタアタッチメントのかん注機を使用する方法もあるが、ニラの改植前は低温期で、キルパーの効果が期待どおりにならないこともある。処理後は必ず被覆を行なって処理期間を長めにすることと、可能ならハウスの被覆をしたまま処理して、地温を上げるとキルパーの効果が高まるだろう。

第8章

収穫・調製・出荷

ニラは葉が商品で、いわゆる軟弱野菜に分類されるので、品質保持が重要だ。丹精込めて育てたニラを、収穫調製でよい製品に仕上げることが大切だ。

　栃木県における収穫から出荷までの時間的な流れは図8－1のとおり（あくまで目安）であり、予冷庫は必須の装備である。品質低下が起きないように、手早く作業することが重要だ。

　ニラの調製作業は、ニラ全体の作業の7割程度を占めている。省力機械もあるが、基本は、調製しやすい、よいニラを育てることに尽きる。

1 収穫作業

　第1章18ページでも解説したが、作業員1人が調製できるニラの量はおおむね決まっているので、無理のない量を収穫することが大切である。そのためには、すべてのハウスを何日おきに捨て刈りすればよいのか、一棟のハウスを何日で収穫する必要があるのか等、よく考える必要がある。

1日の収穫面積と収穫量の目安

　収穫作業は、ニラの草丈が出荷規格になったら、遅れずに行なう必要がある。伸びすぎたニラは規格外になってしまう。長さが規格に合うように葉先を切り落とすと格落ちになるし、株元を切り落とすと葉がバラバラになって商品価値は皆無になる。

　収穫する時期や温度管理によっても変わるが、収穫は草丈が出荷規格の長さに到達する前後3～4日くらいの期間に行なう。捨て刈り作業は、マルチ張りや保温開始の都合があるから1ハウス単位で行なわれ、ハウスの温度管理も奥と手前で変えることはできない

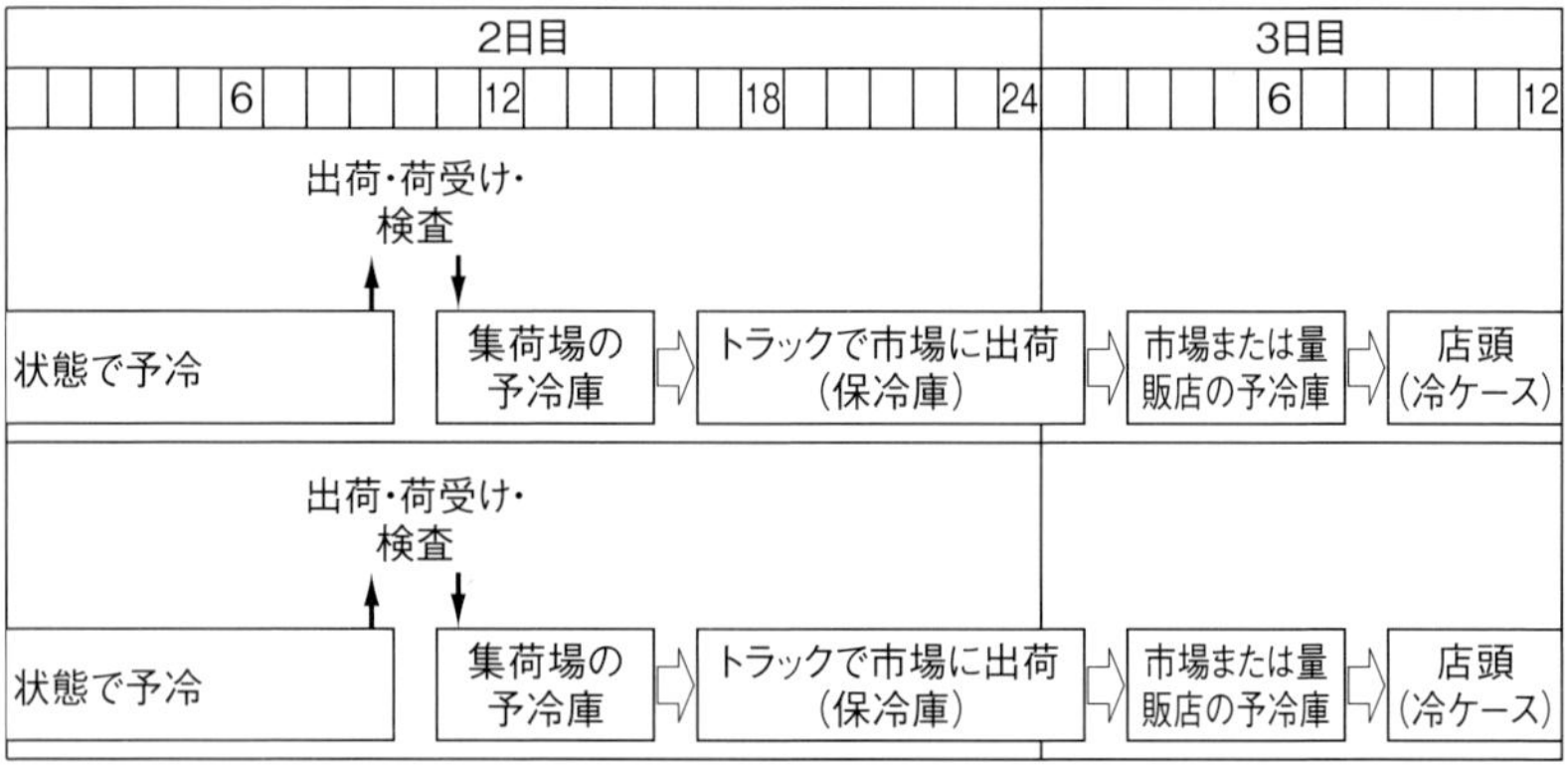

ので、1ハウスのニラは（生育のばらつきはあるものの）同時に伸びてくる。そのため、やや短めで収穫を開始して、そのハウスのニラの収穫が終わる頃には若干長めで、4日くらいで収穫が完了、というのが理想的だ。

ハウスの長さは圃場の形で決まるが、栃木県では50ｍの長さ（間口4・5〜5ｍ）のパイプハウスが一般的だ。このハウスのニラを4日で収穫するとなると、1日に収穫するのは単純に計算して12・5ｍとなる。

次に考えなければならないことは、毎日、収穫と調製作業を行なうためのハウスのローテーションだ。1カ月の出荷日は20日前後だ。そして、50ｍの長さのハウスを4日で収穫するとなると、5棟あれば出荷が休みの日を除き、毎日収穫調製作業ができる。

その次に考えなければならないことは、1日にどのくらいの収穫量があるのかだ。一般的に、1番刈りのニラは収量が多く、2番刈り、3番刈りと減少していく。しかし、春になると株の活性が回復し、分けつしてくるので収量は回復傾向となる。

1番刈りの収穫量の目安は、株出来や栽植様式（単位面積当たり株数）によっても変わるが、1ｍ（ハウス間口5ｍとして5㎡）刈り取って、1・2〜1・5箱（4・8〜6㎏）が標準的な収穫量だろう。これより多ければ栽培管理がすこぶる良好だったか、分けつ数が多かったのか、いずれにせよ、1番刈りの収量としては合格点だ。1箱（4㎏）以下だった場合は何らかの管理の不手際があったことになる。1ハウスを4日で収穫する場合の1日の収穫長さが12・5ｍだった場合、1日の収穫量は1ｍで1・5箱（6㎏）の場合、75㎏となる。

2番刈り以降の収穫量は、1番刈り

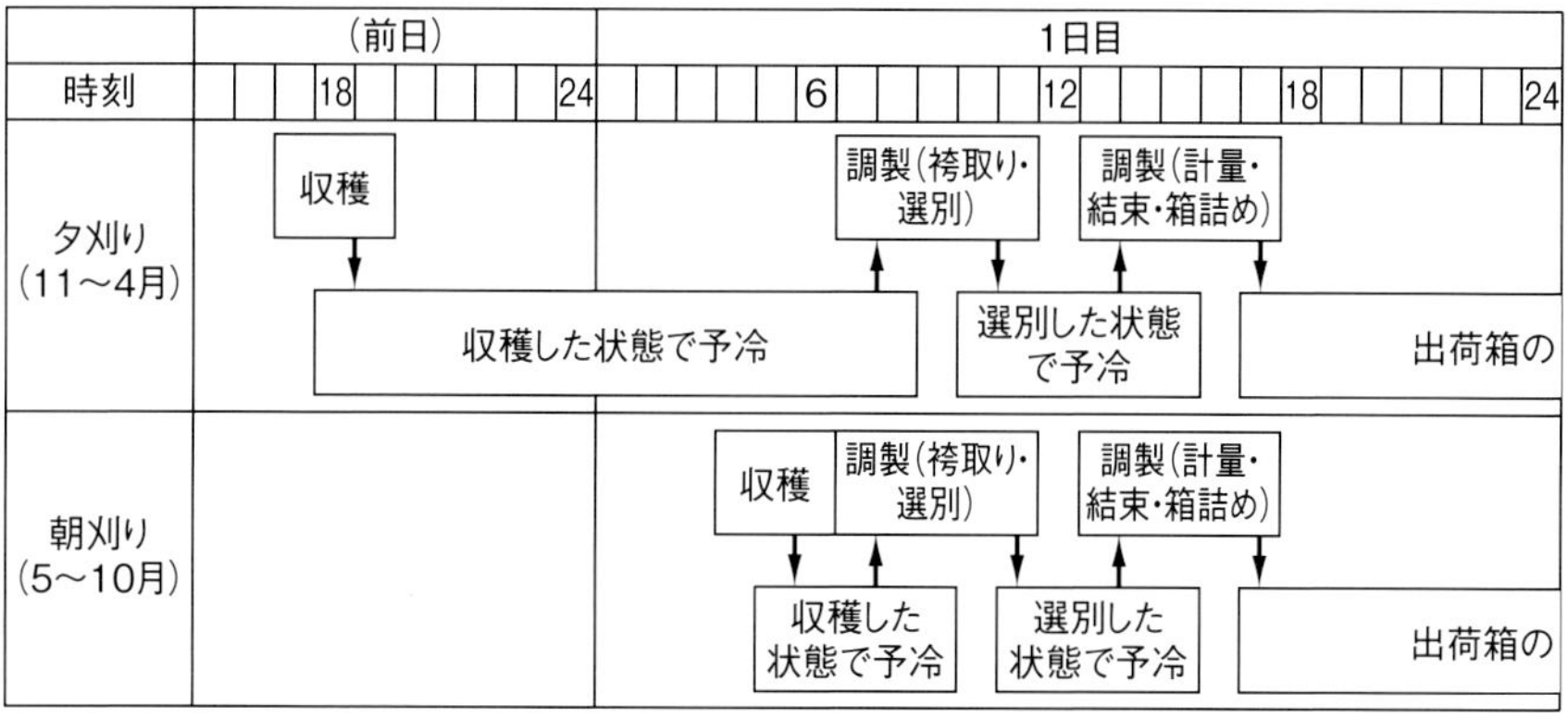

図8−1　収穫から出荷までのタイムライン（一例）

を100とすると、2番刈りは80～85％、3番刈りでは60～70％に低下することが普通だ。もちろん、保温開始時期や栽培管理によって減少程度は変わってくる。そして、収穫量が減る一方で規格外の細いニラの混入も増えてくるので、量が減った割には調製にかかる時間はあまり変わらない。

このように、1日に刈り進む長さと、1m当たりの収穫量から、1日に調製するニラの量の見当を付けて、栽培規模を考えることが重要だ。

●調製できる量のニラを収穫する

いろいろ考えに考えて栽培面積を決め、調製する人員も確保し、計画したとおりに捨て刈りと保温開始をしたはずなのに、いざ収穫が始まったら、調製作業が間に合わなくなることがある。人生と同じで、何事も計画どおりには行かないものだ。

第1章でも説明したが、1日に1人で調製できるニラの量は、熟練者でも40kgが限度である。調製にあたる人員が少ない場合、刈り進む長さが多すぎると調製作業が間に合わなくなるので、残業や徹夜をするか、刈り取り面積を少なくすることになる。この収穫するニラの量と、調製できるニラの量の兼ね合いが、栽培面積を決めたり、雇用の導入を考えたりする目安になる。

特に、春以降はニラの生育が早まって収穫量が増え、調製の手間もかかるようになる。こうなったら、生育の劣るものから収穫を休んで株養成する等、臨機応変に計画を変更し、適正な収穫量で、調製できる量のニラを収穫するようにしたほうがよい。残業や徹夜が常態化するようでは、何のためにニラ栽培をしているのかわからなくなってしまう。

●実際の収穫作業

ニラを収穫する時間帯は産地ごとに取り決めがあるようで、一概に断定できないが、春から秋は早朝（朝刈り）、冬は夕方（夕刈り）に収穫されることが多い。栃木県では、夏ニラ期間（5～10月）と冬ニラ期間（11～4月）に区別し、それに連動して収穫の時間帯を変えている。

春から秋は、早朝でも葉への結露が見られず、日中から夕方は蒸散によってしおれぎみになるため、気温が上がらず葉がしおれていない早朝に収穫するほうがよい。逆に低温期は、早朝は結露が著しいので作業性が悪く、収穫するニラの泥汚れによって品質維持に悪影響があるため、やや気温が低下し始める夕方の日没前後から収穫する。

収穫作業は、1株ずつ鎌で刈り取る（写真8−1）。刈り取ったニラは、プラスチックコンテナに敷いたビニール袋に入れて密閉し、しおれを防ぐ。この時、切り口から水分が出てくるので、新聞紙を利用して、あふれ出た水分を吸収できるようにするとよい（新聞紙は使い捨てて、新しいものを使う）。密閉用のビニール袋も、汚れがひどくなる前に新しいものに交換しよう。

　収穫したニラはハウスから搬出し、速やかに予冷庫に搬入し、品質低下を防ぐ。ニラが反らないように茎を立てて保管することと直射日光に当てないことがポイントだ。ビニール袋で密閉すればしおれにくくなる反面、気温が高い条件下では蒸散でムレやすくなるため、直射日光の当たる場所に長時間置いておかない。さらに、夏期はシルバーポリ等で直射日光を徹底的に遮断することにより、ニラ自体の温度を上げないように配慮する。

　なかには収穫から予冷の間、密閉すると葉の蒸散を抑制してしおれ防止によいので、フタ付きのプラスチック製の衣装ケース等にニラを寝かせて保管する事例もある。この場合は、ニラが反らないうちに、早め早めに調製作業を行なう。

写真8－1　収穫から搬出まで

①収穫作業。刈る人と詰める人に分かれて作業
②底に新聞紙を敷いたコンテナに刈り取ったニラを詰める
③湿気取りのために袋の上にも新聞紙をかぶせて、ビニール袋を密閉してしおれ防止
④軽トラックで自宅の予冷庫へ。荷台は幌付きだと直射日光を遮ることができる

2 収穫物の下ごしらえ

●下葉除去

切り跡のある短い下葉（現地では鎌葉と呼ばれる）は除去して捨てる。取りやすいもの等は収穫時に圃場でむしりながら収穫することもある。下葉を付けたまま出荷すると、翌日くらいから下葉より黄化が始まり、外観品質が損なわれる。特に、長めの下葉は落とすか付けたままにするか悩ましいところだが、悩んだら、除去してしまおう（以下、作業工程は図8－2、写真8－2）。

●袴取り

袴取り機（コンプレッサーによる圧搾空気を利用）で、根元の土やゴミ、古葉、薄皮（薄くなって葉鞘部を覆っている表皮）を吹き飛ばす。取れたようでも薄皮が残っている場合があるので、袴取り機でていねいに取り除く。特に、圧搾空気が当たるニラの葉鞘部を扇状に広げて持つようにして、圧縮空気がまんべんなくニラの袴の部分に当たるようにする。一度にたくさんのニラをつかんで作業すると、圧縮空気の当たる量が少なくなるためきれいな仕上がりにならず、手直し作業が繁雑になる（写真8－3）。

下ごしらえ ┌ 下葉除去
↓
└ 袴取り
↓
規格外ニラ除去・選別
（予冷庫で保管）
↓
計量作業
↓
結束・切り揃え
↓
袋詰め・箱詰め

図8－2　ニラの調製作業（一例）

袴取り機を通した後、手直しを行なって下ごしらえ作業は完了する。下葉除去・袴取り・最終手直し、さらに細ものや障害葉の除去までは、一連の作業として袴取り機を使用しながら行なわれることが多い。

袴取り作業は出荷後の品質を左右する。薄皮や細かい泥が付着したまま出荷すると、出荷先で腐敗（トロケ）が発生し、クレームや返品の原因になる。品種や収穫時期によって、袴取り作業のしやすさには差があるようで、葉鞘部の長い品種は作業がしやすい。特に、1番刈りで収穫したニラは、切り口から出る水分が多いため泥汚れが付きやすい。また、1番刈りでは葉鞘部が短く調製しにくい品種もあるようだ。

圧搾空気を利用した袴取り機は、周波数の高い音が発生する。この音を長期間聴き続けていると聴覚障害が起きる恐れがあるため、面倒でもイヤマフや耳栓を使用するようにしたい（写真8－4）。

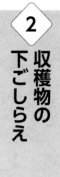

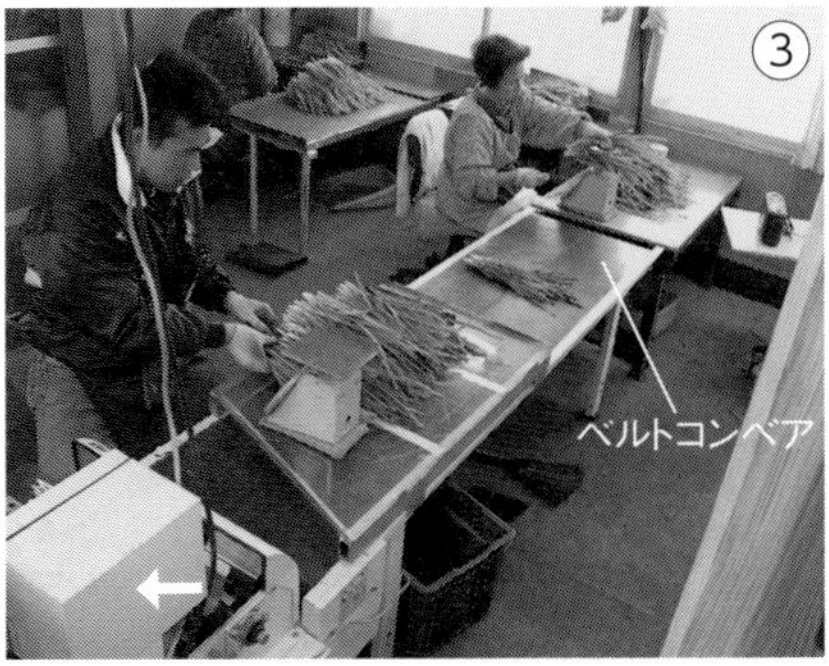

写真8－2　下ごしらえから結束まで

①圃場で収穫しながら下葉除去
②袴取り機でゴミや古葉等を吹き飛ばす
③秤で計量し、作り置きせずベルトコンベアで直接自動結束機（矢印）に流す
④秤で計量し、井桁に積んで作り置き、その後一気に自動結束機（矢印）に流すやり方もある
⑤手によるテープ結束もある
⑥結束した株元を包丁で切り揃える
⑦袋詰め前までの工程が完了。コンテナに詰めて予冷庫で保管する

葉鞘部の泥汚れを水洗いする産地があるが、出荷後に雑菌の繁殖によって腐敗することがある。できるだけこまめに水を取り替えることと、切り口を乾かす手間が必要で、できるだけ水洗いは避けたほうが無難である。

近年普及が始まっている「水圧式洗浄そぐり機」も水で洗浄する方式だ。高圧の洗浄水が循環しながらゴミを除去し、風圧で洗浄水の水分を吹き飛ばす等、腐敗対策も取られている。高周波音が発生しない点もメリットだが、最大のデメリットは高額な導入経費である（写真8－5）。

●規格外のニラの除去・選別

規格に入らない細い葉等は、適宜抜き取る。葉先の枯れた部分は手で摘み取る。ただし、摘みすぎはクレームの対象となるので注意する（写真8－

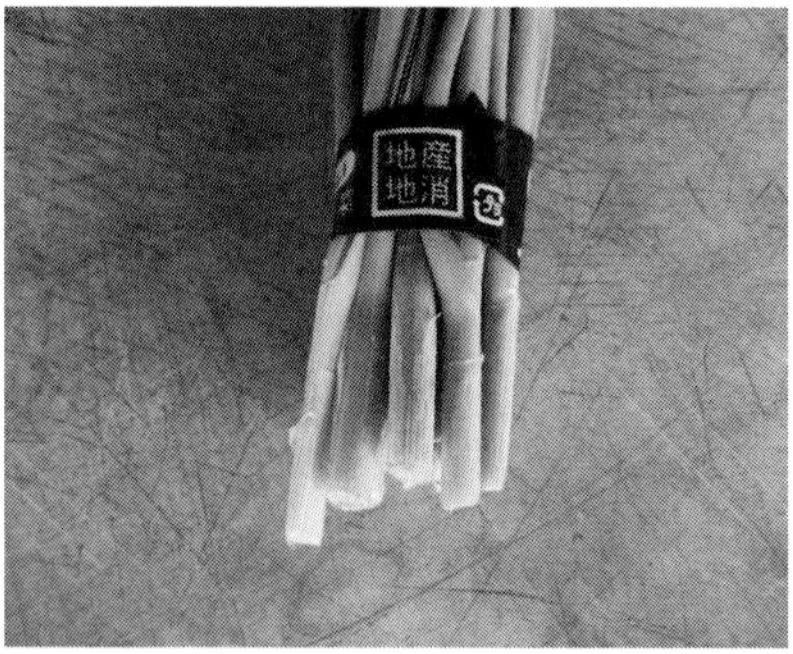

写真8－3　調製不足（写真提供：品川淳）
袴取りが不完全で薄皮等が取りきれていない

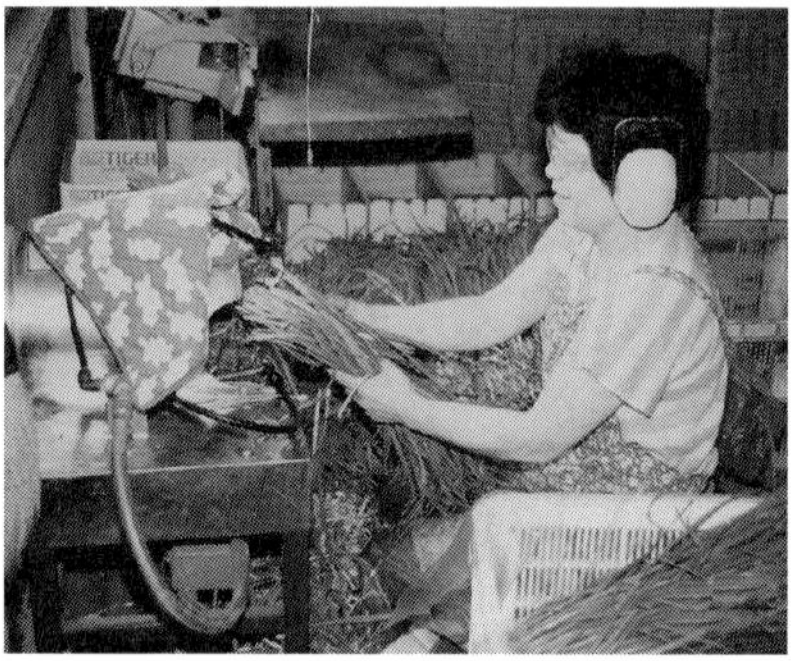

写真8－4　袴取り機ではイヤマフを着用する

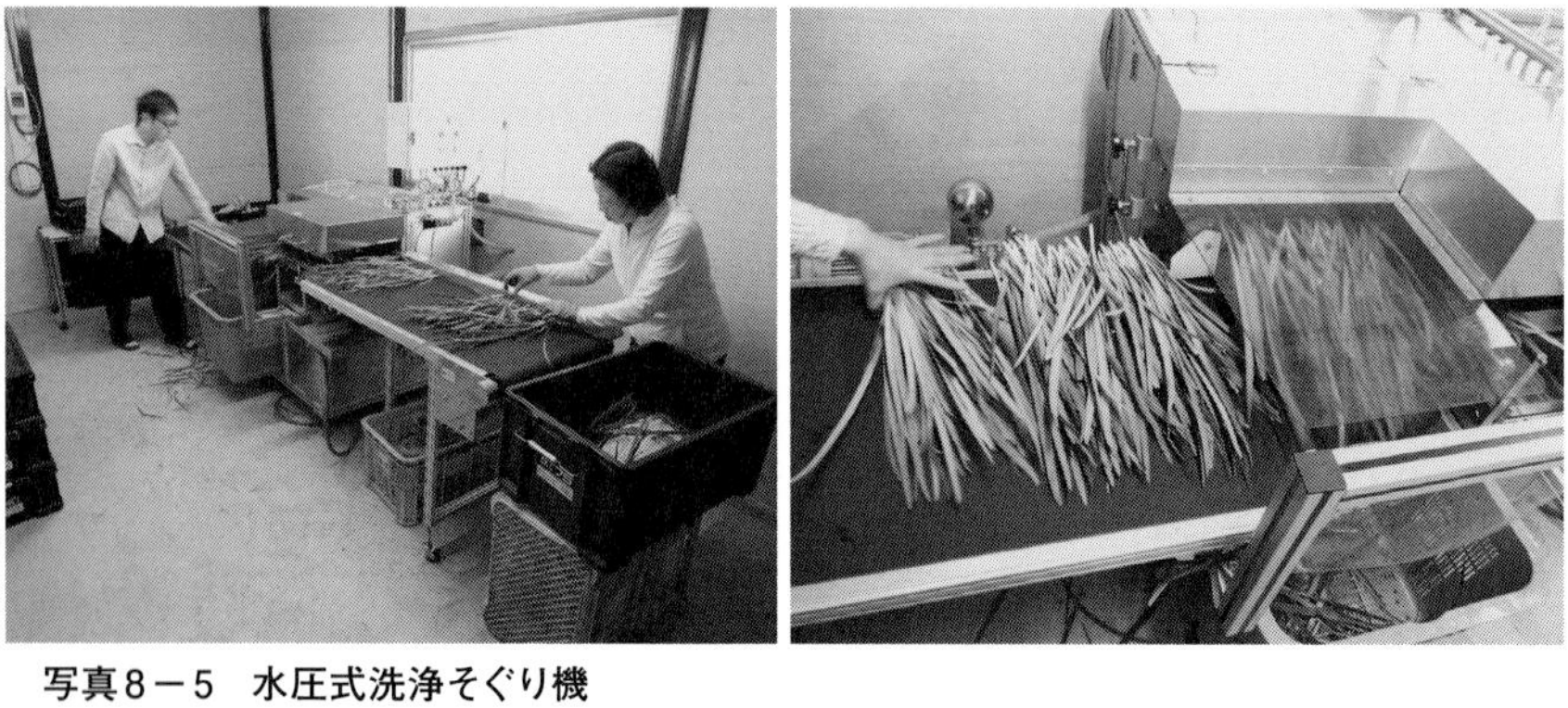

写真8－5　水圧式洗浄そぐり機
高知県で開発された機械。栃木県内にも導入が進みつつある

6）。抽苔時期は花蕾を抜く作業も合わせて行ない、計量して結束できる状態に仕上げる。収穫したニラはこの選別作業まで一気に行なうことが多い。

選別というと、葉幅によってニラを分けて、規格ごとに製品化するイメージがあるが、多くの場合、収穫時に大体の葉幅で規格を決めてしまい、それ以外の規格は作らないことが多い。たとえば、「今日は細ものの比率が多いので、多少葉幅のあるニラは混じっているけれど、すべてL品にして、ＡＬ品は作らない」という感じだ。この感覚は、その日の7～8割を占める葉幅の規格で決めていることが多いようだ。

選別作業の工程が必要以上にかかると、作業効率を落とす最大の要因となってしまう。「抽苔時期のニラは箱数が作れない」とか、「ネダニで腐敗してベトベトになったニラは収穫したくない」ということになるので、選別はできるだけ簡素化したい。

写真８－６　葉先の摘みすぎ
（写真提供：品川淳）

夏期の高温乾燥や厳寒期の換気の不手際で発生する葉先枯れを摘まんだもの。摘まみが多いとクレームの対象になる

●作業ごとに予冷庫で保管する

下葉除去、袴取り、規格外のニラを除去して下ごしらえしたニラは、この後、計量して結束、袋詰めの工程となる。下ごしらえがすんだらその都度、コンテナ単位でビニール袋やプラスチックケースに戻して密閉し、予冷庫に戻して温度を下げて保管する。

下ごしらえがすんだニラを予冷庫に入れないでためてしまうと、しおれの原因となる。春から秋は温度が高く、調製室にエアコンがあると空気は乾燥している。冬は暖房を行なって調製作業をしていることがほとんどなので、こまめに予冷庫に戻すことを怠らないようにしよう。

3　計量・テープ結束

調製作業が終わり、予冷庫で保管してあるニラは、次に計量作業となる。１束の重量は１００ｇだが、入れ目10%と、切り落とす軸の部分の重量を加えた量目（おおむね１２０ｇ程度）に計量する。その後、テープで結束し、切り揃える。テープ結束は専用のテープ台を使用し、切り揃えは長さの目安を入れたまな板等を使い、包丁で切り揃える。産地によってはまな板を使用しないで、包丁でそのまま切り落としている。

テープの結束位置は産地ごとに決められている。また、テープ結束をきつくするとニラが傷むので、適度な締め付けとなるようにテープ結束を行なう。

2000年頃から、テープ結束と切り揃えを一連の作業として機械化した自動結束機が実用化され、導入が進んでいる。処理能力は1時間当たり800束とされる。省力化に威力を発揮しており、栃木県では中規模以上の生産者の必須装備となっている（写真8－7）。

計量から切り揃えまでは、流れ作業で行なったり、ある程度の量を作ってためておいて一気に結束機に流したり、自作の小道具を利用したりと、生産者ごとにいろいろな工夫が見られる（写真8－8）。また、調製室のレイアウトも工夫が凝らされていて、効率的な作業動線を各自で工夫している。

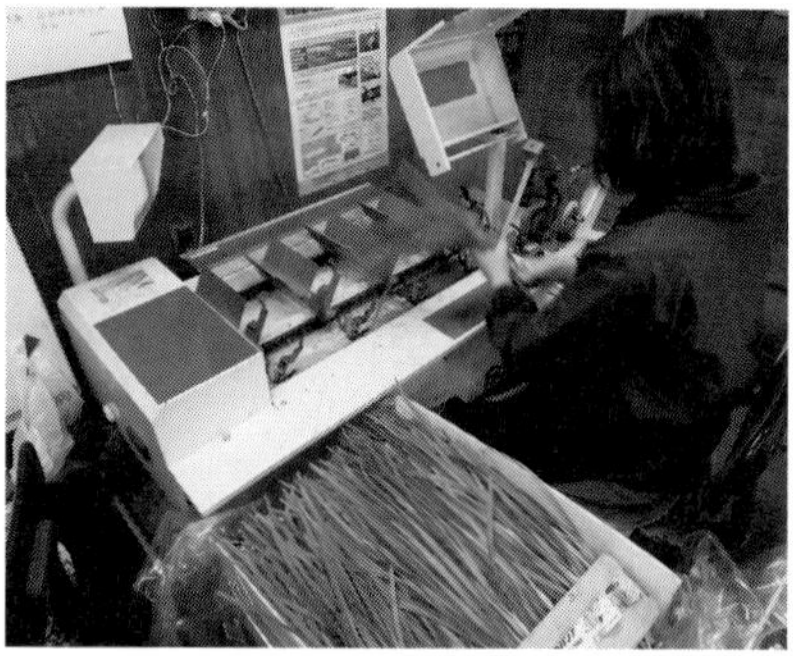

写真8－7　自動結束機

現在は第2世代になっていて、1時間に結束できる束数も多く小型化

写真8－8　調製作業の工夫

上：計量したニラをのせた自作トレイ。この状態で積み重ねておく

下：回転台。複数人で計量したニラをのせる。この後は一気に自動結束機に

4 袋詰め・箱詰め

出荷形態は、10束入り大袋や100g小束FG袋等、産地ごとに異なり、

それぞれの出荷規格に基づいて行なわれている（写真8－9）。

栃木県では大袋による出荷が主力である。この出荷形態では、袋の脱気と密封（シールかけ）作業が重要で、空気を抜いた状態で出荷することで、品質保持につながっている。密封が甘いと、袋の中が結露して品質が低下しやすいので、ニラが傷まない程度にできるだけ空気を抜くことが重要だ（写真8－10）。

小束FG袋は、テープ結束したものを小袋に入れる産地と、無結束のものを小袋に入れる産地がある。

製品は段ボール1箱に4kg分を箱詰めする。大袋では100g束が10束入った大袋を4つ、小束FG袋は100g小袋を40束結束となる。

冷気が取り込めるように段ボールのフタを開けたまま、出荷まで予冷庫で保管する。

この他、業務用に無結束の定量詰め等の出荷形態もある。

産地では、定期的に出荷するニラの品質を揃えるため、目揃え会を開催している。市場の販売担当者を講師に招き、選別調製や荷造りを指導し、品質の安定向上を図っている。

写真8－9　出荷形態例

上：レギュラー大袋（100g束×10束入り）とFG小袋（100g）
下：加工用ニラは結束せずに5kgを1梱包としてビニールシートに包んで出荷

5 出荷

集荷時間や検査方法は産地によってさまざまだ。集荷場では1箱ずつ、1袋ずつ、検査員が目視によって検査を行なう。検査後は集荷場の予冷庫を利用して鮮度保持に努める。

出荷するトラックも保冷車を利用する等、店頭に並ぶまで低温に保つコールドチェーンが重要だ。

写真8－10　袋詰め作業

①自作のシートに10束を並べる
②シートに包んで袋に入れる
③葉先は折り返すように入れる
④葉の位置を調整し、シートだけ抜き取る
⑤クッションを貼り付けた押さえ板で空気を抜きながら袋をシールして密閉
⑥できあがり。葉先を傷めないこと

第9章

省力化・反収アップの新技術

栃木県では、ニラの反収向上と省力化を両立させる技術として、ウォーターカーテン栽培の導入が進みつつある。本章ではウォーターカーテン技術を解説するとともに、ウォーターカーテンを基軸にした、今後、積極的に導入すべき新技術について述べる。

1 ウォーターカーテンのねらい

●多重被覆保温栽培の問題点

関東地方のニラは水稲の裏作として冬期間の現金収入確保を目的に導入されてきたこともあり、現在でも軽装備の無加温パイプハウスでの栽培が主流である。そこでは、厳寒期の生育促進のため、二重もしくは三重による多重被覆の保温が行なわれている。

二重被覆保温では、厳寒期に外気温が極端に低下した際、ハウス内の温度が確保できず、氷点下2℃を下回ると葉の凍害が発生することがある。収穫まで日数が長期化する等、安定収穫に支障をきたすこともある。

一方、より高い保温性を求めて三重被覆保温を行なうと、小トンネルの開閉作業が発生する。毎日の開閉作業は負担が大きく、規模拡大を阻害する大きな要因となる上、夕方の小トンネルを閉める作業は隙間がないようにていねいに行なう必要があり、気をつかう作業である。また、小トンネル支柱で通路が狭められ、作業台車が利用しにくい等作業性も悪い。

しかもそこまでして三重被覆保温を行なっても、厳寒期の温度確保は困難な場面が多い。

さらに多重被覆では、温度確保を優先するため、日中の換気を最小限にして、午後早い時間に小トンネルを密閉する「蒸し込み」的な温度管理となりがちである。日中の高温と昼夜間の温度格差が株を消耗させ、収穫が進むごとに収量と品質は低下し、表皮剥離の発生の原因にもなっている。日没後の多湿状態は白斑葉枯病の発生も助長している。

ウォーターカーテンはこれらの栽培環境を改善し、ニラの収量と品質を向上させることができる。

●ウォーターカーテンとは

ウォーターカーテンは、地下水を利用した保温方法である。栃木県内ではイチゴの6割程度がウォーターカーテンを導入した単棟パイプハウスでの栽培となっている。イチゴ以外でもアスパラガス、シュンギク等の品目で導入事例がある。ニラへの導入はイチゴの事例を参考に30年ほど前から行なわれていたが、ニラの販売単価はイチゴよりも低く、稼働させる期間も短いことから導入が進まなかった。
ここ数年、意欲の高い若手ニラ生産者が導入を進めており、導入件数、面積とも広がりを見せている。２０１９年時点における栃木県内のニラへのウォーターカーテンの導入状況は、51戸、１６４８ａとなっている。

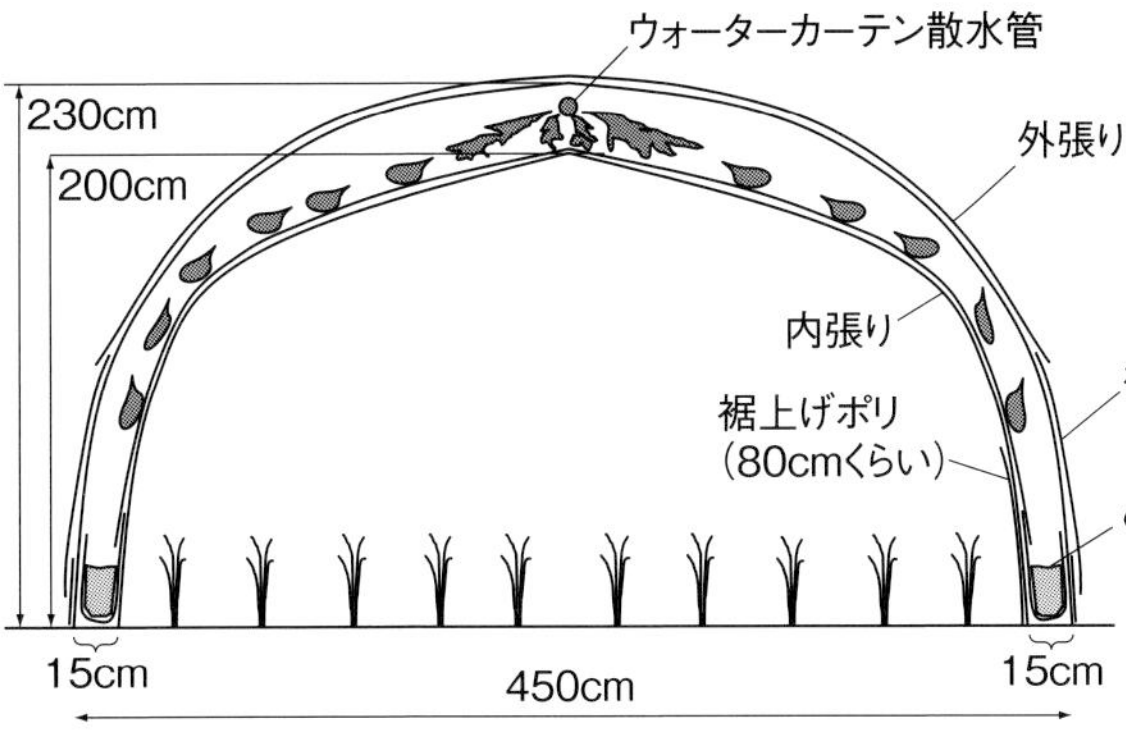

図９－１　一般的なウォーターカーテンハウスの構造

●ウォーターカーテンのしくみ

ウォーターカーテンハウスの構造はきわめてシンプルである（図９－１）。
二重被覆保温ハウスの外張りと内張りの間に散水管を設置し、15℃前後の地下水を圧送して散水し、内張り上部に地下水の水膜を形成し、サイド部分の樋でハウス外へ排出する。地下水の比熱を利用した温度上昇効果と、ハウス外への放熱を抑制する効果で、ハウス内部の温度を確保する。水膜は内張りの全面に均一に形成する必要はなく、内張りの上部に散水された地下水は、内張りのたわんだ部分を流れ落ちる程度だが、十分に保温効果が得られる。

散水には、樹脂製パイプに散水ノズルやスプリンクラーを付けたものを使用する事例や、専用の散水チューブを使用する事例が見られる（写真９－１）。50ｍハウスへの散水量は毎分１５０～２００ℓとされているが、散水量の把握は困難で、井戸ごとに地下水の水温が異なり、揚水ポンプの能力や送水管の長さによっても水温は異なってくる。このため、確保したいハウス内の温度に応じ、散水量を調整することが現実的である。

ウォーターカーテンを導入するには水源となる井戸が必要で、井戸水は鉄分や砂泥を含まない水質が必要である。砂泥は散水ノズルの目詰まりの原因となる。鉄分を含む水質では、内張りが徐々に茶褐色に着色し、光線透過率を悪化させてしまう。砂泥は濾過器で除去可能だが、鉄分はフィルターで除去することが困難である。この他、圃場

写真9－1　ウォーターカーテン散水管の種類

上：樹脂製（UMシャワー管＋散水ノズル）
中央：スプリンクラー（サンホープマイクロスプリンクラー）
下：散水チューブ（スミサンスイ育苗、専用吊り下げ具を使用）

外へ速やかに排水ができることが必須である。

2 ウォーターカーテンの効果

●品質向上および増収効果

ニラの生育適温は20℃前後とされており、根の活性維持のためには15℃程度の地温が必要とされている。図9－2は、ウォーターカーテンと三重被覆保温のハウス内の温度と地温の推移である。ウォーターカーテンの高い保温効果は一目瞭然で、茎葉の凍害回避はもちろん、ニラの生育を健全に維持する効果が高い。

ウォーターカーテンは夜温が確保しやすいため、日中も30℃以上の高めの温度管理をすると、厳寒期であっても20日程度で収穫できる。ただし、後述するように、昼夜ともに高めの温度管理によって生育日数を短縮させると、次に収穫するニラの収量と品質が低下する。日中は換気をして30～35日の生育日数を確保したほうが収量と品質が向上する。

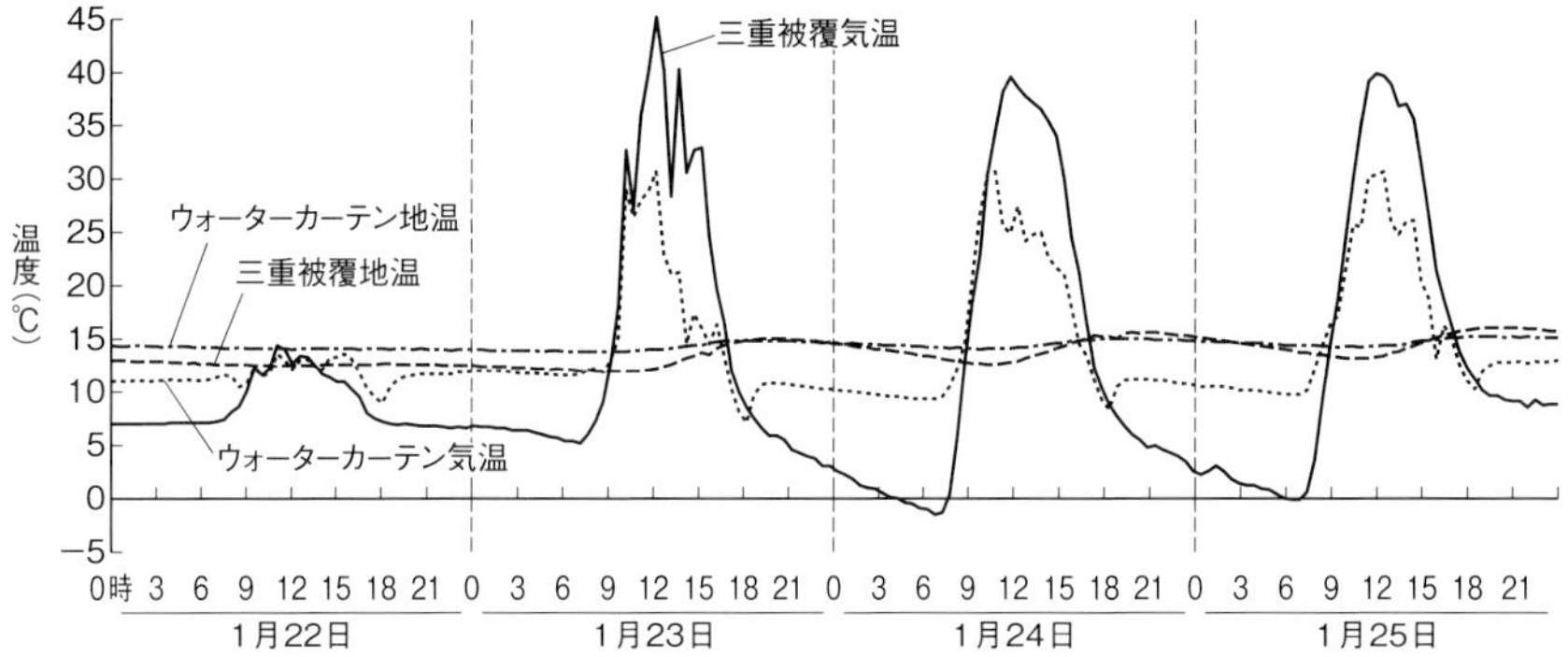

図9－2　厳寒期におけるウォーターカーテンと三重被覆保温の温度比較
（2017年、栃木県鹿沼市で計測）

ウォーターカーテンの地温は三重被覆保温よりも最大で3℃ほど高く、生育期間を通じた積算の地温差は大きな差となる。最低地温が15℃前後で維持されることで根の活性が維持され、生育や収量、品質の維持によい結果をもたらす。厳寒期を過ぎた5番刈りくらいまで、収量の低下を軽減する効果が及ぶようである。

写真9－2　ウォーターカーテンでの生育状況
普通は生育が遅れるハウスサイドも均一に伸びている

また、通路は最低限の幅ですむため、定植条数を8条から10条に増やすことでも増収効果が得られる。あるいは、8条のまま条間を広く取ることで受光性が改善され、ハウスサイドを広く取れるため生育が揃う等の効果も得られる（写真9－2）。

●省力効果

三重被覆保温の小トンネル開閉作業は、ハウス長さ50mの単棟ハウスで、朝の小トンネル開け作業が10～15分、夕方の小トンネル閉め作業に20～30分かかる。一方、ウォーターカーテンの場合は、内張りの開閉作業のみですみ、開閉作業は単棟パイプハウス入り口部の巻上げ装置で行なうため、開閉合わせても5分に満たない。

ウォーターカーテンでは、小トンネルの支柱がないので、手押し台車や一輪車を使った収穫ニラの持ち出し作業も容易で、一時的に支柱を抜いて通路を広げたり、車高の高い一輪車を導入したりする手間も不要である。

さらには、ウォーターカーテン散水を行なうと、ハウスへの着雪も軽減できる。ハウスの外張りと内張りの間の温度が10℃前後に保たれ、ハウスに着雪する前から散水を開始すれば融雪効果が得られ、ハウスの倒壊防止に効果を発揮する。

3 管理のポイント

●定植から保温開始まで

定植から保温開始までは、既存の保温方法と何ら変わるところはない。ただし、小トンネルが不要となるので、条間を広めに取ることや、植え付け条数を増やすことが可能なので、定植準備の際の作条時点でウォーターカーテンに適した栽植様式を検討する。

●ウォーターカーテンの開始

捨て刈りを終えたらウォーターカーテンの散水を開始する。夜温と地温を確保して、萌芽を促進させる。

毎日の散水時間は、晴天日は夕方の日没時（ハウス内の温度が5℃前後になった時が目安、薄暗くなり始める時間帯）から散水を開始する。翌朝は気温に応じて、日の出から30分～1時間後に散水を停止する。

散水停止後、1時間ほど経過するとハウス内の温度が一気に上昇するので、遅れずに換気を開始する。

曇雨天日の日中は散水せず、内張りのみで保温する。夕方は晴天日と同様に、気温に応じて散水を開始する。

降雪時は昼夜を問わず、ハウスへの着雪前から散水を開始して、ハウス内気温を5℃程度に維持し、温度確保とハウスの倒壊防止を図るようにする。

●温度管理

図9－2に示したとおり、ウォーターカーテンでは夜温は5～8℃が確保されるので、昼温は20～25℃で管理する。ニラの収量と品質を確保するためには図7－8（145ページ参照）のような昼夜温管理を目安にするとよいことがわかっている。また、図9－3は気温の違いによるニラの光合成能力を示しているが、この能力が最も高まる温度は20℃前後である。これらのことを踏まえると、日中は最高温度を25℃前後に抑え、平均20℃程度のやや低温ぎみの温度管理が適しているといえる。

ウォーターカーテンの温度管理を図9－4に示す。温度の操作は散水開始と散水停止の時間、そして日中の換気で調整する。前述したとおり、日中の高温を抑制することが重要で、換気を励行することで対応する。晴天日は、風向や風速に留意しながら、積極的に換気を行なうようにする。

●ウォーターカーテンの終了時期

保温開始から散水を開始し、おおむね2月下旬から3月上旬まで散水を継続し、ハウス内の最低夜温が5℃を維持できるようになったら散水を停止する。散水停止後も天気予報には留意し、急な気温低下や降雪が予想される場合にはウォーターカーテン散水ができるようにしておく。

●2年株への利用

2年株の収穫終盤である11月から新植株の収穫が本格化する1月上旬までは収穫株の切り替え時期で、いわば端境期にあたり、年間で最も収穫量が少ない時期である。

近年、ウォーターカーテン導入者の間で、この2年株の収穫終盤にウォーターカーテンを利用する動きが見られる。ウォーターカーテンが稼働する期間は新植株の保温開始から3～4カ月であり、2年株の収穫終盤に稼働させることで、設備の有効活用はもとより、計画的な収穫量の確保と、新植株の温

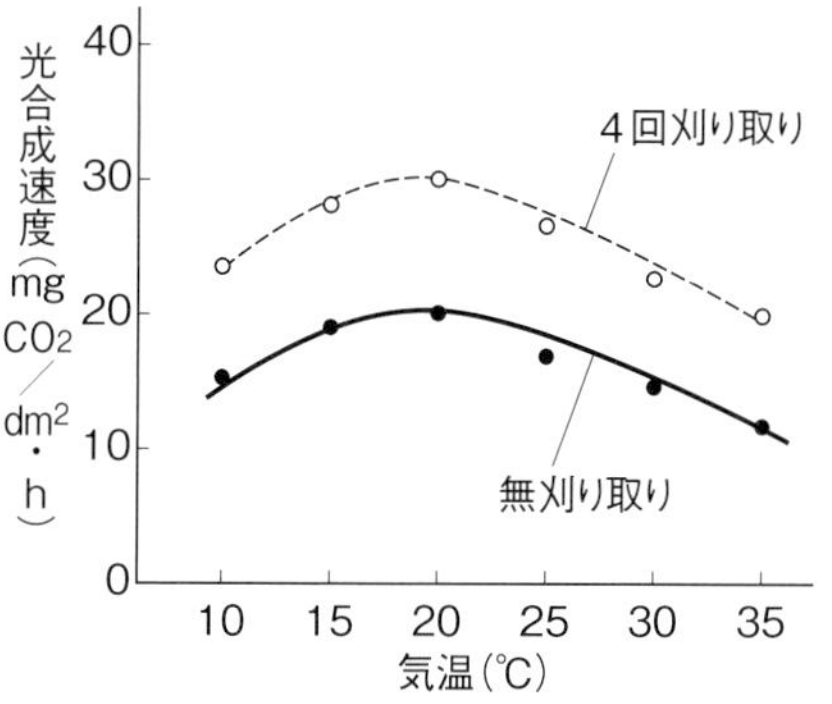

図9－3　気温が光合成速度に及ぼす影響
（栃木農試, 1984）

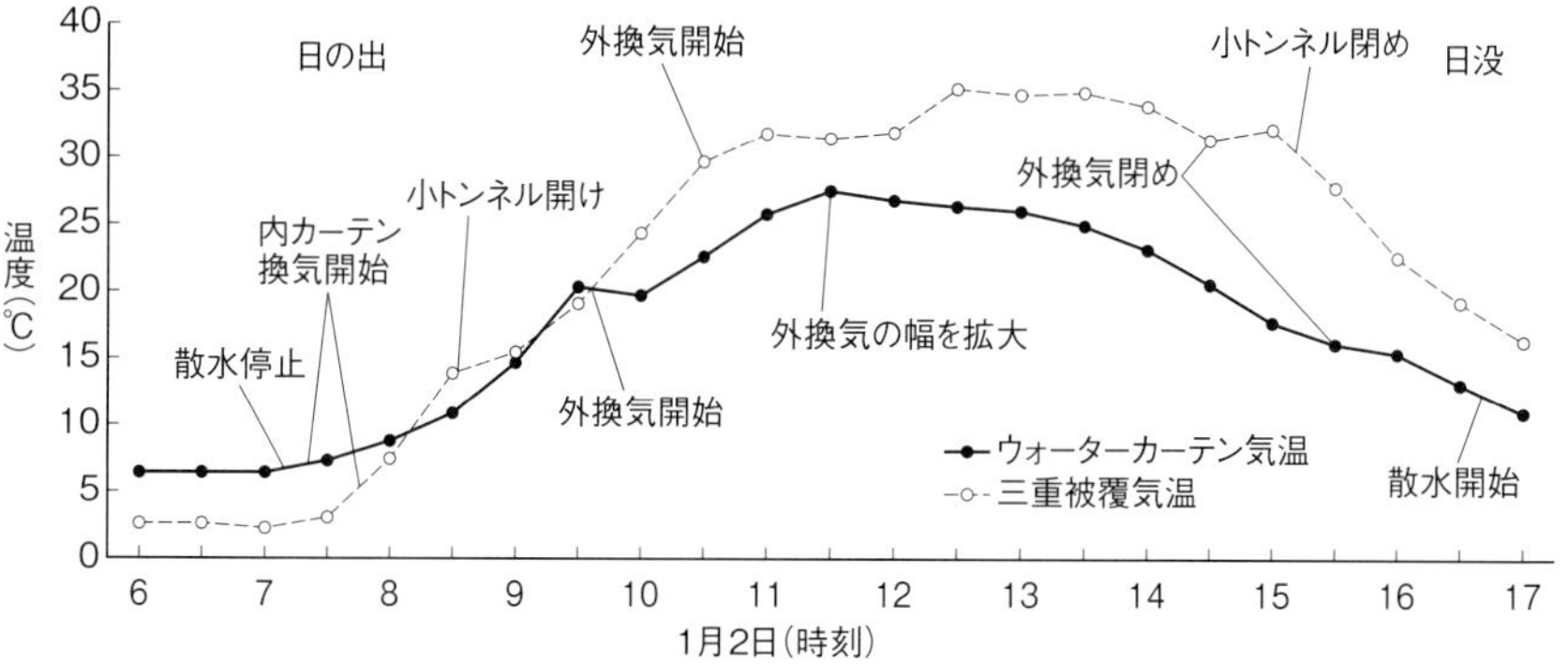

図9－4　ウォーターカーテンの1日の温度管理（2018年、栃木県鹿沼市で計測）

存（低温遭遇による株の充実促進）をねらったものである。

4 使用上の注意点と経費

ウォーターカーテンハウス特有の注意点として、ハウスの内張りを下ろしきらないでウォーターカーテン散水を開始すると、内張りに散水した地下水がたまって、水の重みで内張りが潰れるように倒壊する（写真9−3）。倒壊後は、ウォーターカーテンができなくなる他、ハウスの中が水浸しになり、低温多湿で白斑葉枯病多発や株の腐敗が多発することになる。倒壊したハウスの修復は困難で、その場合は、保温が不要になる時期まで収穫を諦めることとなる。内張りが完全に下りたことを確実に確認してから散水を開始するよう、注意が必要である。

なお、ウォーターカーテンは、厳寒期は日没から翌日の日の出頃まで15時間程度の揚水を行なうが、冬期は地下水の水位が下がることが多いので、水量が安定した井戸が必要である。さらに、地盤沈下の関係で井戸掘削や揚水規制を受ける地域もあるので、導入に際しては確認が必要である。

ウォーターカーテンの導入コストと、ランニングコストの一例を表9−1に示した。導入コストは、既存のパイプハウスにウォーターカーテンの部材を追加する際の経費のみで、井戸が掘削ずみのケースとして示している。井戸がない圃場では井戸掘削と揚水ポンプ購入設置の経費等が別途発生する。

ウォーターカーテンを行なうには揚水ポンプを稼働させるため、ランニングコストとして電気代が発生する。燃油代と電気代は年次変動があるため詳細な検討が必要であるが、当然のことながら従来の無加温三重被覆では不要だった電気代が発生することになる。

写真9−3　倒壊したウォーターカーテンハウス
（写真提供：佐藤隆二）

ウォーターカーテンの導入は、コストをかけずに、収穫できる分だけ収穫するという従来の関東型ニラ栽培から、コストをかけた以上に積極的に収量を得ていくという西日本型ニラ栽培へ、集約的なニラ栽培への転換を加速する

表9－1　ウォーターカーテンの導入コストとランニングコスト（例）

設置費用内訳（10a当たり）　（単位：千円）

ポンプ	ノズル	パイプ配管	計
606	3	181	790

栃木農試成績2005年を改変
圧力タンクを設置するものとして試算した

経済性の評価（10a当たり）　（単位：千円/年）

設置費用	電気代	計
99	17	116

栃木農試成績2005年を改変
ウォーターカーテン稼働期間は、11月中旬～3月中旬
設置費用は耐用年数を8年として試算した

ことにつながると期待している。この観点から、ウォーターカーテンのニラへの導入には、きわめて大きな意義があると筆者は考えているのだが、いかがだろうか。

5 ウォーターカーテンを基軸とした増収技術導入

●新技術導入の今後の方向性

ウォーターカーテンの導入によって、北関東における厳寒期のニラの生育環境が改善されることは明らかだ。

日中、積極的に換気を行なうことで湿度が低く維持できるため、これまでは温度低下と多湿のマイナス面から利用が控えられてきた厳寒期のかん水や追肥が導入できる。また、最低気温や地温の確保が容易になり、ニラの生育に適した温度帯が維持されるため、炭酸ガス施用による葉先の障害が軽減されることが期待される。さらに、電照栽培等の新たな増収技術導入についても、ウォーターカーテンは導入のベースとなる設備である。

ここでは、今後、導入が期待される新技術をいくつか紹介したい。

●ドリップチューブによる厳寒期のかん水と追肥

前述したように、関東地方のニラ栽培では地温低下と多湿による病害発生を心配して、12月から2月末まではかん水は行なわないのが通例だ。かん水ができないので追肥もできないため、生育は停滞がちとなる。

ウォーターカーテンを導入すれば、夜温と地温が確保される上に、日中は換気を行なう温度管理が基本となるため、厳寒期でもかん水が可能になる。

使用するかん水チューブは、一般的なハウス中央の散水チューブではなく、ドリップチューブが望ましく、これをマルチ下に敷設するとよい（写真9－4）。これによって、空気中の湿度を抑制したかん水が可能となる。また、ドリップチューブは少量をかん水できるため、かん水を兼ねて液肥を用いた追肥や、マルチを張る際に緩効性肥料を施用してかん水することでも追肥の効果が得られる。

●炭酸ガス施用技術

厳寒期の生理障害の項で解説したとおり、ニラに炭酸ガスを施用すると、葉先に「赤焼け」と呼ばれる障害が発生する。このため、炭酸ガス施用の現場への普及は極一部にとどまり、一般的な普及はほとんど進んでいない。収穫量は明らかに向上しているので、果菜類と同様に光合成を促進させる効果が得られていることは明らかだ。

葉先に障害が発生する理由として考えられているのは次のようなメカニズムである。ニラは果菜類と異なり、葉で生成した糖分を転流する場所が地下の球根部に限定される。果菜類では転流に適した場所として果実が存在するため、葉等への障害が発生しにくい。ニラの場合は地下部への養分転流が低地温によって阻害され、葉に糖分が蓄積することで葉先の障害が発生する。

ウォーターカーテンの導入により、地温は三重被覆保温より高めに推移することから、葉から球根部への養分転流がスムーズになり、炭酸ガス施用による効果を得つつ、葉先

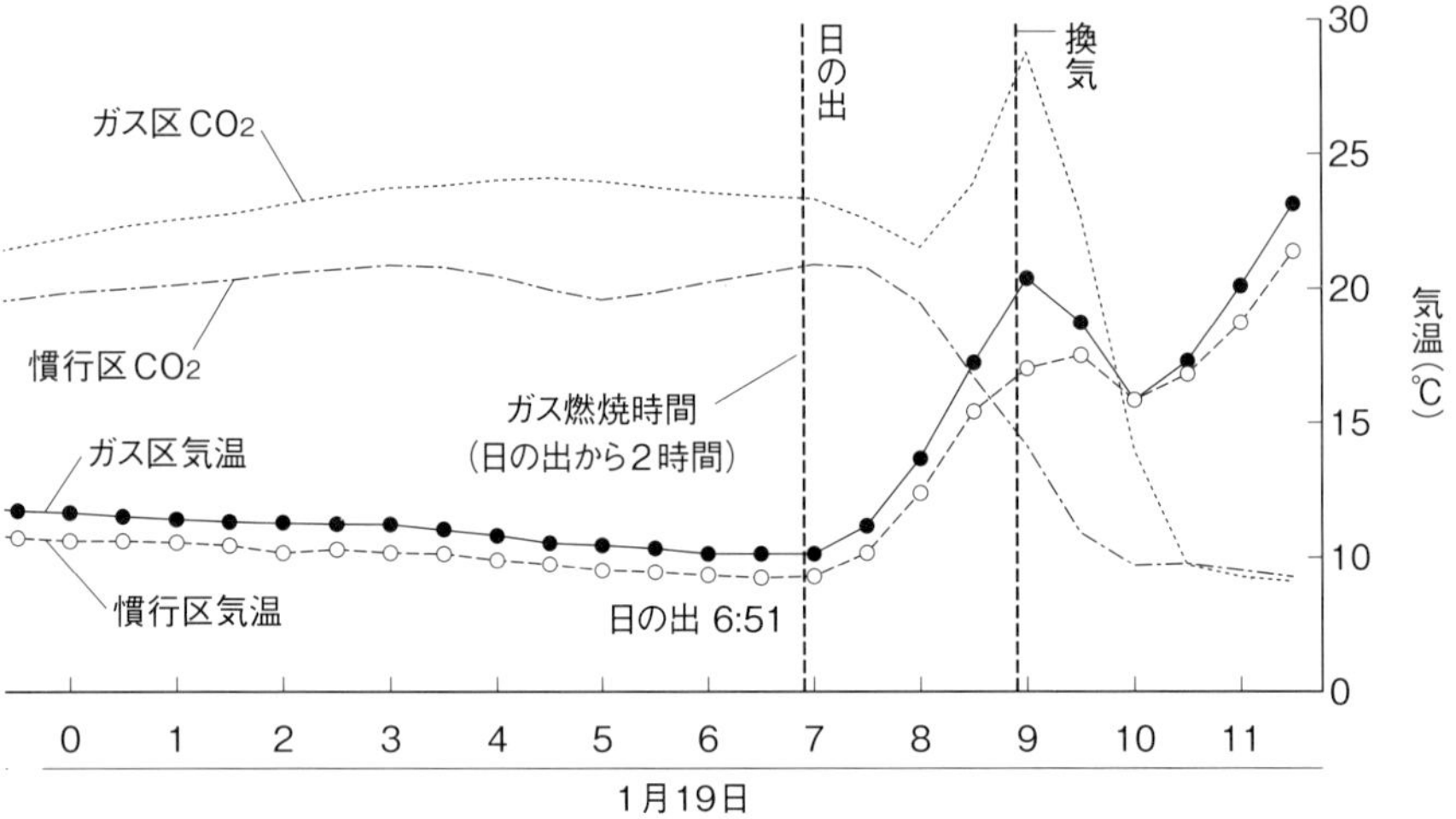

写真9－4　ドリップチューブを使った株元へのかん水例

写真9－5　炭酸ガス発生装置（LPガス燃焼式）と循環扇

の障害が軽減できると期待されている。実際に現場では、炭酸ガス施用を再び導入する事例も見られるようになってきた（写真9－5）。

ニラの炭酸ガス施用は、収穫直後は炭酸ガスを吸収する葉が皆無となるので、収穫から10日程度経過し、葉長が

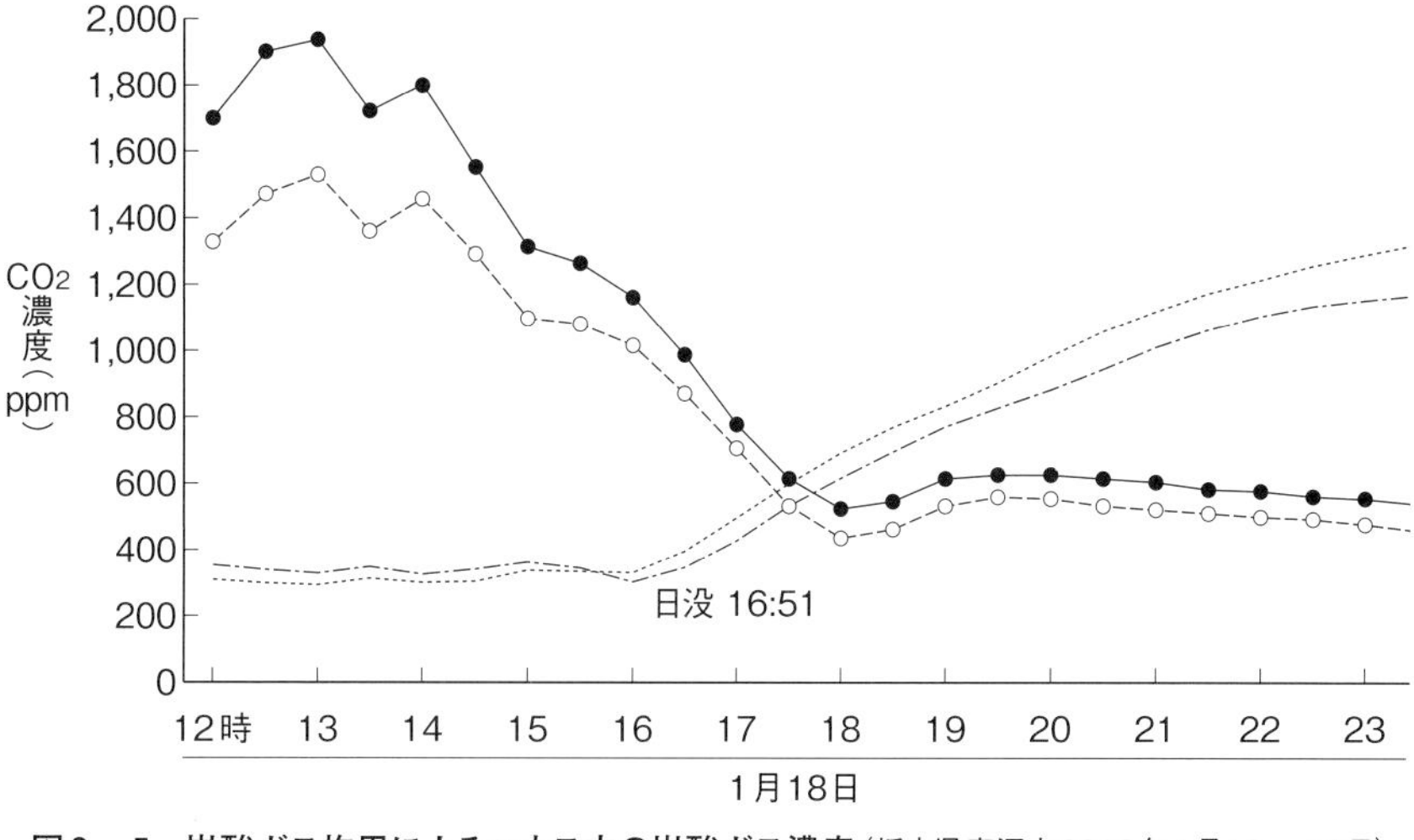

図9－5　炭酸ガス施用によるハウス内の炭酸ガス濃度（栃木県鹿沼市2018年1月18～19日）

15cm程度に伸長してきたら施用を開始する。

現場の事例では、50mのハウス1棟ごとに炭酸ガス発生器を1台ずつ設置し、日の出前から日の出後までの2時間程度、LPガスを燃焼させている。また、降雪日等換気ができない場合は日中もLPガスを燃焼させる。あわせて、ハウス内にガスを拡散させるため、循環扇を1ハウスに2台設置している。

ハウス内の炭酸ガス濃度の推移は図9−5のとおりで、日の出から換気までの時間帯の炭酸ガス濃度は1500～2000ppmを目安にしている。三重被覆保温では葉先の白化や褐変といった障害が発生したが、ウォーターカーテン導入後は障害葉の発生は軽微である。これはウォーターカーテンによって地温が維持され、同化産物の転流がスムーズに行なわれているためではないかと推察されている。

実際に、炭酸ガス施用と循環扇を導入した後では、収穫を続けても葉幅や葉の厚みの落ち込みが少なくなったという評価が聞かれる。この他、葉色が濃くなるという評価も聞かれる。これらは、光合成が促進され、地下の球根部の活性が維持されていることに起因すると考えられる。

また、病害虫では、白斑葉枯病が少なくなったという評価が聞かれる。これは、LPガス燃焼によってハウス内の温度が上昇し相対的に湿度が低下することと、循環扇の稼働によるハウス内の空気循環がもたらす効果であると考えられる。

ニラへの炭酸ガス施用技術は、現時点では確立した技術となっていないが、今後、ニラの収量を飛躍的に高める可能性を秘めた技術ではないかと感じている。引き続き、試験研究機関と連携を図り、試行錯誤を続けながら現地への普及を進めていくことになるだろう。

写真9－6　高知県における電照栽培
（写真提供：和氣貴光）

●電照栽培

近年、電照をニラに導入し、厳寒期の草勢維持や増収を模索する動きがあり、試験研究機関や一部の産地で導入が始まっている。関東型の無加温栽培では厳寒期の気温が低く、ニラに電照を行なっても生育に及ぼす影響は少ないとされてきた。このため、ニラの電照栽培はおもに西南暖地の加温栽培で取り組みが進んでいたが（写真9−6）、ウォーターカーテンの導入によって栃木県内でもニラの電照栽培の可能性が検討されるようになってきたのだ。

実際に電照栽培のニラを無電照と比較すると、明らかに草丈の伸長が早くなる傾向が見られ、収穫所要日数が短縮される。この生育促進効果により、厳寒期の収穫間隔が短縮されるが、これが株の消耗を招くため、複数回の収穫を行なうと可販収量は無電照よりも少なくなるという試験成果が多いようだ。さらに、葉色が明らかに淡くなる等、品質が低下する傾向も見られた。

さらに、ニラに電照を行なうと抽苔期が早まることが明らかになっており、10月上旬の電照では1月に抽苔したという試験成績もある。

現時点では課題が多いようで、拙速に現場に導入することは慎んだほうがよさそうだ。今後、電照方法（電照の時間や期間、光源の種類等）について検討すべき課題が多く残されているが、炭酸ガス施用技術と同様、ニラの多収栽培に寄与する可能性を大いに秘めている技術だと考えている。今後とも、試験研究機関の成果に注目していきたい。

著 者 略 歴

藤澤 秀明（ふじさわ　ひであき）

1967年9月2日生まれ。

1990年4月栃木県入庁。野菜担当の農業改良普及員（普及指導員）として24年間、イチゴ、ニラ、トマトなどの品目の現地指導を行なってきた。

現在、栃木県塩谷南那須農業振興事務所勤務。

ニラの安定多収栽培
露地から無加温、加温まで

2019年 11月5日　第1刷発行

著 者　藤澤　秀明

発行所　一般社団法人　農 山 漁 村 文 化 協 会
〒107-8668　東京都港区赤坂7丁目6－1
電話　03(3585)1142（営業）　03(3585)1147（編集）
FAX　03(3585)3668　　振替　00120-3-144478
URL　http://www.ruralnet.or.jp/

ISBN978-4-540-19106-0　DTP製作／㈱農文協プロダクション
〈検印廃止〉　印刷／㈱新協

製本／根本印刷㈱
Printed in Japan　定価はカバーに表示
乱丁・落丁本はお取り替えいたします。